FORSCHUNGSBERICHTE DES LANDES NORDRHEIN-WESTFALEN

Nr. 2887/Fachgruppe Hüttenwesen/Werkstoffkunde

Herausgegeben vom Minister für Wissenschaft und Forschung

AF784307

Priv.-Doz. Dr.-Ing. Friedrich Hermann Franke
Dr.-Ing. Wolf Dettmer

Institut für Eisenhüttenkunde
der Rhein.-Westf. Techn. Hochschule Aachen

Untersuchungen zur Direktreduktion von Eisenerzen im Drehrohrofen mit Braunkohleneinsatz

(Abwärme und Kuppelproduktnutzung, Standortoptimierung)

Westdeutscher Verlag 1979

CIP-Kurztitelaufnahme der Deutschen Bibliothek

Franke, Friedrich Hermann:
Untersuchungen zur Direktreduktion von Eisenerzen im Drehrohrofen mit Braunkohleneinsatz : (Abwärme u. Kuppelproduktnutzung, Standortoptimierung) / Friedrich Hermann Franke ; Wolf Dettmer. - Opladen : Westdeutscher Verlag, 1979.

(Forschungsberichte des Landes Nordrhein-Westfalen ; Nr. 2887 : Fachgruppe Hüttenwesen, Werkstoffkunde)
ISBN-13: 978-3-531-02887-3 e-ISBN-13: 978-3-322-87663-8
DOI: 10.1007/978-3-322-87663-8

Ne: Dettmer, Wolf:

© 1979 by Westdeutscher Verlag GmbH, Opladen

Gesamtherstellung: Westdeutscher Verlag

ISBN-13: 978-3-531-02887-3

Diese Forschungsarbeit wurde finanziell unterstützt durch das Ministerium für Wissenschaft und Forschung des Landes Nordrhein-Westfalen in Düsseldorf, dem an dieser Stelle für die Bereitstellung der Mittel gedankt wird.

Darüberhinaus gilt der besondere Dank allen Herren der Industrieunternehmen, Verbände, Institute und Behörden, die durch ihre Unterstützung und mit zahlreichen Hinweisen am Zustandekommen dieser Arbeit beteiligt waren und eine - im wesentlichen - praxisnahe Bearbeitung des gegebenen Themenkreises ermöglichten.

Die Untersuchung wurde Ende 1977/Anfang 1978 abgeschlossen.

Inhalt

1. Einleitung und Aufgabenstellung

Der in den letzten Jahren eingetretene Konjunkturabschwung in der deutschen Stahlindustrie ist durch folgende Erscheinungen gekennzeichnet (s. Abb. 1):

1. Steigende Stahlimporte (65%iger Anstieg zwischen 1974 und 1977 von 11 auf 17 Mio Jato);
2. sinkende Exporte (34% zwischen 1974 und 1977 von 29 auf 19 Mio Jato);
3. steigende Kapazitäten (1977 ca. 68 Mio Jato) bei abnehmender Auslastung (1974: 87% und 1977: 60%).

Die aus diesen Daten sich ergebende Verschlechterung der Ertragslage der Unternehmen durch Unterbeschäftigung wird durch die gleichzeitige Minderung der Erlöse verstärkt, weil die im Wettbewerb stehenden Unternehmen ihren Absatz durch Preisnachlässe über die Dauer der Rezession zu halten gezwungen sind. Der Bedrohung durch als "rote Zahlen" ausgewiesenen, negativen Erträge können sich die Unternehmen jedoch nur zu entziehen hoffen, wenn diese langfristig technisch und wirtschaftlich neue Wege in der Stahlherstellung gehen.

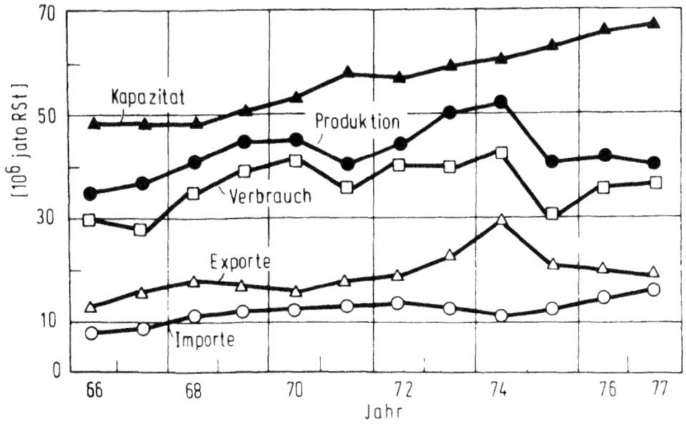

Abb. 1 : Die Entwicklung der deutschen Stahlindustrie
(Daten nach 1)

Die Ursachen für die Steigerung der Stahlherstellkosten sind im wesentlichen in der veränderten energiewirtschaftlichen Situation auf dem Weltmarkt zu suchen, die in zunehmendem Maße die technologische Entwicklung in der Stahlindustrie mit einem Energiekostenanteil von derzeit 22% an den Gesamtkosten (33% der Roheisenkosten) beeinflußt[2)]

Das Bemühen um die Senkung der Herstellkosten innerhalb des kostenintensiven Energieanteils der Roheisenerzeugung im Hochofen führte über die Suche der Hüttenindustrie nach Marktlücken zu der Entwicklung der Direktreduktionsverfahren für die Erzeugung von Eisenschwamm, die im wesentlichen gasförmige Reduktionsmittel einsetzen. Die zunehmend steigenden Erdgaspreise überkompensieren jedoch mittelfristig in den Ländern ohne eigene, größere Erdgasressourcen die Kokskosten (wie zum Beispiel in der Bundesrepublik Deutschland), so daß sich von den Direktreduktionsverfahren das Drehrohrofenverfahren zur Eisenschwammerzeugung mit dem Vorteil des Einsatzes einheimischer, fester Reduktionsmittel (Braunkohle, Steinkohle) anbietet.

Nach der Durchsetzungsphase der Drehrohrofentechnologie zur Erzeugung von Eisenschwamm im außereuropäischen Ausland und dem erfolgreichen Abschluß einer großtechnischen Versuchskampagne in Charqueadas im Dezember 1974 in Brasilien wendet sich das Interesse der Stahlindustrie zunehmend dem Einsatz dieses Verfahrens in der Bundesrepublik Deutschland zu, insbesondere, da die hochflüchtige, rheinische Braunkohle sich sehr gut zur Direktreduktion einsetzen läßt.

Da der Drehrohrofen jedoch ein schlechter Wärmetauscher ist, verlassen etwa 50% der eingebrachten Energie den Reaktor in Form von fühlbarer und chemischer Energie mit dem Abgas.

Gelingt es, diese Abwärmemenge, die bei einer 400.000-Jato-Anlage etwa $3{,}82 \times 10^6$ GJ beträgt, in energieverbrauchenden Industrien einzusetzen, so ließe sich auf sinnvolle Weise eine Koinzidenz betriebs- und volkswirtschaftlicher Interessen herbeiführen, indem - zum einen - dem Umweltschutzgedanken und dem Energiefortschreibungsprogramm der Bundesregierung entsprochen werden könnte und - zum anderen -.über eine Gutschrift für das Drehrohrofenverfahren, damit die Direktreduktions-Elektrolichtbogenofen-Route langfristig die Stahlproduktion in Deutschland gegenüber der in Japan und Amerika konkurrenzfähig gestalten kann.

Die Untersuchungen der Abwärmenutzungsmöglichkeiten des bei der Eisenschwammerzeugung im Drehrohrofen anfallenden Abgases in der Bundesrepublik Deutschland und in seinen westlichen Anlieferländern orientieren sich dabei an folgenden gesamtwirtschaftlichen Zielsetzungen:

1. Verstärkte Substitution von Importen durch Einsatz heimischer Energierohstoffe zur Verringerung wirtschaftlicher und politischer Abhängigkeiten.

2. Hinwendung zu energiesparenden Technologien unter spezieller Berücksichtigung der Abwärmenutzung.

3. Wirtschaftliche Einsatzmöglichkeit der Direktreduktion zur Eisenschwammerzeugung mit folgenden Tendenzen:

   3.1 Hinwendung zu speziellen Technologien der Stahlherstellung mit Blickrichtung auf eine Qualitätsstahlerzeugung.

   3.2 Zunehmende Substitution des Schrotts durch Eisenschwamm wegen wachsender Verunreinigung im Rücklaufschrott (z.B. Cu-Spiegel) und wegen Abnahme des qualitativ hochwertigen Umlaufschrottes.

   3.3 Größere Flexibilität der "Ministahlwerke" in der Anpassung an gesamtwirtschaftliche Randbedingungen bei Jahresproduktionen bis 500.000 Jato Eisenschwamm (Direktreduktionsanlage und E-Stahlwerk).

3.4 Bessere Nutzung von Marktlücken und der Verbrauchernähe zu kleinen Märkten.

4. Einsatz von schwefelarmen Brennstoffen im Hinblick auf eine Umweltentlastung.

5. Infrastrukturverbesserung wirtschaftlich benachteiligter Regionen.

6. Entsprechend einer amerikanischen Studie[4)] muß aus politischen und wirtschaftspolitischen Erwägungen von einer Mindest-Stahlproduktion im Inland von etwa 40 Mio Jato 1980 ausgegangen werden. Die Stahlproduktion kann also nur in einer gewissen Grenze in sogenannte Billigländer verlagert werden.

Im Rahmen dieser Arbeit wird deshalb zunächst die Energiesituation im allgemeinen und ihr Einfluß auf die Entwicklung der Hüttenindustrie im speziellen behandelt.
Der Bedeutung der Energieeinsparung für die Stahlherstellung im Vergleich der einzelnen Verfahrensrouten wird der erste Abschnitt der Untersuchungen gewidmet.

Ein kurzer Überblick über den Stand der Drehrohrofentechnologie unter besonderer Berücksichtigung des großtechnischen Versuches in Charqueadas (Brasilien) leitet auf spezielle Probleme der Dampferzeugung mittels der Verbrennung des Drehrohrofenabgases und die Einsatzmöglichkeiten des Kuppelproduktes Dampf über.

Besonderer Raum wird der CO_2-Erzeugung und deren Nutzung für die tertiäre Erdölgewinnung gegeben. Die Zusammenstellung einer Fallstudie über den potentiellen Dampfbedarf in der Bundesrepublik Deutschland und ihre Erfassung innerhalb eines Standortmodells für die Eisenschwammerzeugung im Drehrohrofen unter Einsatz von rheinischer Braunkohle schließen die Arbeit ab.

2. Die Bedeutung der Energieversorgung und Energierückgewinnung für die eisenschaffende Industrie

2.1 Die energiewirtschaftlichen Randbedingungen

Bei der Prognostizierung der langfristigen Energiemarktentwicklung für die Bundesrepublik Deutschland wurde ein - gegenüber früheren Prognosen - zurückgenommenes Wirtschaftswachstum (als die den Energiebedarf beeinflussende Globalgröße) von 3,5% angesetzt. Der langfristige Planungsrahmen für die Energiewirtschaft in der BRD mußte gegenüber 1973 wegen wirtschaftspolitischer Veränderungen von vollständig veränderten Voraussetzungen ausgehen. Entsprechend wurden im Rahmen des vorläufigen zweiten Energiefortschreibungsprogrammes der Bundesrepublik Deutschland revidierte Energieverbrauchszahlen zugrundegelegt [3,5]. Nach diesen Vorstellungen ergibt sich für die BRD bis zum Jahre 2000 die in Abb. 2 wiedergegebene Energiebedarfsdeckung.

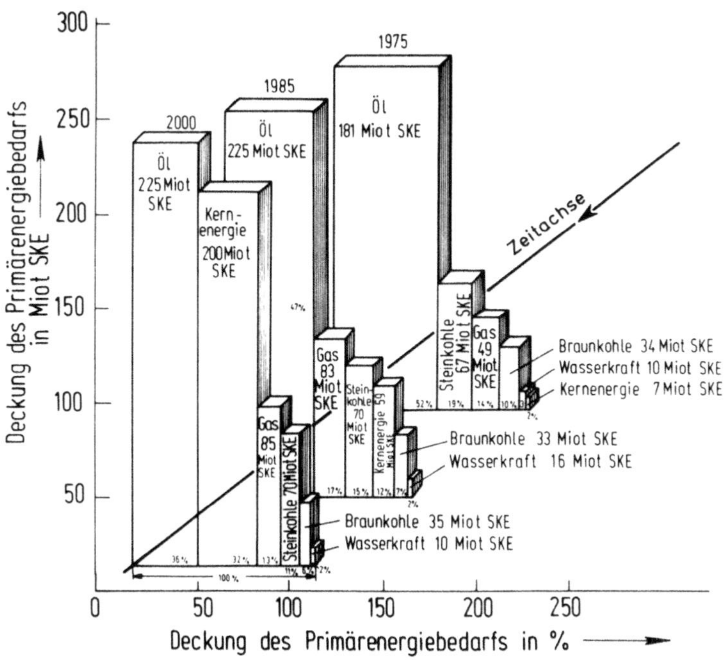

Abb. 2 : Deckung des Primärenergiebedarfs in der Bundesrepublik Deutschland nach dem zweiten Energiefortschreibungsprogramm der Bundesregierung

Da die Prognostizierung der Energiebedarfsdeckung nicht losgelöst von weltweiten Entwicklungen gesehen werden kann, ist in Abb. 3 die Prognose einer internationalen Kommission[6] s.u. wiedergegeben, die unabhängig von den zugrundegelegten, alternativen Energiebedarfssituationen, der weltwirtschaftlichen und der technologischen Entwicklung auf dem Gebiet der Nukleartechnologie, dem Erdöl bis in das Jahr 2000 hinein die Hauptlast der Versorgung zuschreibt.

Erdgas wird je nach Beurteilung der gesamtwirtschaftlichen Entwicklung entweder durch Kohle oder durch Kernenergie ersetzt. Unter Zugrundelegung dieser Entwicklung muß mit einem stetigen progressiven Anstieg der Energiepreise gerechnet werden.

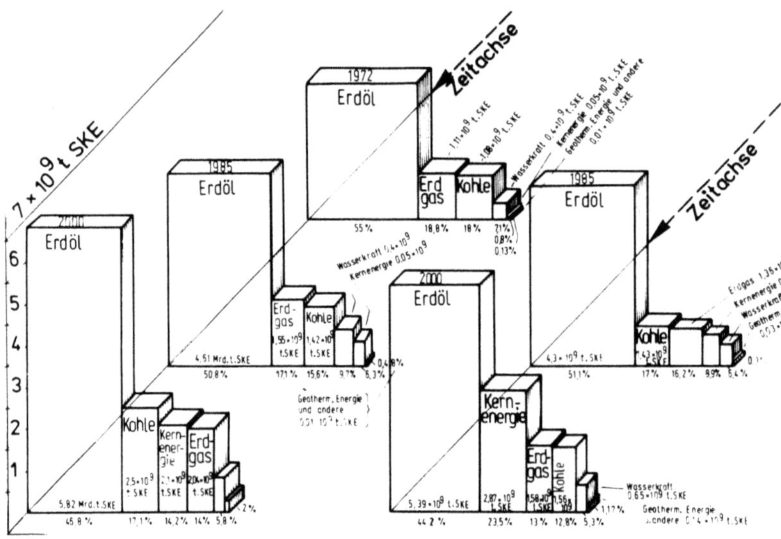

Energiebedarfsprognosen unter Annahme:
Hohes Wirtschaftswachstum
Steigende Energiepreise
Forcierende Wirtschaftspolitik
Kohle-Ersatzbrennstoff

Energiebedarfsprognose unter Annahme:
Niedriges Wirtschaftswachstum
Konstante Energiepreise
Restriktive Wirtschaftspolitik bis 1985
Kernenergie als Ersatzbrennstoff

Abb. 3 : Der Primärenergiebedarf der Welt ohne kommunistische Länder unter Annahme alternativer Randbedingungen, aufgeschlüsselt nach den Primärenergieträgern [6]

Die Situation für den Verbrauch von Erdgas ist mit der des Erdöls vergleichbar.

Durch Preissteigerungen bewirkte Substitutionsvorgänge verhinderten bisher stets eine vollständige Erschöpfung von Rohstoffen auf dieser Erde. Im übrigen sind bisher Gesamtreserveschätzungen immer wieder nach oben korrigiert worden.
Mit großer Sicherheit ist festzustellen, daß die Menschheit noch in diesem Jahrhundert mehr als die Hälfte der sich über Jahrmillionen gebildeten bekannten Erdöl- und Erdgasvorräte dieser Erde aufgebraucht haben wird und Öl und Gas in bisher noch nicht entdeckten Regionen nur mit großem finanziellen Aufwand exploriert und später gefördert bzw. minderwertige, heute nicht ökonomisch nutzbare, fossile Brennstoffe in hochwertige umgewandelt werden können [7].
Die Weltförderung und der Weltbedarf für die wichtigsten Primärenergieträger ist in der Abb. 4 und 5 wiedergegeben

Die Folgen dieser Entwicklung schlagen sich notwendigerweise in einer Verknappung der Rohstoffe nieder, so daß trotz der für die Bundesrepublik Deutschland noch relativ günstigen Situation bezüglich der in großen Mengen vorhandenen fossilen Primärenergiequelle, der Kohle, ein sich stetig fortsetzender Trend der Preissteigerungen unverkennbar ist (vgl. Tab. A1[+] und Abb. 7).

44 Mrd. t bis 1.500 m NN Teufe und
230 Mrd. t bis 2.000 m NN Teufe.

Davon sind 24 Mrd. t entsprechend einer Flözmächtigkeit > 60 cm und einer Teufe < 1.500 m NN abbauwürdig [8].

Die Braunkohlenvorräte werden in der Bundesrepublik Deutschland mit 62 Mrd. t (ca. 18 Mrd. t SKE) angegeben. Allein 55 Mrd. t Braunkohle liegen im Rheinischen Revier. Davon sind zur Zeit im Abbau bzw. Aufschluß oder Aufschlußplanung ca. 11,5 Mrd. t.

+) Die mit A1...n bezeichneten Tabellen befinden sich im Anhang

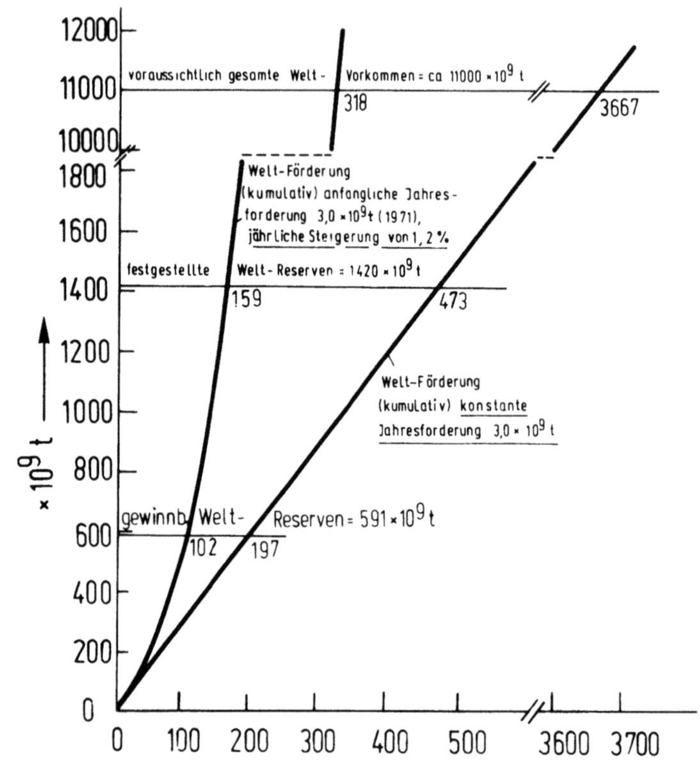

Abb. 4: Weltvorkommen und Weltförderung der festen Brennstoffe [7]

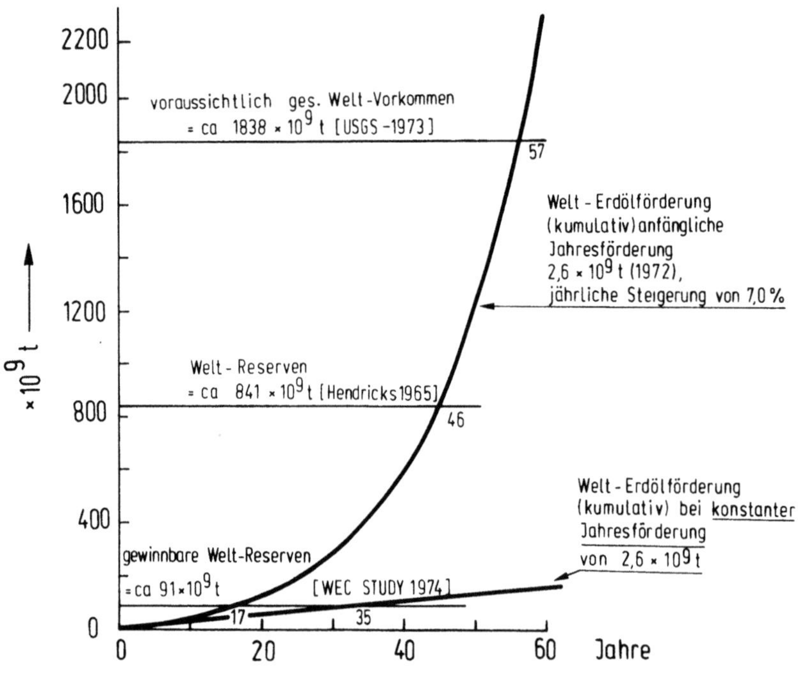

Abb. 5: Weltvorkommen und Weltförderung von Erdöl [7]

Insgesamt sind 33 Mrd. t Braunkohle als abbauwürdig anzusehen [8, 9, 12].

2.2 Energiebedarf und Energieeinsatzkosten der Hüttenindustrie in der Bundesrepublik Deutschland

Im Vergleich zu anderen Industriezweigen nimmt die eisenschaffende Industrie bezüglich des Energieverbrauchs (vgl. Abb. 6) eine Schlüsselstellung ein. Deshalb schlagen sich Steigerungen der Einsatzpreise für die in der Hüttenindustrie eingesetzten Primär- und Sekundärenergieträger (vgl. Abb. 7 Tab. A1) deutlich in den Gesamtkosten der Endprodukte nieder. Zur Kosteneinsparung sind deshalb die Bemühungen der eisenschaffenden Industrie zuvorderst auf eine Minimierung des Energieverbrauchs gerichtet [10,11].

Der Gesamtenergiebedarf der eisenschaffenden Industrie ist in Tab. A2 ab 1970 zusammengestellt und in Abb. 8 wiedergegeben; der Energieverbrauch für das Jahr 1977 beträgt 27,56 Mio t SKE. Durch technologische Verbesserungen konnte zwar der spezifische Brennstoffbedarf des Hochofens deutlich erkennbar zurückgenommen werden (vgl. Abb. 10), aber die Kokseinsparungen wurden durch die Brennstoffpreiserhöhungen überkompensiert.

Der Anteil des Energiebedarfs der Stahlindustrie am Gesamt-Primärenergiebedarf betrug 1977 12% (vgl. Abb. 2 und 6), wobei in der Stahlindustrie aufgrund der gegebenen nur langfristig veränderlichen technologischen Bedingungen eindeutig eine Präferenz für den Steinkohlenkoks gegeben ist, die dadurch im starken Maße die Verbrauchsstruktur in der Zukunft bestimmt.

Der Energieanteil im Preis für Stahlerzeugnisse wird in der Literatur mit 13,9 bis 26,6% angegeben; er ist abhängig von der Verarbeitungstiefe [2,13,14,19] . Für ein bestimmtes gemischtes Hüttenwerk mit einer jährlichen Rohstahlerzeugung von $0{,}55 \cdot 10^6$ t und umfangreicher Weiterverarbeitung betrugen 1965 z.B. die direkten Energiekosten 15,7% vom Jahresbruttoumsatz, der sich auf 370 · 10^6 DM belief [19] und 1977 etwa 26%. In diesem Zusammenhang ist die große Bedeutung der Energieeinsparungsmaßnahmen für die Hüttenindustrie, die einen wichtigen Bestandteil des Energiefortschreibungs- und Forschungsprogrammes der Bundesregierung darstellen, zu sehen.

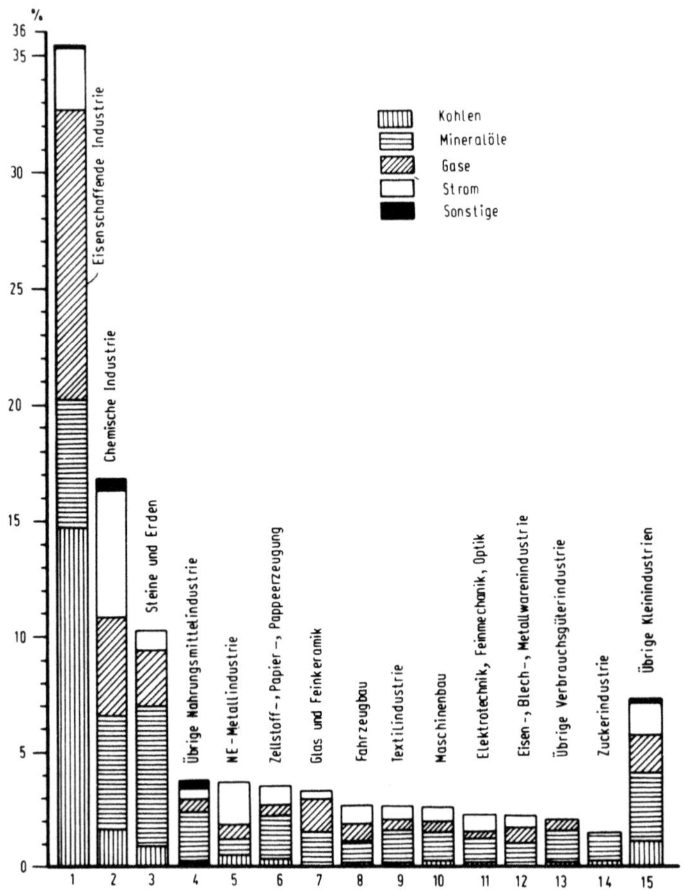

Abb. 6 : Aufteilung des Industrie-Endenergieverbrauchs der Bundesrepublik Deutschland 1974 (95,672 Mio t SKE = 100%) [12]

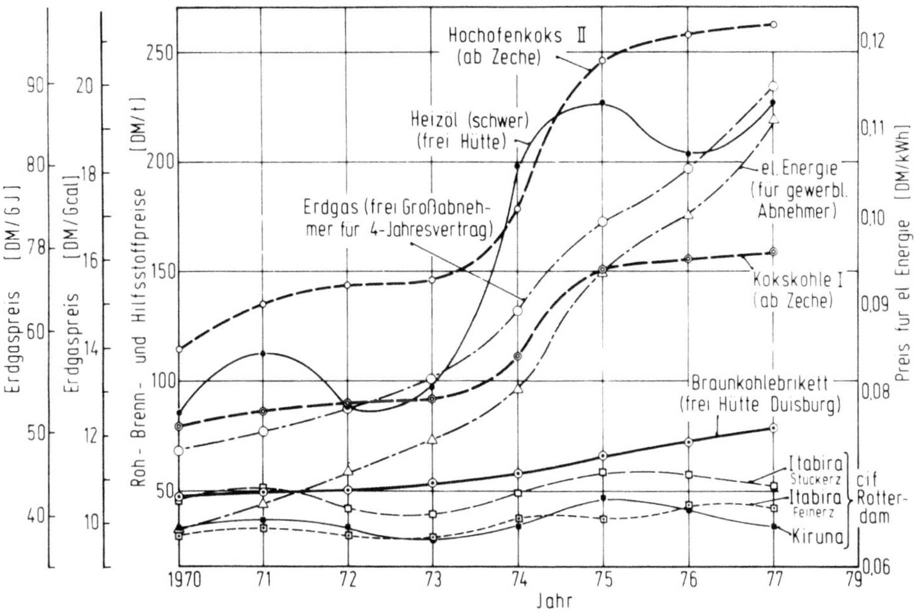

Abb. 7: Die Entwicklung des spezifischen Brennstoffeinsatzes im Hochofen und der Brennstoffpreise [1)]

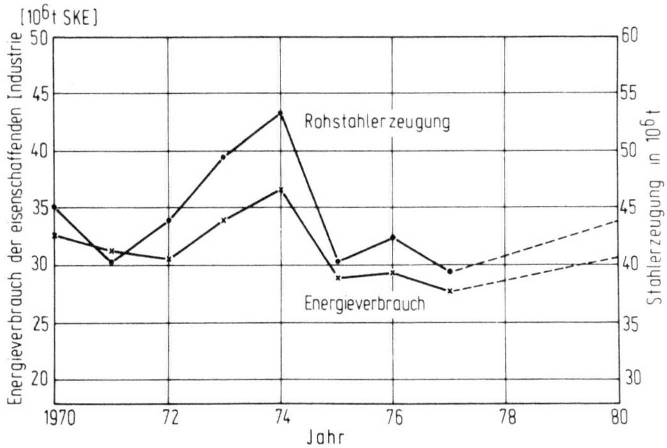

Abb. 8: Die Energieverbrauchsentwicklung der eisenschaffenden Industrie im Vergleich zur Stahlproduktion in der Bundesrepublik Deutschland [1)] (Daten s. Tab. A 2 im Anhang)

2.3 Die Kosten alternativer Stahlerzeugungsverfahren in der Bundesrepublik Deutschland

Ein Maß für die Wirtschaftlichkeit der unterschiedlichen Verfahrensrouten zur Stahlherstellung stellt die Durchsetzung der einzelnen Stahlherstellungsverfahren dar, die in Abb. 9 in ihrer zeitlichen Entwicklung dargestellt sind. In diesem Kapitel 2.3 soll der Einfluß des Energiekostenanteiles der einzelnen Verfahrens-Routen auf die Gesamtkostenstruktur und die Möglichkeiten weiterer Energieeinsparungen durch einen sinnvollen Einsatz der Abwärme untersucht werden.

Der größte Teil der Energie wird bei der Roheisenerzeugung verbraucht. Etwa zwei Drittel des Energiebedarfs entfallen dabei allein auf den Hochofen; schließt man die Erzvorbereitung mit ein, steigt der Energiebedarf sogar auf drei Viertel. Mehr als 70% der Stahlerzeugung erfolgt derzeit über die Hochofen-LD-Sauerstoffblaskonverter-Route, der restliche Anteil wird durch das Elektrolichtbogen- und das Siemens-Martin-Verfahren gedeckt.

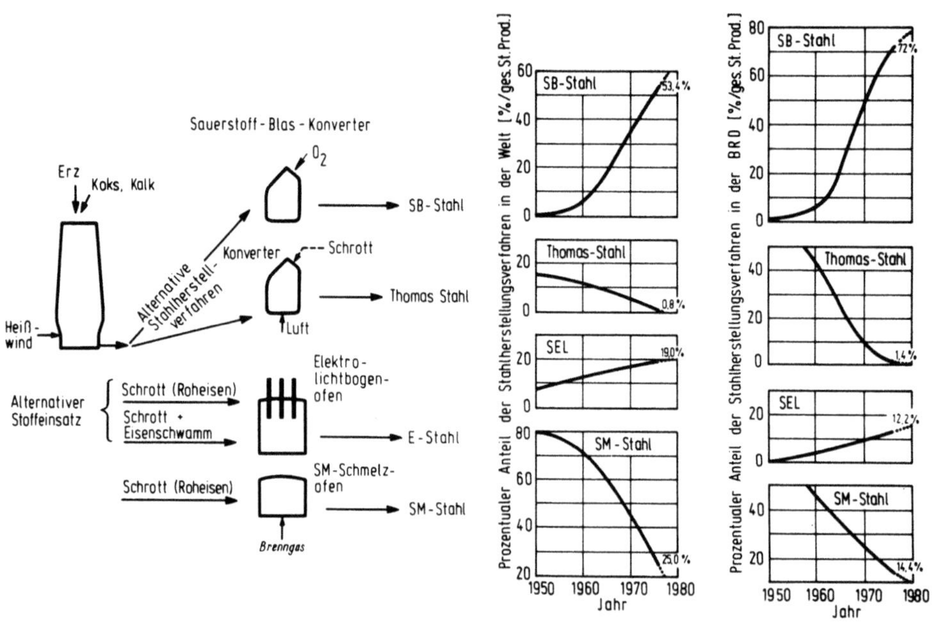

Abb. 9 : Alternative Routen zur Stahlerzeugung und die zeitliche Entwicklung ihrer prozentualen Anteile an der Weltrohstahlerzeugung und in der Bundesrepublik Deutschland 26)

Das Hochofenverfahren ist in den letzten zehn bis zwanzig Jahren zu einem derart leistungsfähigen Aggregat herangezüchtet worden, daß seine hohe Bedeutung für die stahlschaffende Industrie in überschaubarer Zukunft weltweit nicht gefährdet sein dürfte. Durch eingehende Erforschung der Reduktionskinetik, der Strömungsvorgänge im Hochofen und durch Anwendung der Erkenntnisse im Produktionsbetrieb ist es gelungen, die Stoff- und Energieausnutzung sowie die Leistung des Hochofenverfahrens ständig zu verbessern. Trotz dieses hohen Entwicklungsstandes nimmt das Interesse an den Direktreduktionsverfahren, dessen entscheidender Impuls das Auftreten der Pellets in den 50er Jahren war, ständig zu. Hierfür werden folgende Gründe genannt:

1. Entwicklung des Verbrauchs an verschiedenen Energieträgern;
2. die unterschiedliche Preisentwicklung für Hochofenkoks und andere Energieträger;
3. verfahrenstechnische Vorteile;
4. wirtschaftliche Vorteile.

Bis zum heutigen Zeitpunkt haben sich in der Bundesrepublik Deutschland zwei Verfahrensrouten großtechnisch durchgesetzt, resp. die Durchsetzungsphase überwunden:

1. Die Schachtofenverfahren: Midrex- und Purofer-Verfahren;
2. das Drehrohrofenverfahren: SL/RN- und Krupp-ES-Verfahren.

Der Grund für die Durchsetzung der Schachtverfahren beruht[63)] auf der Bereitstellungsmöglichkeit des Erdgases aus europäischen Vorkommen und dessen einfaches "handling", für die der Drehrohrofenverfahren auf der großen Verfügbarkeit einheimischer Kohlen, von denen wegen ihrer hohen Reaktivität die rheinische Braunkohle am besten für die Direktreduktion im Drehrohrofen geeignet ist.

Zur Sicherung des Braunkohlenabsatzes werden Forschungen für die Verwendung von Braunkohle mit Nachdruck betrieben. Hierzu bietet sich die Technologie der Kohlevergasung zur Überführung der Braunkohle in transportfähige und austauschbare Energie an, sowie die Drehrohrofentechnologie, bei der die Braunkohle als Wärmelieferant und Reduktionsmittel verwendet wird [20].

Für die im folgenden durchgeführten kostenmäßigen Bewertungen der Einsatz-, Energiekosten und Gutschriften der einzelnen Verfahren in der Stahlindustrie wurden die in Tab. A1-A6 aus der Industrie zusammengetragenen Kosten zugrunde gelegt.

Da den Mineralölprodukten auf den meisten Märkten die Rolle des Preisführers zukommt, muß auf dem Wärmemarkt damit gerechnet werden, daß der Substitutionsenergieträger Koks den durch die Preiserhöhung bei Heizöl (s.w.o.) gewonnenen Preisspielraum seinerseits zu Preiserhöhungen nutzen wird und damit die deutsche Stahlindustrie zwingt, nach neuen technologischen Verfahren mit billigeren Einsatzstoffen Ausschau zu halten, denn trotz der erfolgreichen Bemühungen zu einer weitgehenden Kokssubstitution durch das Schweröl (s. Abb. 10) nimmt der Energiekostenanteil an der Roheisenherstellung ständig zu [21].

Desweiteren muß auch bei den Erdgaspreisen mit starken Preiserhöhungen gerechnet werden, da diese im industriellen Bereich weitgehend vertraglich an die Preise für schweres Heizöl gekoppelt sind [35].

Von den vier wichtigsten - in Abb. 9 wiedergegebenen - alternativen Stahlherstellungsrouten bleiben bei den folgenden Untersuchungen das Thomas- und das SM-Verfahren unberücksichtigt, da das erstere heute technisch bedeutungslos geworden

---

+) Die mit A_n bezeichneten Tabellen befinden sich im Anhang

ist 3) und das letztere praktisch nur als By-pass zur Hochofenroute in Zeiten billigen Schrottanfalls zum Einsatz kommt [22]. Außerdem ist der Sauerstoffbedarf des SM-Ofens recht hoch; es kann wirtschaftlich mit den SB-St-Verfahren nicht konkurrieren. Dieses Verfahren bedarf heute außerdem eines großen Investitionsaufwandes für Entstaubungsanlagen [22], so daß es nur noch dann zum Einsatz gelangt, wenn der Schrott billig ist.

Im folgenden werden die Gesamtherstellkosten der alternativen Stahlherstellungsverfahren unter Berücksichtigung der Energiekostenanteile zusammengestellt.

Die zur Aufstellung der Kosten notwendigen Daten wurden aus der Industrie [30-34,55] und der einschlägigen Literatur [23.29,41,53] zusammengetragen.

Um einen Vergleich zu gewährleisten, wurden die Energieverbräuche sowohl auf das erzeugte Produkt im Einzelfall (Roheisen, Eisenschwamm) als auch auf die Tonne Stahl bezogen. Weiterhin gelten die Energiebilanzen im Falle der HO-SB-Route für einen Roheiseneinsatz im LD-Konverter von 80% und ein Ausbringen des Konverters von 90%. Die Energiebilanzen der Direktreduktions-E-Ofen-Route gelten für ein Einsatzverhältnis Eisenschwamm : Schrott = 60 : 40 und ein Ausbringen des E-Ofens von 92%, das diesem Einsatzverhältnis entspricht [36]. Der mittlere Metallisierungsgrad des Eisenschwamms beträgt 92% [59,60,61,62].

Infolge der stetig steigenden Differenzpreise von Koks zu anderen Energieträgern [28] und der nahezu ausgeschöpften Leistungsverbesserung (s. Abb. 10) des Hochofens auf dem Energiesektor wird in der Bundesrepublik Deutschland der Einsatz neuer Technologien zur Herstellung von Stahl immer notwendiger [35], besonders im Hinblick auf die Kostenentwicklung des deutschen gegenüber dem ausländischen Koks (s. Abb. 11).

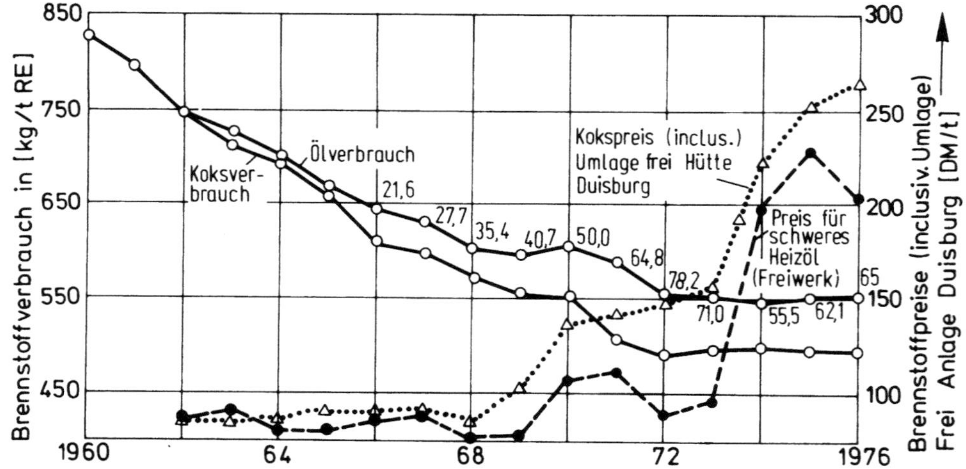

Abb. 10: Spezifischer Brennstoffverbrauch der Hochöfen und Preisentwicklung von Koks und Heizöl seit 1960 [18)]

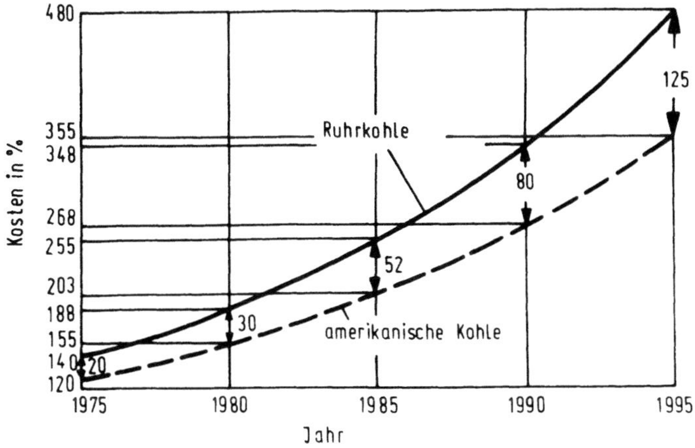

Abb. 11: Entwicklung der Kohlepreise für Ruhrkohle und amerikanischer Kohle in % [24)]

Durch die Energiekostenentwicklung bedingt wird der Einsatz der Direktreduktion von Eisenerz als By-pass zur Hochofen-SB-Route ständig von wirtschaftlich größerem Interesse. In diesem Kapitel soll deshalb die Wirtschaftlichkeit von zwei ausgereiften Direktreduktionsverfahren unter den für deutsche Hüttenwerke geltenden Bedingungen für den Standort Duisburg anhand der Entwicklung der Kostenanteile an den Gesamtherstellungskosten Überprüfung und der HO-SB-St-Route (Hochofen-Sauerstoffblasstahl-Route) gegenüber gestellt werden.

Es wird die Entwicklung der Gesamtherstellungskosten für eine Hochofenanlage mit einer Kapazität von $1 - 1,2 \cdot 10^6$ Jato sowie für ein SB-St-LD-Stahlwerk mit einer Kapazität von $1,2 - 1,4 \cdot 10^6$ Jato, mit der die Direktreduktionsverfahren Midrex und SL/RN mit einer Kapazität von $4 \cdot 10^5$ Jato aus vorhandenen Unterlagen und Hinweisen [25,30,58,76,77,79,99)] für verschiedene Jahre ermittelt und graphisch dargestellt, wobei aus technischen Gründen bei der Direktreduktion der Kostendegressionsfaktor bei ES-Produktionen mit zunehmenden Produktions-Einheiten gegenüber dem des Hochofens vernachlässigt werden kann.

Anhand einer Blockauftragung werden die Kosten der verschiedenen Verfahrensmöglichkeiten zur Stahlherstellung für das

Jahr 1977 explizit betrachtet und beurteilt.

Zur Ermittlung der Gesamtherstellungskosten wurden die fünf folgenden Kostengruppen gebildet und über die Jahre graphisch dargestellt[51)]:

1.	Kapitaldienst und Instandhaltung	
2.	Personalkosten:	Löhne, Gehälter, Soziales
3.	Einsatzkosten :	Erzkosten einschl. Transport und Umschlag
4.	Energiekosten :	Koks, Öl, Strom, Erdgas, Braunkohle
5.	Sonstige Kosten:	Zuschläge, unvorhergesehene Kosten, O_2, Wasser, sonstige Hilfsstoffe

Alle fünf Kurven ergeben additiv die Gesamtherstellungskosten. Für den Kapitaldienst wurde ein Abschreibungszeitraum von 10 Jahren angenommen, bei einem Zinssatz von 8%. Instandhaltung und Reparaturen entsprechen den üblichen Zinssätzen von 5%. Die Höhe der Personalkosten richtet sich nach dem betrachteten Jahr. Das gleiche gilt sowohl für die Einsatzkosten als auch für die Energie- und sonstigen Kosten.

Für die gegebene Themenstellung ist deshalb die Entwicklung der Energiekostenanteile und der einzelnen Routen sowie der Verlauf der Gesamtkostenentwicklung von Bedeutung.

Die Energiekostenanteile der SB-Stahl-Herstellung (vgl. 50) ist mit 32% der entscheidende Kostenträger, (s. Abb. 12) dagegen bei der Midrex-E-Ofen-Route lediglich 21% und bei der SL/RN-E-Ofen-Route 25%. (Vgl. Abb. 13 und 14)

Die zeitliche Kostenentwicklung läßt bei dem bestehenden Aufwärtstrend der Energiepreise erwarten, daß dieser Kostenanteil die Technologie der Stahlherstellung wesentlich beeinflussen wird. Aus der Preisentwicklung der verschiedenen Energieträger kann abgesehen werden, daß in den 80iger Jahren[48)] der Erdgaseinsatz beim Midrex-Verfahren die Gesamtkosten überproportional ansteigen läßt, so daß die Stahlerzeugung über das SL/RN-Verfahren unter Einsatz rheinischer Braunkohle wirtschaftlicher sein wird.

Aus der Abb. 7 ist zu ersehen, daß die Einsatzkosten von Erz und Pellets sich neutral verhielten, d.h. keine Kostensteigerungen hervorrufen.

In Abb. 15 sind in Blockform zur Übersicht dieser Alternativen der Stahlherstellung für das Jahr 1977 und den Standort Duisburg betrachtet, wobei deutlich erkennbar ist, daß die billigste Stahlproduktion über die Schrott-E-Ofen-Route mit 339,-DM/t ESt (100%iger Schrotteinsatz) erfolgt, wenn von dem relativ niedrigen Preis für Neuschrott von 175 DM/t (Preis für Sorte 04, vgl. Tab. A1 und Abb. 17) ausgegangen wird.

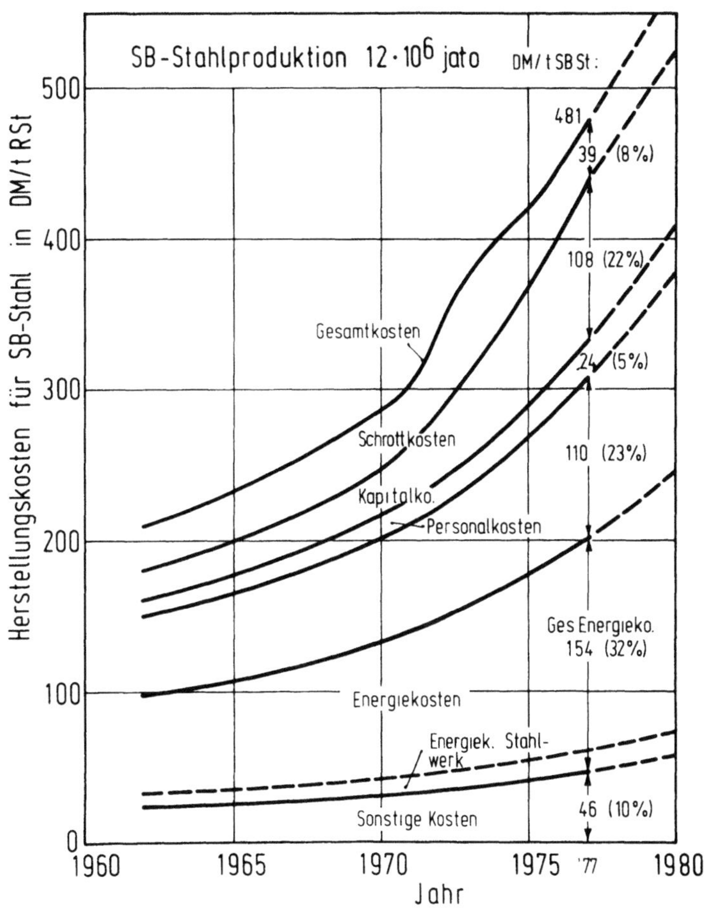

Abb. 12: Entwicklung der Herstellungskosten von Rohstahl über die Hochofen-SB.-Route 29,30,32,41,58,76)

Bei einem technologisch optimalen Einsatzverhältnis Schrott zu Eisenschwamm mit 40 : 60 betrugen die Kosten auf der SL/RN- wie auf der Midrex-E-Ofen-Route 1977 430 DM/t ESt. 40,54,59)

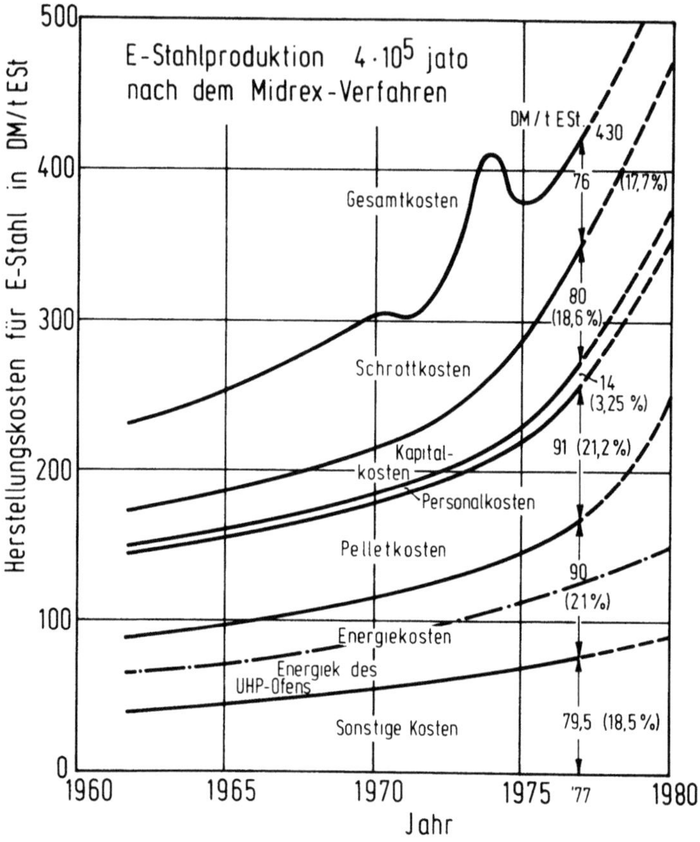

Abb. 13: Entwicklung der Herstellungskosten für ES nach der Midrex-E-Ofen-Route 21,30,32,33,35,48,49,58)

Langfristig wird aus w.o.a. Gründen das SL/RN-Verfahren kostengünstiger sein.
Bei 100%iger Substitution von Schrott durch Roheisen bzw. Eisenschwamm steigen die Kosten auf 522 DM/t SBSt bzw. 489 DM/t ESt.

In Abb. 15 sind die drei wichtigsten Verfahrensrouten gegenübergestellt, um den Einfluß der Energiekostenanteiles +) zu verdeutlichen. Nach 1980 werden die Gesamtkosten des Midrex-Verfahrens sich zunehmend abheben von denen des SL/RN-Verfahrens.

+) Die Energiebilanzen sind in den Abb. A4-A6 zusammengestellt und andernorts ausführlich gerechnet worden 23).

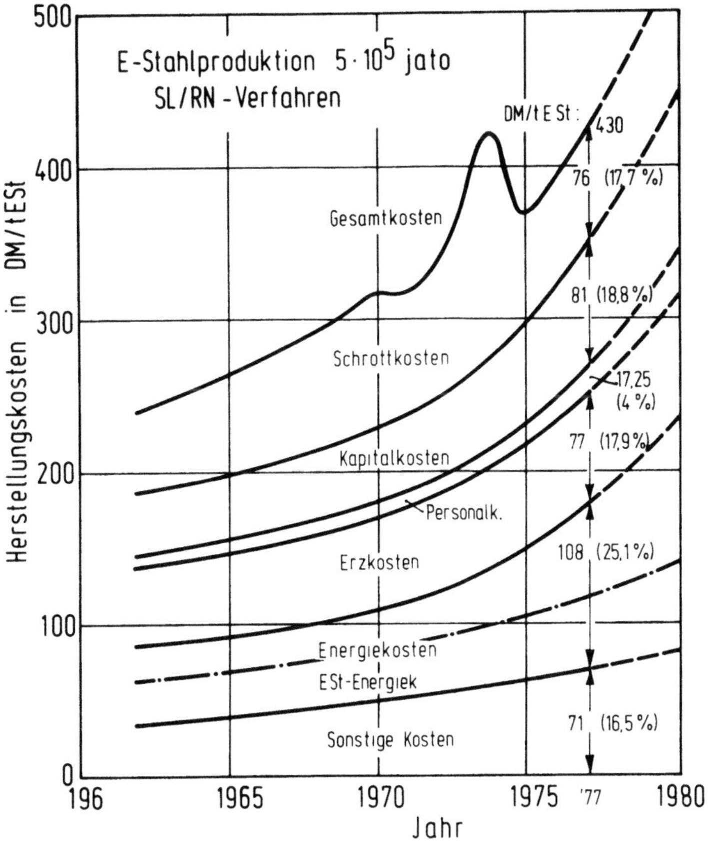

Abb. 14: Entwicklung der Gesamtherstellungskosten von E-Stahl nach der SL/RN-E-Ofen-Route [32,30,25,39,49,58,55,53)]

Der Energieeinsparung durch Substitution des ständig sich verteuernden Kokses durch schweres Heizöl (vgl. Abb. 10) sind technisch wie auch wirtschaftlich Grenzen gesetzt. Durch technische Optimierung der physikalisch-chemischen Prozesse im Hochofen wird sowohl die Gichtgastemperatur auf 130°C heruntergedrückt, um die Wärmeverluste zu minimieren, wie auch durch eine verbesserte Umsetzung im Möller die Zusammensetzung des Gichtgases derart beeinflußt, daß der untere Heizwert von 3980 auf 3000 kJ/m^3 i.N. heruntersank. Die verbleibende Abwärme wird weitgehend zur Luftvorwärmung ausgenutzt [65)].

Bei dem Midrex-Verfahren [63)] ist der Prozeß durch eine weitgehende Wärmeausnutzung optimiert. Durch Verbesserungen der Reformer

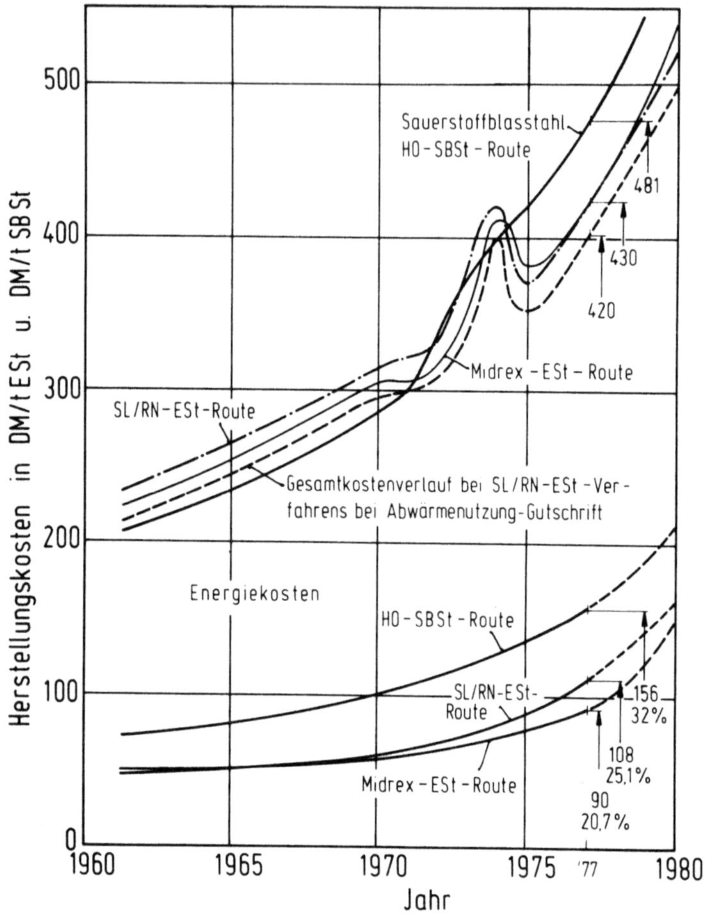

Abb. 15: Entwicklung der Gesamtherstellungskosten von Stahl nach den alternativen Routen

läßt sich der Wärmeverbrauch nach Auskunft der Verfahrensbetreiber von derzeit 13,4 auf 11,60 GJ/t ES minimieren [48]. Grenzen sind durch den apparativen Aufwand gesetzt. Dagegen sind Abgas-Nutzungsmöglichkeiten bei der Direktreduktion im Drehrohrofen vorhanden. In Abb. 15 ist der Gesamtkostenverlauf für die Stahlerzeugung auf der SL/RN-E-Ofen-Route bei Abwärmenutzung - unter Ansatz einer Gutschrift von 10 DM/t ESt- wiedergegeben. Die Entwicklung des Kostenverlaufes zeigt eine ständig sich erweiternde Kostenschere zwischen der HO-SB-St-Route und den Direktreduktions-E-Ofen-Routen. Die Abwärmenutzung des Drehrohrofenabgases könnte dieser Route aufgrund des Kostenvorteils in der Bundesrepublik Deutschland zum Durchbruch verhelfen.

Für die realistischen Fälle der Stahlproduktion mit 20% Schrotteinsatz im Konverter und 40% im E-Ofen gibt Abb. 16 einen Überblick zu den Kostenrelationen. Von Bedeutung ist der unterschiedliche Energieeinsatz der einzelnen Verfahren, der bei der SL/RN-E-Ofen-Route 73 DM/tES beträgt. Bei dem Ansatz von einer Netto-Gutschrift von 30 DM/t ES für die Abgaswärme würde sich das gleiche Niveau wie bei der Midrex-E-Ofen-Route einstellen.

Die Möglichkeiten der Abwärmenutzung zu einer wirtschaftlichen Stahlerzeugung werden damit deutlich, wobei zu einem nicht unbeträchtlichen Teil auch die Schrottpreisentwicklung (vgl. Abb. 17), die zukünftige Kostengestaltung beeinflussen wird [57,90].

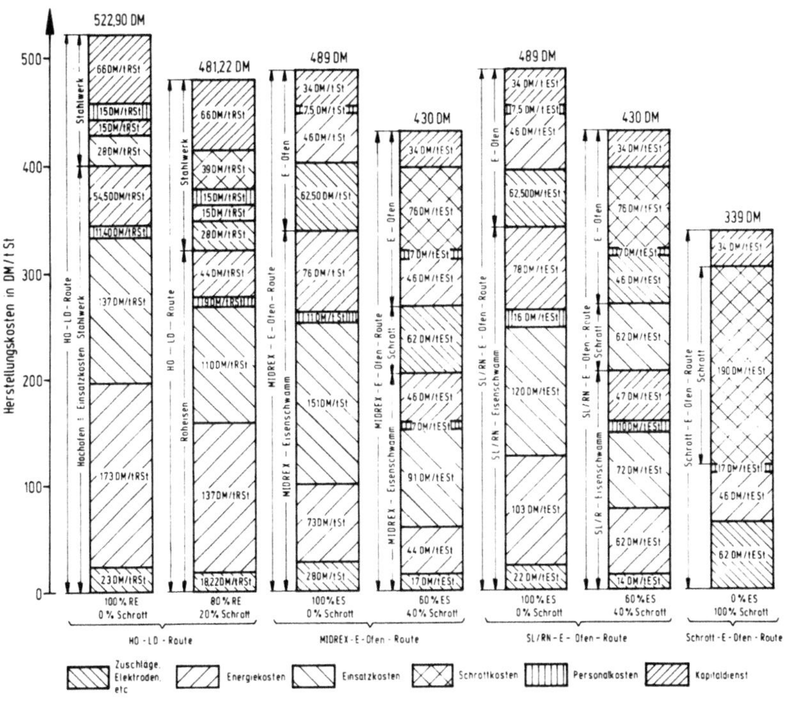

Abb. 16: Die Gesamtherstellkosten der alternativen Stahl-Routen getrennt nach Kostenarten und in Abhängigkeit von den Einsatzrelationen für 1977 (Standort Duisburg)

Die Schrottpreisentwicklung wies 1973/74 einen besonders hohen Anstieg auf, da zu diesem Zeitpunkt Belgien und Italien Schrottkäufe [15] in größerem Umfange tätigten (vgl. Abb. 17 und 15), so daß der Schrottpreis auf über

350 DM/t Schrott anstieg, was die Eisenschwammerzeugung lukrativ werden ließ.

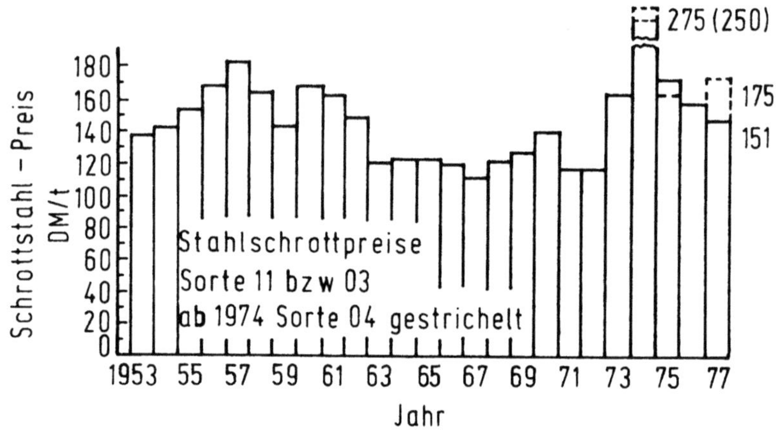

Abb. 17: Entwicklung der Stahlschrottpreise für die Sorten 11 (03) bzw. 04 [1,54,55]

3. Beschreibung der Drehrohrofenanlage

3.1 Das SL/RN-Verfahren

Obwohl der Anteil der Drehrohrofenverfahren nur 10% an der Gesamtheit der betriebenen Direktreduktionsanlagen in der Welt ausmacht (vgl. [49]), so gewinnt das Verfahren auch in hochindustrialisierten Ländern wegen des Einsatzes fester Brennstoffe (Braunkohle) zunehmend an Bedeutung [75].

Das SL/RN-Verfahren basiert auf einer getrennten Entwicklung zweier Firmengruppen. Das SL (Stelco-Lurgi)-Verfahren war in seiner ursprünglichen Konzeption auf Herstellung von Eisenschwamm für Stahlöfen konzentriert, unter Verwendung Fe-reicher Erze. Sofern Fe-arme Erze vorhanden, sollte die Trennung der Eisenträger von Gangart vor der Reduktion erfolgen.

Schwerpunkt beim RN (Republic Steel-National-Lead)-Verfahren lag auf thermischer Behandlung Fe-armer Erze, die nach Reduktion in ihre Komponenten - metallisches Eisen/Gangart - zerlegt werden sollten.

Um die Erfahrungen beider Gruppen zu nutzen, wurde eine Fusion beschlossen, welche 1964 zur Schaffung des SL/RN-Verfahrens führte.

Der große Vorteil der Direktreduktion im Drehrohrofen gegenüber den anderen Verfahren ist die Einsatzmöglichkeit von festen Kohlenstoffträgern, deren Verfügbarkeit in der Bundesrepublik Deutschland langfristig gesichert ist. Darüberhinaus ist das Spektrum einsetzbarer Erze relativ groß und schwankt zwischen 3 - 25 mm Durchmesser [27].

Die Öfen, deren Längen zwischen 50 und 125 m betragen, haben eine leichte Neigung von ca. 1,5 - 2%. Der Durchmesser (Abb.19) beträgt in Abhängigkeit von der Länge 3 - 6 m. Am Auslauf des Ofens kann Feinkohle über zwei Blasversatzmaschinen eingeblasen werden. Dort ist ein Zentralbrenner für das Aufheizen des Drehrohrofenmöllers beim Anfahren vorhanden. (s. Abb. 18)

Zur Einstellung eines gewünschten Temperaturprofils befinden sich über die Ofenlänge verteilt Lufteinblasrohre mit zugehörigen Gebläsen. Die Steuerung des Ofenbetriebes ist über die Aufgabemenge der Einsatzstoffe, die Drehzahl und die Luftmenge der Mantelgebläse möglich. Der Prozeß wird durch Messung der Ofen- und Abgastemperaturen überwacht. Die Kühlung des heißen Ofenaustrags erfolgt in einer gegen Außenluft abgedichteten Kühltrommel von 30 m Länge und 3 m Manteldurchmesser. Das Material verläßt den Kühler mit Temperaturen unter 150°C und wird über Bänder und Zwischenbunker zum Aufbereitungssystem gefördert. Nach Abtrennen des Überkorns + 25 mm Durchmesser gelangt das Austragsgut auf ein Sieb zur Trennung in die Kornfraktionen + 5 mm Durchmesser, 1 bis 5 mm Durchmesser und - 1 mm Durchmesser. Jede Fraktion wird auf nachgeschalteten Magnetscheidern in unmagnetische und magnetische Anteile getrennt. Der Eisenschwamm wird normalerweise aus den einzelnen Bunkern über Förderband zum Stahlwerk transportiert. Das Entstaubungssystem besteht aus Staubkammer, Nachbrennkammer, Kühlturm, Multiklon und Abgasgebläse mit Kamin (Abb. 18).

3.2 Der Großversuch von Charqueadas [20]

Zum Erschmelzen von flüssigem Roheisen im Hochofen nach den zur Zeit hauptsächlich angewandten Verfahren werden große Mengen Koks gebraucht, der nur aus bestimmten Kohlesorten zu gewinnen ist. Das Direktreduktionsverfahren hingegen kann mit preiswerteren Kohlen minderer Güte betrieben werden, insbesondere auch mit rheinischer Braunkohle, die in großen Mengen verfügbar ist (33 Mrd. t). Um die Voraussetzungen für die Verbreitung des Verfahrens in der Bundesrepublik Deutschland zu schaffen, führten die nachfolgend genannten Firmen einen Großversuch zur Herstellung von Eisenschwamm mit rheinischer Braunkohle durch:

- Rheinische Braunkohlenwerke AG, Köln
- Rhein.-Westfälische Elektrizitätswerke AG, Essen
- Mannesmann AG, Düsseldorf
- Lurgi Chemie und Hüttentechnik GmbH, Frankfurt
- Acos Finos Piratini S.A., Porto Alegre (Brasilien)
- Röhrenwerke Bous/Saar GmbH

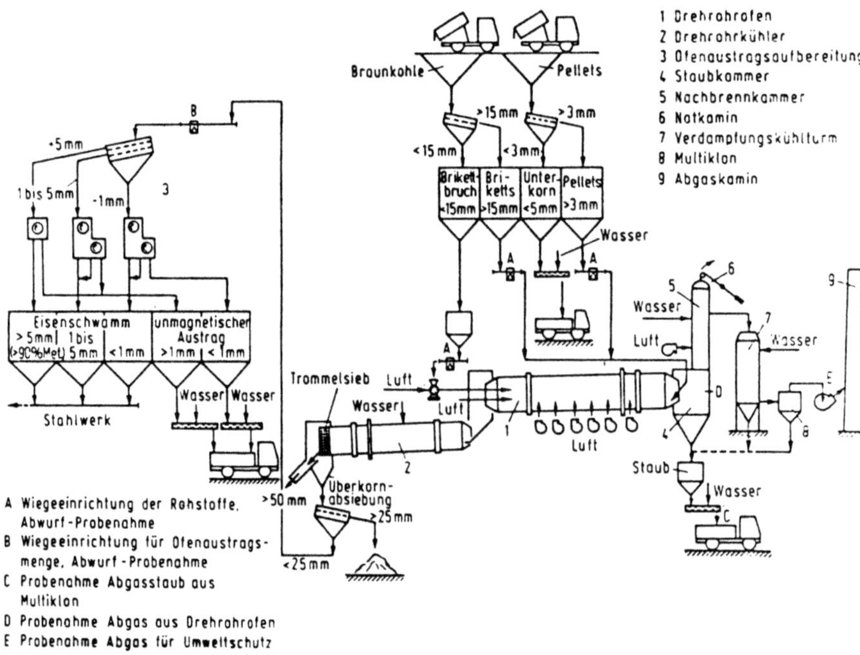

Abb. 18: Fließschema der SL/RN-Drehrohrofenanlage (Fa. Acos Finos Piratini S.A./Charqueadas/Brasilien, [20])

Der Versuch fand mit Unterstützung der Europäischen Gemeinschaft für Kohle und Stahl in der Drehrohrofenanlage der Firma Acos Finos Piratini S.A. in Charqueadas (Brasilien) statt (Jahreskapazität: 65.000 t ES). Im Verlauf der dreiwöchigen Versuchsdauer wurden rund 2.800 t Eisenschwamm erzeugt. Dazu wurden rund 5.000 t Briketts vom Rheinischen Braunkohlenrevier auf einem 15.000 BRT-Frachter unter häufiger Temperaturkontrolle nach Brasilien transportiert.

Der Aufbau der für den Großversuch verwendeten Anlage ist dem Fließschema nach Abb. 18 zu entnehmen. Die mit dieser Anlage erzielten Ergebnisse entsprachen voll den Erwartungen der beteiligten Firmen und bestätigen die Einsatzmöglichkeit der rheinischen Braunkohle. In dem hohen Anteil an Flüchtigen und damit an der hohen Reaktivität liegt ein wesentlicher Verfahrensvorteil der Braunkohle beim Einsatz im Drehrohrofen zur Direktreduktion von Eisenerz.

Ein weiterer - noch großindustriell nicht genutzter- Vorteil liegt in der Möglichkeit, über eine Gutschrift für die Abwärme die Energiekosten für die Eisenschwammerzeugung im Drehrohrofen (in Charqueadas 50 m lang, Durchmesser 3 m) zu nutzen. Der hohe im Abgas gebundene Energieinhalt beruht auf der Tatsache, daß der Drehrohrofen ein schlechter Wärmetauscher ist und damit ca. 50% der durch die Braunkohle eingebrachten Energie den Reaktor in Form von chemischer und fühlbarer Wärme mit dem Drehrohrofenabgas verläßt.

Die in dem Drehrohrofen von Charqueadas (Durchmesser 3 m, Länge 50 m) gewonnenen Daten wurden ausgewertet und bilden die Grundlage für die nachfolgenden Betrachtungen.

3.3 Technisch-wirtschaftliche Randbedingungen der Nutzung des Drehrohrofenabgases

Die größten Möglichkeiten einer industriellen Nutzung der Abwärme bietet das Direktreduktionsverfahren im Drehrohrofen.

Da bei diesem Verfahren sowohl alternativ Braunkohlebriketts, Rohbraunkohle oder Braunkohlenkoks eingesetzt werden können, ist die Entscheidung für einen Einsatz der jeweiligen Braunkohle abhängig von der erreichten Gutschrift und den Transportkosten. Dies stellt letztlich ein Standortproblem dar, weil in Abhängigkeit von der Weiterverarbeitungsstufe u.U. große Wassermengen transportiert werden müssen oder die Abgaswärme wirtschaftlich nicht nutzbar ist.Der Kokstransport bietet sich so z.B. bei grossen Entfernungen wegen des geringen Wassergehaltes an, andererseits ist die rückgewinnbare Abwärmemenge mit 6,7 GJ (vgl. Abb. 19) relativ gering, besonders im Hinblick darauf, daß der Flüchtigenanteil in Vol.-% und das Abgasvolumen geringer als bei Briketteinsatz sind. Darüberhinaus ist der Anteil der chemischen Wärme zu gering, um das Abgas im Kessel zu verbrennen.

Der Einsatz von Rohbraunkohle ist nur wirtschaftlich unter 100 km Distanz (Luftlinie) vom Braunkohlelager (s. Abb. 67 in Kap. 9.2). Der Vorteil liegt in der Nutzungsmöglichkeit des Eigenwassers zur Reduktionsgasbildung im Reaktor. Der Anteil an fühlbarer Wärme an der Gesamtabgasmenge beträgt nahezu 50%,bei Briketteinsatz 35%, was größere Wärmetauscherflächen erforderlich macht. Eine Verbrennung im Abhitzekesselsystem ist ebenfalls nicht möglich, so daß sich eine Prozeßdampferzeugung verbietet. Zusätzlich muß bei der Auslegung des Reaktors eine Vorwärmzone von 45 m Länge berücksichtigt werden, was konstruktive Probleme aufwirft, denn die Gesamtlänge des Reaktors beträgt damit 160 m und erhöht die Investkosten wesentlich (vgl. Abb. 19).

An der Entwicklung eines Formkokses zum Einsatz im Drehrohrofen wird derzeit noch gearbeitet [67,70, 74].

Reduktions-stufe		Rohbraunkohle	Braunkohle-Brikett	Braunkohle-Koks
Zusammen-setzung (Vol. %)	H_2O	59	18	3
	C_{fix}	17	35	35
	Flüchtige C_nH_m	23	43	3
Abmessungen der Zonen[m]	Trockenzo-ne [m]	45	n.notwendig	n.notwendig
	Vorwärm-zone [m]	45	45	n.notwendig
	Red.-Zone [m]	70	80	90
Abgasmenge	$\left[\frac{m^3}{h}\right]$ i.N. feucht	300.000	216.000	150.000
Wärmerück-gewinnung	[GJ/t ES]	9,4	10,25	6,7
- Temp.	[°C]	600	800	1000
Abgas-aggregate Kosten der Abgasaggre-gate in Mio [DM]	mit Abwärme-nutzung	nicht wirt-schaftlich	Kamin = 1 Kessel = 14 E-Filter = 3	nicht wirt-schaftlich
	H_2O-Verbr. [m^3/t ES]	-	2,80	-
	o.Abwärme-nutzung	Verdampfungs-kühler = 1	E-Filter = 3 Ventilator = 1	Kamin = 1
	H_2O-Verbr. [m^3/t ES]	3	3	2,0

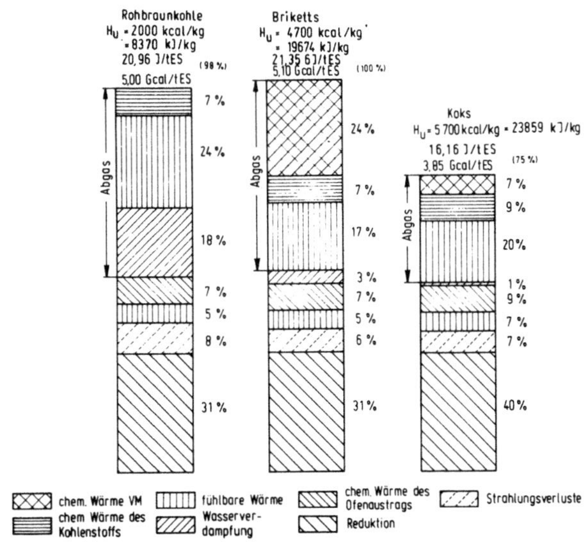

Abb. 19 Zusammensetzung, Mengen- und Grössenverhältnisse bei Einsatz verschiedener Braunkohlemodifikationen im Drehrohrofen (Durchmesser = 6 m)[39]

Die zusätzlichen Kosten für die Abwärmenutzung sind im wesentlichen abhängig von dem Temperaturniveau, da der fühlbare Wärmeanteil von großer Bedeutung für die Wirtschaftlichkeit ist, wie w.u. gezeigt wird. Die Investkosten für den Abhitzekessel betragen etwa 14 Mio DM.zu Preisen von 1977/78[66] bei den Fixkosten, während bei den proportionalen Kosten der für das Wasser und seine Aufbereitung von entscheidender Bedeutung sind. Im Bundesland Hessen sind auf Grund des in den letzten Jahren stark abgesunkenen Grundwasserspiegels die Auflagen für Anlagen mit großem Wasserbedarf verschärft worden, wenn eine Genehmigung zur Gründung von Brunnen überhaupt erteilt wird.[71]

In Abb. 20 sind die Investkosten für Standardgrößen von Drehrohröfen in Abhängigkeit von dem Durchmesser nach Angaben des Verfahrensbetreibers Firma Lurgi (s.a.u.) zusammengestellt worden.

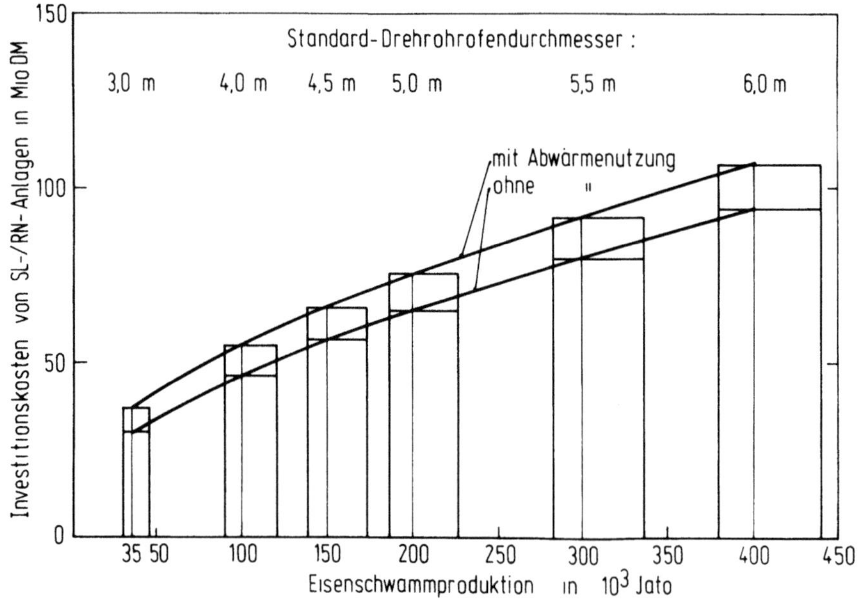

Abb.20 : Investkosten einer SL/RN-Drehrohrofenanlage mit und ohne nachgeschaltetem Abhitzekessel in Abhängigkeit von Ofenanlagen verschiedener Standdurchmesser [39,72]

Aus Energieeinsparungsgründen wird das Drehrohrofenverfahren ständig weiterentwickelt. Hierbei haben schon Franke und Schwirten [73] in einem Vortrag anläßlich der ILAFA-Tagung 1975 in Porto Alegre (Brasilien) darauf hingewiesen, daß mit zunehmenden Durchmesser der Wärmeverbrauch im Drehrohr überproportional zurückgeht. Reuter [78] und Schnabel [77] haben in zahlreichen großtechnischen Versuchen den Ablauf der physikalisch-chemischen Vorgänge im Drehrohrofen untersucht. Dabei wurde auch die Bedeutung der Zunahme der Wärmetauscherfläche mit vergrößertem Durchmesser für die Abgasbildung nachgewiesen (s. Abb. 21).

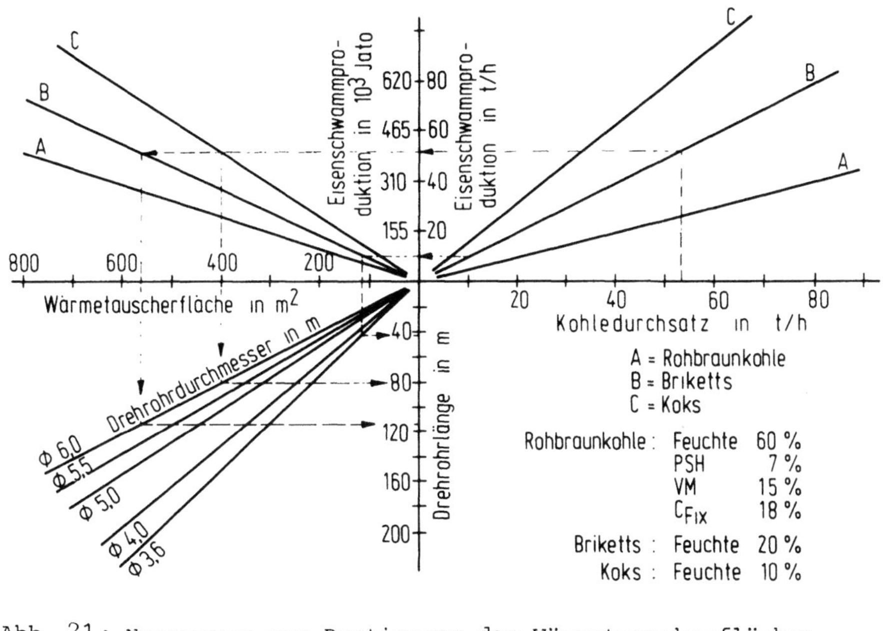

Abb. 21: Nomogramm zur Bestimmung der Wärmetauscherflächen in Abhängigkeit vom Durchmesser, Kohlemodifikation und Kapazität des Drehrohrofens [39]

3.4 Der Drehrohrofen als Gasgenerator

Anhand der Abbildung 15 und der Tabelle A3 in Kapitel 2.3 ließ sich die wirtschaftliche Bedeutung einer Abwärmenutzung des den Drehrohrofen verlassenden Abgases für die Stahlherstellung aufzeigen. In den beiden vorhergehenden Kapiteln wurde unter Zuhilfenahme der Erkenntnis aus Groß- und Laborversuchen auf der Grundlage von Versuchsdaten des Charqueadas-Großversuches ein Modell über die Vorgänge im Drehrohrofen erstellt, das schematisch in Abb. 22 dargestellt ist.

Hierin sind sämtliche, durch den Temperaturverlauf im Drehrohrofen bestimmten Reaktionen (vgl.Kap. 3.2.3) der Kohle,der Luft und des Erzes berücksichtigt worden. Nach diesem Rechenschema läßt sich die Abgaszusammensetzung über der Drehrohrofenlänge unter vereinfachten Bedingungen mit guter Genauigkeit berechnen, was in einer nicht veröffentlichten Arbeit durchgeführt wurde [23)]. [+)]

Aufbauend auf die Kohlenstoffbilanz (vgl. auch Bilanzübersicht Tabelle A7 im Anhang) und die Entgasungskennwerte[80)] der Braunkohle führt die Berechnung der entstehenden und verbrauchten Gase zu der Abb. 22 und der Tabelle 1.
Die Berechnungsabschnitte wurden entsprechend den technologischen (Lufteintrittsstellen) und chemisch-physikalischen (verschiedene Reaktionszonen) Bereichen gewählt (s. Tab. 3).

Besondere Berücksichtigung fanden die Reaktionen (3) bis (6) (vgl. Abb. 22) der Entgasungsgase, deren Endzusammensetzung über die Massenwirkungsgesetzte Gl.1 bis Gl.6 mit Hilfe eines vorliegenden Rechenprogrammes [81)] berechnet wurde.

[+)] Die zur Aufstellung des Modells notwendigen Bilanzen wurden nach [82)] errechnet.

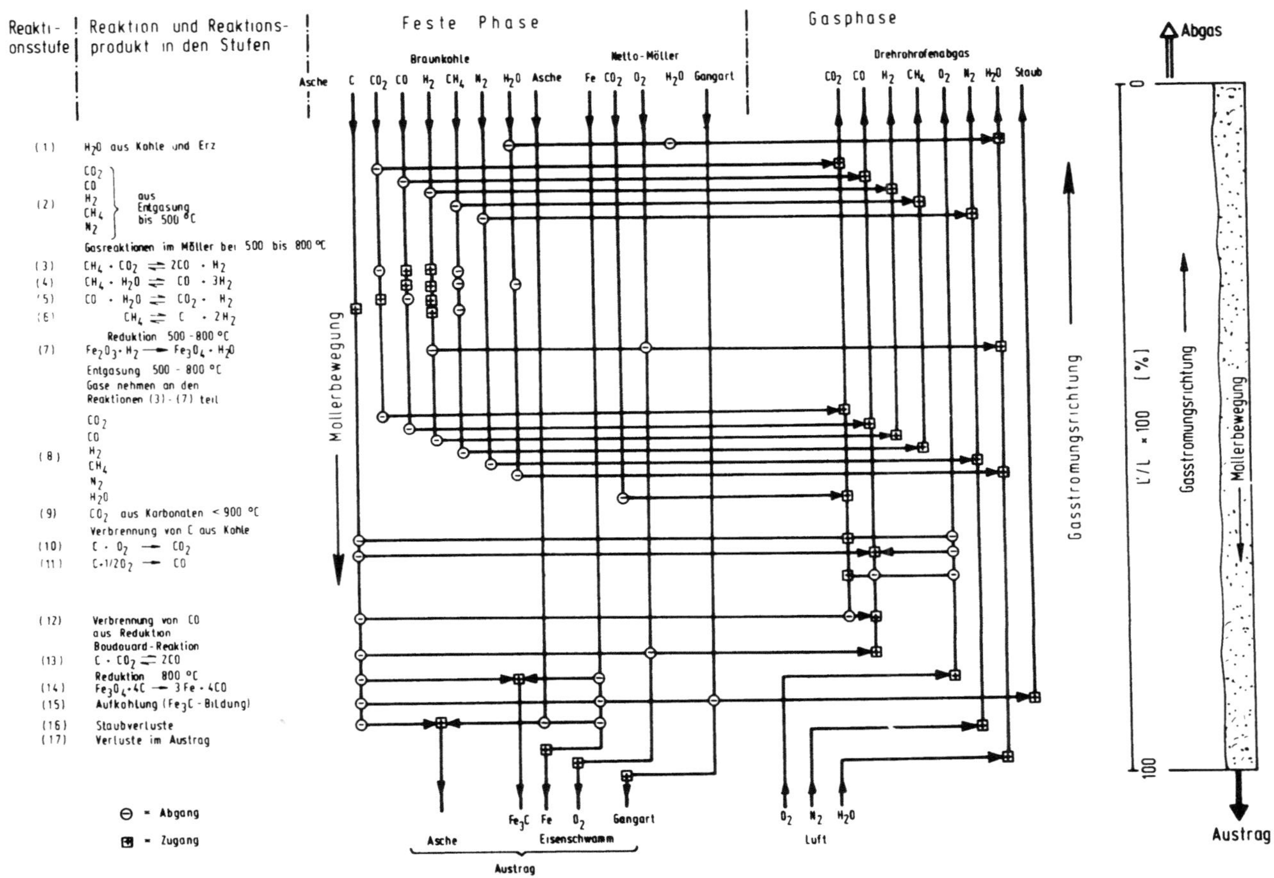

Abb. '2 : Modellerfassung der chemisch-physikalischen Vorgänge im Drehrohrofen 23)

Tabelle 1: Zusammenstellung der Abgaszusammensetzung im Drehrohrofengasraum

Stufe	1	2	3	4	5	6	7	8	9	10	11	12	13	
Entfernung vom Feeder m	0	2,2 3	5 5,4	7,5	10 11,6	15 15,5	17,4 20	23,2 25	28,80 30	34,40 35	40,00 45	47,8	50	
Gastemperatur °C	800	810		?20		950	980	1050	1050	1040	1000	920	880	
Möllertemperatur °C	50	220 263	465	500	675	300	340	920	930	930	900	300	745	
Gebläseluftmenge Nm^3/h / Nm^3/t ES			714,29 90,42		714,29 90,42		714,29 90,42	714,29 90,42	714,29 90,42	714,29 90,42	714,29 90,42		18484,89 2339,86	
Durchlaufzeit t[min] t/t [%]	21,00 5,53	30,00 7,90	60,00 15,81	72,00 18,97	102,00 26,87	132,00 34,78	144,00 37,94	183,00 48,21	216,00 56,91	252,00 66,39	288,00 75,88	360,00 94,85	379,56 100,00	
Absoluter und prozentualer Anteil der Gaskomponenten im Ofengasraum Nm^3/t ES in %														
CO_2	831,44 19,54	820,12 20,77	737,15 19,43	722,79 19,66	688,58 19,68	664,15 20,63	622,71 19,56	507,19 16,72	409,30 14,16	303,55 11,05	197,30 7,58	< 0 0	< 0	+ 1,1?
CO	232,33 5,46	229,83 5,82	211,55 5,58	208,33 5,67	162,56 4,65	129,86 4,03	120,75 3,79	95,35 3,14	74,85 2,59	51,05 1,86	27,60 1,06	< 0 0	< 0	+ 19,30
H_2	194,88 4,58	188,33 4,77	157,58 4,15	152,25 4,14	71,94 2,06	13,50 0,42	> 0 (5,76) 0	0 0	0 0	0 0	0 0	< 0 0	< 0 0	- 5,76
CH_4	26,33 0,62	22,44 0,57	3,94 0,10	0,74 0,02	0,31 0,01	0 0	0 0	0 0	0 0	0 0	0 0	0 0	0 0	± 0
O_2	18,72 0,44	18,72 0,47	51,78 1,36	38,52 1,05	67,16 1,92	68,63 2,13	101,63 3,19	168,60 5,56	222,35 7,68	282,71 10,29	343,07 13,18	482,78 19,91	482,78 19,91	- 8,59
N_2	2440,70 57,36	2433,85 61,64	2401,74 63,30	2324,75 63,22	2296,93 65,65	2205,33 68,51	2205,33 69,27	2133,90 70,34	2062,47 71,28	1991,04 72,45	1919,61 73,75	1848,18 76,22	1848,18 76,22	- 0,31
H_2O	510,61 12,00	234,92 5,95	230,42 6,07	230,42 6,27	211,11 6,03	137,64 4,28	133,14 4,18	128,64 4,24	124,14 4,29	119,64 4,35	115,14 4,42	115,14 4,75	115,14 4,75	+ 1,39
Gesamt-Gasmenge Nm^3/t ES in %	4255,06 100,00	3948,12 100,00	3794,16 100,00	3677,30 100,00	3498,50 100,00	3219,11 100,00	3183,56 100,00	3033,68 100,00	2893,61 100,00	2747,99 100,00	2602,72 100,00	Σ und % = bereinigte Werte 2424,88 100,00	100,00	

$$K_3 = \frac{p_{CO}^2 \cdot p_{H_2}^2}{p_{CH_4} \cdot p_{CO_2}} \qquad K_4 = \frac{p_{CO} \cdot p^3_{H_2}}{p_{CH_4} \cdot p_{H_2O}}$$

$$K_5 = \frac{p_{CO_2} \cdot p_{H_2}}{p_{CO} \cdot p_{H_2O}} \qquad K_6 = \frac{p_{H_2}^2 \cdot a_C}{p_{CH_4}} \qquad (1)$$

Alle weiteren Rechenschritte sind dem Anhang zu entnehmen.

Die in Abb.28 wiedergegebenen errechneten Kurvenabläufe ergaben eine sehr gute Übereinstimmung mit den im Charqueadas gemessenen Werten.

Im Charqueadas-Drehrohrofen werden 4.255 m^3 i.N./t ES Abgas erzeugt, das den Ofenauslauf, der einen Durchmesser von 0,7 m hat, mit einer Abgasgeschwindigkeit von 24 m/s verläßt, während die Geschwindigkeit im Ofengasraum wegen des größeren Querschnitts wesentlich geringer ist.

Die mit dem Abgas ausgetragene Staubmenge betrug im Charqueadas-Versuch 40 g/Nm^3 Abgas und hatte folgende Stoffmengenanteile:

Tabelle 2 : Staubzusammensetzung

	Fe_2O_3	Asche	S	C
M_i (kg/mol)	159,6	-	32	12
Gew-%	0,58	0,19	0,06	0,22

Die Korngrößenanalyse des unmagnetischen Staubaustrages ergab folgende Zusammensetzung [83] :

Tabelle 3: Korngrößenanalyse des unmagnetischen Staubaustrages im Drehrohrofenabgas [83]

Korngröße (mm)	Fraktion (%)	Reinkohle-Anteil (%)	Heizwert H_μ kJ bzw. kcal / kg Staub	Heizwert H_μ kJ bzw. kcal / Korngrößenant.
0,25	0,6	62,1	19.842 4.740	119 28,44
0,25 - 0,125	2,4	53,3	18.000 4.300	432 103,2
0,125- 0,095	2,4	10,0	4.919 1.175	118,5 28,3
0,090- 0,063	6,1	9,1	3.830 915	238 56,815
0,063	88,5	6,7	2.993 715	2649 632,775

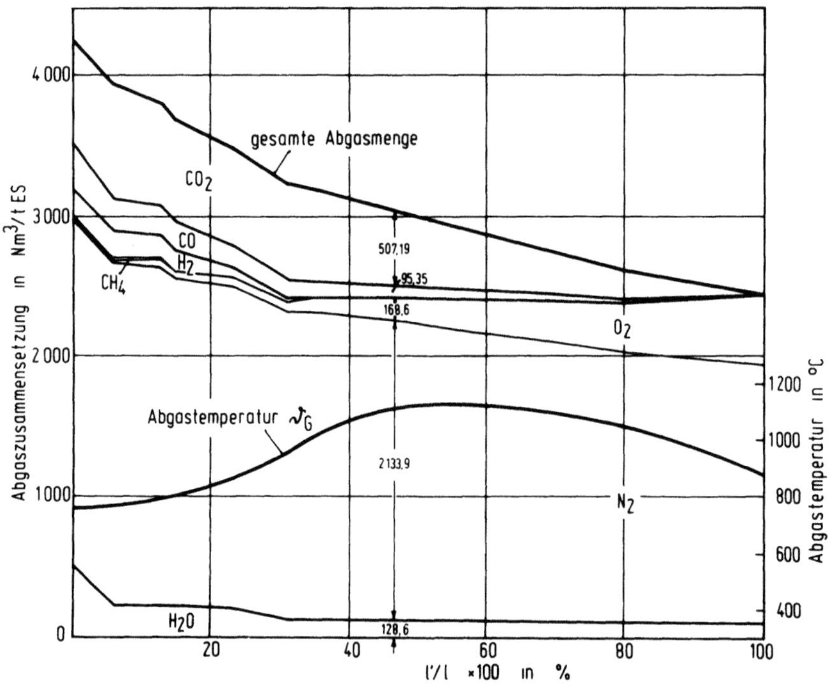

Abb. 23: Verlauf der Abgaskurve und -zusammensetzung über der Drehrohrofenlänge

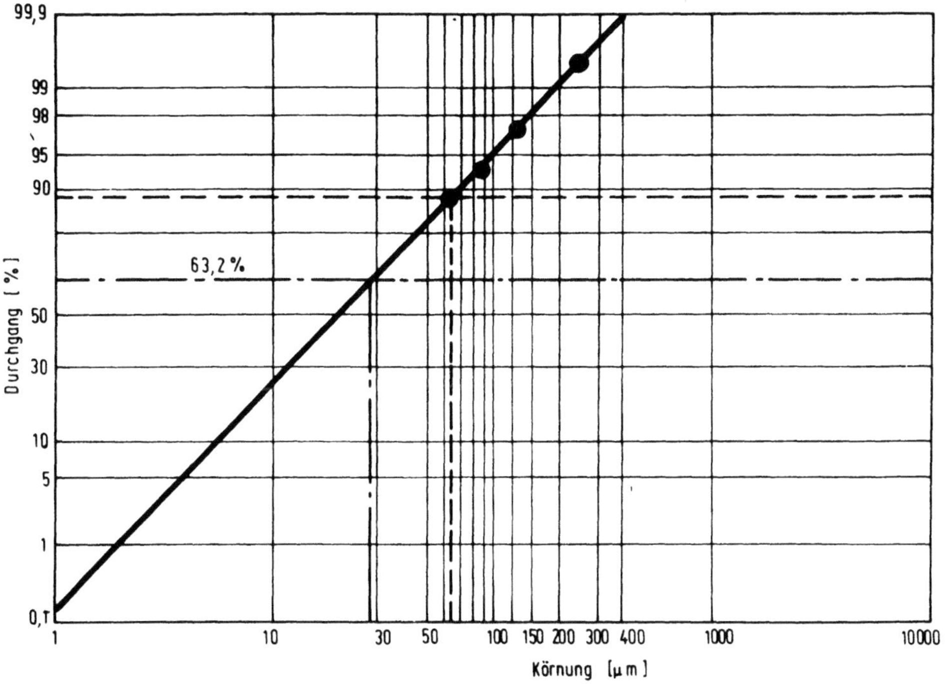

Abb. 24 : Korngrößenanalyse des unmagnetischen Staubaustrages im Drehrohrofen [82,83]

Mit einer statistischen Durchschnittskörnung von 0,03 mm (s. Abb. 24) wurde bei Auswertung der Analysewerte des Abgasstaubes im RRS-Körnungsnetz eine um eine ca. eine Zehnerpotenz niedrigere Korngröße als die von Gumz [84] ermittelt. Nach Gumz ist ein Koksteilchen von 0,3 mm bei einer Temperatur von 1.000°C, einem Luftüberschuß von 25% und einer Verweilzeit von zwei Sekunden vollständig ausgebrannt. (vgl.a. [73]) Diese Tatsache ist von Bedeutung für eine vollständige Verbrennung der im Abgas mitgerissenen Kokskohlestaubteilchen, die von folgenden drei Einflußgrößen abhängig ist:

1. Korndurchmesser
2. Luftüberschuß
3. Verweilzeit im Abhitzekessel

Aus der Abb. 24 ergibt sich ein mittlerer Korndurchmesser von ca. 0,03 mm (s.o.), der erwarten läßt, daß aufgrund des größeren spezifischen Gewichtes die mit dem Abgas ausgetragenen, im Staub enthaltenen Eisenpartikel einen noch geringeren Korndurchmesser haben müssen. In Abb. 25 wurden nach Versuchsergebnissen von Friedmann [42] die auf den Möller bezogene Staubbeladung im Abgas in Abhängigkeit von der auf den Querschnitt bezogenen Luftmenge zusammengestellt und für zwei Drehrohrofengrößen (65.000 Jato, resp. 400.000 Jato) ergänzt. Die Werte wurden nach Ergebnissen aus Großversuchen hochgerechnet. Danach ergaben sich entsprechend der beiden Ofengrößen die beiden empirischen Gleichungen:

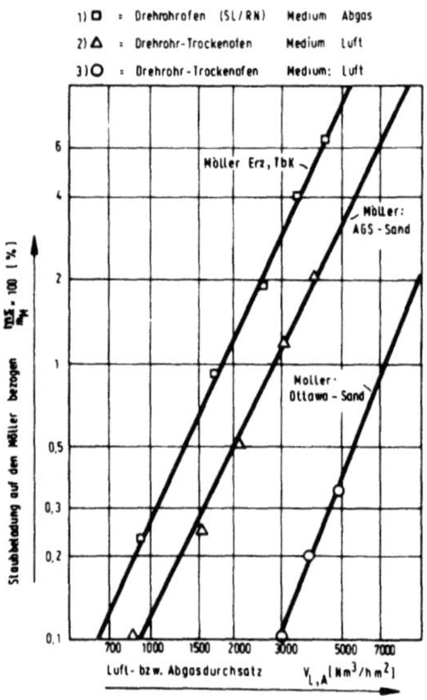

<u>Abb. 25</u> : Zusammenhang zwischen bezogener Staubbeladung und Luft- bzw. Abgasdurchsatz 42[1])

$$\frac{m_S}{m_M} = 5{,}47 \cdot 10^{-8} \cdot V_{LA}^{2{,}216} \quad \text{für 65.000 jato} \quad (2)$$

$$\frac{m_S}{m_M} = 3{,}59 \cdot 10^{-6}\, V_{LA}^{1{,}569} \quad \text{für 400.000 jato} \quad (3)$$

m_S = Masse Staub [kg/h]
m_M = Masse Möller [kg/h]
V_{LA} = Volumen der Luft- bzw. Abgasmenge [m^3/m^2h] i.N.

In Tabelle 4 werden die verschiedenen gemessenen Werte und benutzten Medien zur Messung des Staubaustrages zusammengestellt.

Tabelle 4 : Staubbildung verschiedener Möller bei Gegenstrombetrieb mit Luft und/oder Abgas [34, 42]

Drehrohr ofenreaktor	l/D (mm)	Möller	Schütt-dichte	Körnung (um)	Wärmetragendes Medium	Gas geschw. W_{kr} (m/s)*
Direktreduktion SL/RN	50/31	Erz TBK	2,25	30	Luft und Drehrohrofenabgas	0,722
Trockner	1,82/0,3	AGSN Sand	1,29	215	Luft	0,997
Trockner	1,82/0,3	Ottowa Sand	1,71	507	Luft	2,740

* Kritische Gasgeschwindigkeit ist bezogen auf 2 % Staubbeladung im Abgas m_S/m_M (ms = Staub in kg, m_M = Masse Möller in kg) (s. Abb. 27)

Aus dem Ergebnis ist zu ersehen, daß der Staubaustrag im wesentlichen von der Korngröße des Staubes und von der Dichte des Möllers abhängt.

Bei einem Drehrohrofen mit 400.000 Jato entstehen ca. 216.000 m^3 i.N./h feuchtes Abgas, durch dessen Verbrennung im Kessel drei Tonnen Dampf pro Stunde erzeugt werden können (s. Kap. 5.3).

In Zusammenarbeit mit der Firma Lurgi wurden die Versuchsergebnisse und Berechnungen in einem Nomogramm (Abb. 30) dargestellt.
In Abb. 26 sind die Abgasgeschwindigkeit, die Abgastemperatur und die Abgasmenge, der Ofendurchmesser und die Ofenlänge in Abhängigkeit vom eingesetzten Reduktionsmittel (Koks, Brikett, Rohbraunkohle) wiedergegeben.

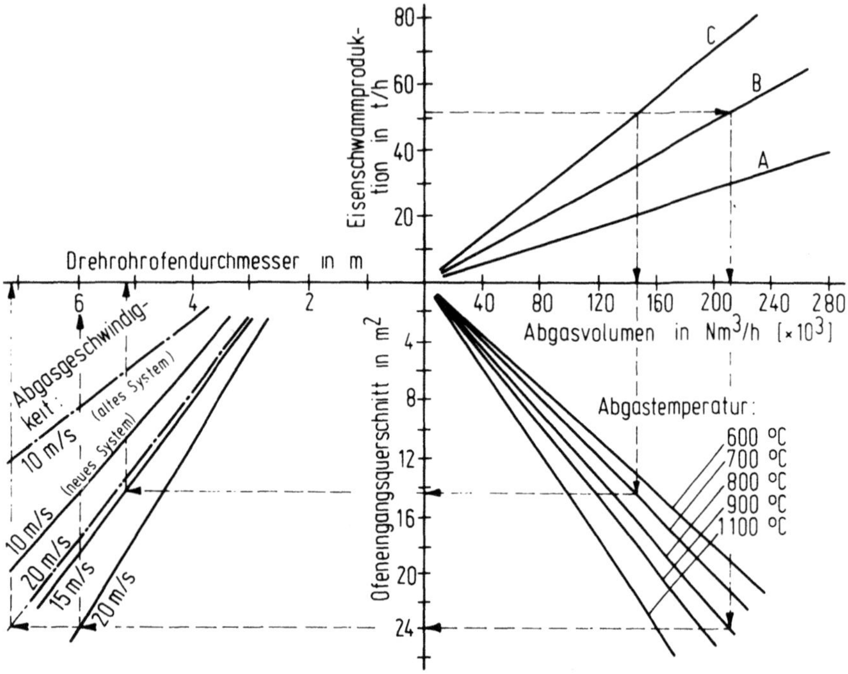

Abb. 27 : Nomogramm zur Bestimmung der Abgasmengen und Geschwindigkeit des Abgases in Abhängigkeit von der Modifikation und Drehrohrofenkapazität[39] (A = Rohbraunkohleeinsatz B = Briketteinsatz, C = Kokseinsatz)

Aus dem Nomogramm ergibt sich z.B. bei Einsatz von Braunkohlebrikett und bei einer stündlichen Eisenschwammproduktion von 52 t ES/h eine Abgasmenge von 216.000 m^3 i.N./h und damit bei einer Gasgeschwindigkeit von 20 m/s im neuen Drehrohrofensystem ein Durchmesser von 6 m oder im alten System ein Durchmesser von 7 m. Würde man die Geschwindigkeit auf 15 m/s drosseln, ergäbe sich ein Durchmesser von ebenfalls 7 m. Technisch werfen aber Durchmesser > 6 m bei größeren Längen Probleme auf.Bei Kokseinsatz werden entsprechend geringere Gasmengen durchgesetzt, so daß der Durchmesser auf 5 m reduziert werden kann.

In diesem Nomogramm ist auch der Zusammenhang zwischen dem Einsatz der verschiedenen Braunkohle und der Dimensionierung ersichtlich (vgl. a. Abb. 20).

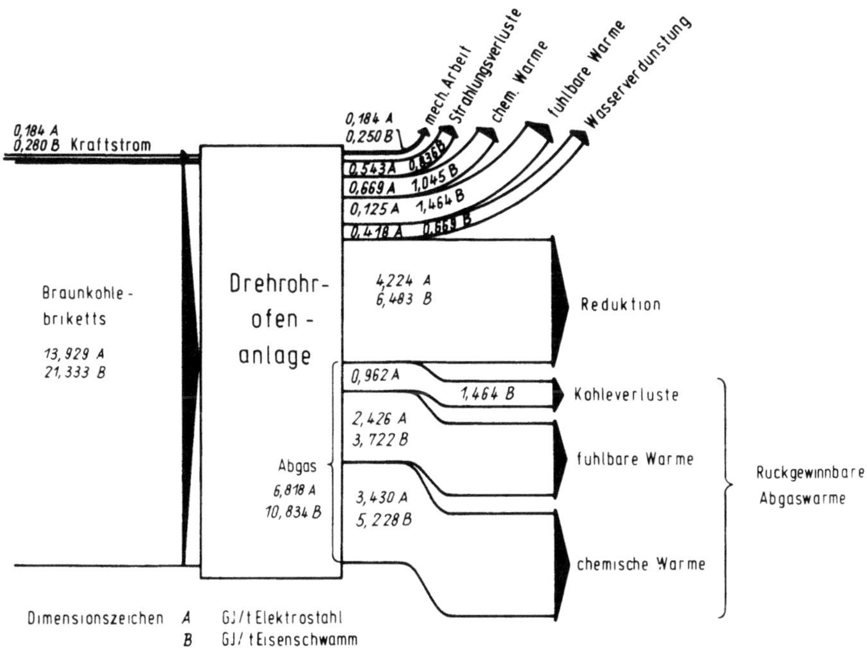

Abb. 28: Energiebilanz des Drehrohrofens [34,39,41]

Im Gegensatz zum Midrexverfahren (12,68 GJ/t ES) ist der Energieeinsatz beim Drehrohrofenverfahren mit 21,35 GJ/t ES (5,1 Gcal/t ES) höher, was in der integrierten Abgasnutzung beim Midrex-Verfahren begründet ist. Dagegen stellt die Direktreduktion im Drehrohrofen einen offenen Prozeß mit großem Wärmeverlust im Abgas dar.
Aus dem in Abb. 28 dargestellten Wärmefluß ist die Aufteilung der Abwärme im Abgas, das mit ca. 50% (10,839 GJ/t ES) der eingebrachten Wärme den Reaktor verläßt, ersichtlich.

3.5 Verwendungsmöglichkeiten der Drehrohrofenabgaswärme

Nach [73]ergeben sich für die Abgasverwertung folgende Möglichkeiten:

1.0 Verwendung im Prozeß selbst (Recycling)
2.0 Energieabgabe nach außen mit Gutschrift
3.0 eine Kombination aus 1.0 und 2.0

Daneben läßt sich unterscheiden nach direkter (direkte Wärmeabgabe vom Rauchgas an z.B. Erz) und indirekter (indirekte Wärmeabgabe vom Rauchgas an Luft resp. Wasser und von dieser an Erz resp. an chemische Prozesse) Wärmeabgabe. Es ergibt sich damit folgendes Schema:

Tabelle 5 : Abwärmenutzungsmöglichkeiten des Abgases

	0.1 Direkte Nutzung	0.2 Indirekte Nutzung
1.0 Abgaswärme-recycling	1.1 Vorwärmung 1.1.1 Erz 1.1.2 Braunkohle 1.1.3 Pellethärten, -brennen 1.1.4 Speisewasser-vorwärmung	1.2 Vorwärmung der Luft für: 1.2.1 Braunkohle 1.2.2 Erz 1.2.3 Drehrohrmantel (Luft)
2.0 Lieferung (Abgabe)	2.1 Abgas	2.2 Dampf

Im Beispiel des Falles 1.1 erfolgt die Ausnutzung der Abgaswärme direkt durch Wärmetausch über einen Rost oder Schacht im Kreuz - resp. Gegenstrom zur Vorwärmung der Beschickungsmaterialien Erz (Fall 1.1.1) oder Kohle Fall 1.1.2). Aus verfahrenstechnischen Gründen ist jedoch von einer Vorwärmung der Braunkohle wegen des hohen Flüchtigenanteils abzusehen. Dagegen besteht die Möglichkeit der Pelletherstellung (Fall 1.1.3) oder zur Erzvorwärmung (Fall 1.1.1). Jedoch erfolgt das Pelletbrennen konventioneller Pellets bei 1250°C - 1350°C , so daß generell nur der Energiebedarf wegen der geringen Abgastemperatur von 800°C zu einer Vorwärmung der Pellets technisch relevant und damit weiterer Energieaufwand erforderlich sein dürfte, was wiederum unwirtschaftlich wäre.

Prinzipiell rät der Verfahrensbetreiber (Firma Lurgi) nach schlechten Erfahrungen einer großtechnischen Versuchskampagne in Falconbridge 1971 [34)] von der Kopplung des Direktreduktionsprozesses mit anderen Systemen bzw. von direkten Kreisläufen ab, die regeltechnisch bei großtechnischem Betrieb nur schwer beherrschbar sind. Ändert sich zum Beispiel die Erzfeuchte oder die Erzzusammensetzung, so verschiebt sich das Reaktionsgleichgewicht im Ofen und damit die Abgaszusammensetzung wie auch die Abgastemperatur, was letztlich über der Änderung des eingesetzten Möllers eine Verschiebung aller übrigen Prozeßparameter ergeben würde. Die direkte Nutzung für die Erzvorwärmung ist deshalb technisch nicht sinnvoll. Damit bleibt für den Fall des direkten Wärmetausches nur die Speisewasservorwärmung (Fall 1.1.4) als technische Lösung, wie in Abschnitt 7.1 in Abb. 55 gezeigt werden wird (vgl . auch 5.1).

Von der in [73)] vorgeschlagenen indirekten Erzvorwärmung über Luft (Fall 1.2.1) ist abzusehen, da der apparative Aufwand im Vergleich zur Wärmerückgewinnung relativ groß wird.

Die Mantelluftvorwärmung (Fall 1.2.3) - als indirekte Nutzung der Abwärme - ist ebenso wie die Luftvorwärmung zur Dampfherstellung bis zu einer Temperatur von 350°C und die Speisewasservorwärmung technisch relevant. (Fall 1.2.4, vgl. Abschn. 5.1). Die Abgaszuleitung (Fall 2.1) an werksfremde Anlagen verbietet sich aufgrund der großen Durchmesser, die bei der - nach den Charqueadas-Ergebnissen - hochgerechneten Abgasmenge von 4200 m^3_{AG} i.N./t ES würde einen Rohrquerschnitt von ca. 38 m^2 erforderlich machen [73)]. Da ein wichtiger Anteil der Gesamtexergie in der fühlbaren Wärme des Abgases steckt (vgl. Abschnitt 4.8), verhindern die entstehenden hohen Wärmeverluste Leitungslängen von über 50 m, ganz abgesehen von den Investkosten und den Problemen, die die Verlegung von Rohren mit 7 m Durchmessern bedeuten würden.

Als wichtigste Möglichkeit der Abwärmenutzung des Drehrohrofenabgases bietet sich demnach die Veredelung der im Abgas vorhandenen chemischen und fühlbaren Energie durch Dampferzeugung an (Fall 2.2), da im Gegensatz zur Abgaslieferung Fernleitungen für Dampf bis zu 10 km noch wirtschaftlich sind

Insgesamt sind deshalb nur folgende Fälle denkbar:

1.1.1 Direkte Vorwärmung des Erzes
1.1.4 Direkte Speisewasservorwärmung zur Dampfherstellung
1.2.3 Drehrohrmantellufterwärmung
1.2.4 Indirekte Luftvorwärmung für den Kessel
2.2 Dampfherstellung durch Verbrennung des Abgases.

Eine Kombination von Fall 1 und 2 ist unter Berücksichtigung der Abgasabwärme nach Abb. 29 technisch möglich (Fall 3.), jedoch kann mit Rücksicht auf eine möglichst hohe Gutschrift und im Sinne einer Vereinfachung der Drehrohrofenanlage von einer ausschließlichen Dampfherstellung als sinnvoll für Abwärmenutzungsmöglichkeit ausgegangen werden. Die folgenden Untersuchungen beschäftigen sich mit dem Problem der Verbrennung des Abgases zur Dampferzeugung im Abhitzekessel.

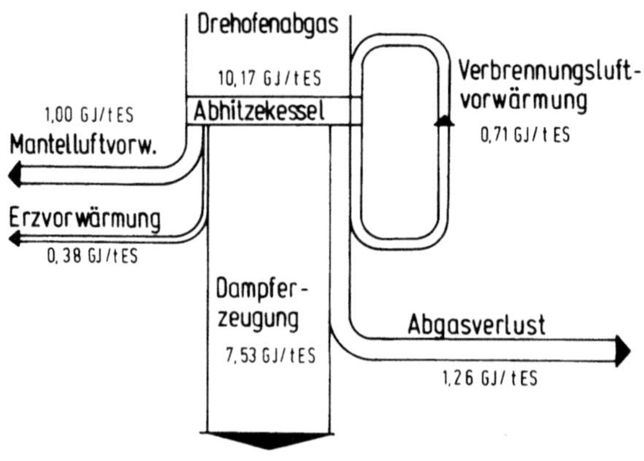

Abb. 29: Nutzungsmöglichkeit der Drehrohrofenabgaswärme [73)]

4. Verbrennung des Drehrohrofenabgases zur Dampferzeugung

4.1 Abgasdaten

Als Ausgangsdaten für die nachfolgenden Berechnungen und Nutzungsanalysen stehen die Ergebnisse des bereits erwähnten Großversuches in Charqueadas zur Verfügung. Da sie die Grundlage für die weiteren Überlegungen darstellen, soll zuerst die Zusammensetzung dieses Abgases aus der Reduktionsanlage zur Eisenschwammerzeugung in der Tabelle 6 wiedergegeben werden:

Tabelle 6 : Abgaszusammensetzung

Stoff	Molanteil Ψ'_i	Molmasse (kg/kmol) M_i	Molmasse (kg/kmol) $\Psi'_i \cdot M_i$
CO_2	0,1954	44	8,5976
CO	0,0546	28	1,5288
H_2	0,0458	2	0,0916
CH_4	0,0062	16	0,0992
O_2	0,0044	32	0,1408
N2	0,5736	28	16,0608
H_2O	0,1200	18	2,1600

Für diese Tabelle wurden die Gasdaten für trockenes Gas aus dem Charqueadas-Bericht [82) bereits in die Daten für 12% feuchtes Abgas [34,82) umgerechnet. Das Abgas hat eine Temperatur von 800°C. Die Staubbeladung beträgt 30 g/m^3 i. N. und die Staubzusammensetzung ist aus Tabelle 7 zu ersehen.

Stoff	Masseanteil - ξ_i	Molmasse (kg/kmol) M_i	Molkonzentration (mol/m^3_{AG} i.N.) c_i
Fe_2O_3	0,584	159,7	0,1097
C	0,220	12	0,5500
S	0,006	32	0,056
Asche	0,190	?	-

Tabelle 7 : Staubzusammensetzung

Wegen der im Drehrohrofenabgas noch enthaltenen brennbaren Stoffe bietet sich die Verbrennung des Abgases in einem Abhitzekessel zur Dampferzeugung an. Die nachfolgenden Abschnitte befassen sich mit dieser Thematik.

4.2 Sauerstoffbedarf

Der zur vollständigen Verbrennung benötigte Sauerstoff ergibt sich aus der quantitativen Betrachtung der ablaufenden Verbrennungsreaktion. Der theoretische Sauerstoffbedarf für die einzelnen Stoffe des Abgases ist in Tabelle 11 aufgelistet. Die in dieser Tabelle enthaltenen Molmengen n_i wurden aus den Molanteilen der Tabelle 8 unter der Voraussetzung errechnet, daß es sich bei dem Abgas um ein Gemisch idealer Gase handelt. Daraus folgt:

$$1\ m^3_{AG}(\text{i.N.}) = 1/22{,}414\ \text{kmol}_{AG} \qquad (4)$$

bzw.

$$1\ m^3_{AG}(\text{i.N.}) = 44{,}643\text{kmol}_{AG}. \qquad (5)$$

Stoff	Molmenge (mol/m³AGi.N.) n_i'	Reaktion	O_2-Molmenge (mol/m³AGi.N.) n_{O_2}'
CO_2	8,7232	-	-
CO	2,4375	$CO + 1/2\ O_2 \rightarrow CO_2$	1,2188
H_2	2,0446	$H_2 + 1/2\ O_2 \rightarrow H_2O$	1,0223
CH_4	0,2768	$CH_4 + 2O_2 \rightarrow 2H_2O + CO_2$	0,5536
O_2	0,1964	-	-
N_2	25,6072	-	-
H_2O	5,3572	-	-
Fe_2O_3	0,1097	-.	-
C	0,5500	$C + O_2 \rightarrow CO_2$	0,5500
S	0,0056	$S + O_2 \rightarrow SO_2$	0,0056
Asche	-	-	-

Tabelle 8 : Theoretischer Sauerstoffbedarf

Mit diesen Werten erhält man, abzüglich des bereits im Abgas vorhandenen Sauerstoffs, für die vollständige Verbrennung einen theoretischen Luftbedarf von:

$$v_{L_{th}} = 0,3364 \text{ m}^3\text{L/m}^3\text{AG i.N.)} \qquad (6),$$

Die Luft wurde dabei vereinfacht als ein Gemisch von 21 Mol-% O_2 und 79 Mol-% N_2 angesehen.

Um eine vollständige Verbrennung mit hoher Wahrscheinlichkeit zu gewährleisten, wird für die Verbrennungsrechnung ein Luftverhältnis von:

$$v_L = 0,4710 \text{ m}^3\text{L/m}^3\text{AG i.N.)} \text{ [181)]} \qquad (7)$$

4.3 Rauchgas

Die Rauchgaszusammensetzung errechnet sich unmittelbar aus den Daten und Reaktionen der Tabelle 5 , wenn gleichzeitig die N_2- und O_2-Anteile der überschüssigen Luft berücksichtigt werden. Die Rauchgasdaten sind in Tabelle 9 zusammengestellt.

Stoff	Molmenge (mol/m³AGi.N.) n_i''	Molanteil Ψ_i''
CO_2	11,9875	0,1980
H_2O	7,9554	0,1254
SO_2	0,0056	0,0001
O_2	1,2616	0,0199
N_2	42,2177	0,6656

Tabelle 9 : Rauchgaszusammensetzung

Das Rauchgas enthält ferner noch 17,52 g Fe_2O_3/m^3 AG i.N.) und 5,7 g Asche/m^3 AG i.N.).

4.4 Gasmengen

Eine Anlage zur Erzeugung von 400 Jato Eisenschwamm läßt eine Abgasmenge von

$$V_{AG} = 216.500 \text{ m}^3/\text{h i.N.}$$

erwarten. Die Abgasdaten wurden bereits unter Abschnitt dargelegt. Mit diesen Wèrten und den Zahlen aus Abschnitt über das Rauchgas läßt sich das in Abb. 30 dargestellte Gasmengenschema für den Abhitzekessel zeichnen.

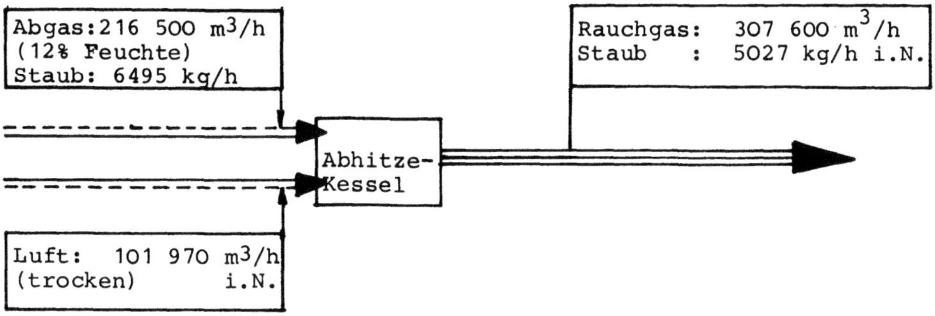

Abb. 30 : Gasmengenschema

4.5 Theoretische Verbrennungstemperatur

Zur Berechnung der theoretischen Verbrennungstemperatur waren die Enthalpien des Abgases und der Verbrennungsluft bei der jeweiligen Temperatur, sowie die Enthalpien des Rauchgases für verschiedene Temperaturen zu berechnen.

Bei der Berechnung der theoretischen Verbrennungstemperatur wurde ferner davon ausgegangen, daß die Verbrennungsluft zur Beschleunigung der Zündung und zur Erhöhung der Feuerraumtemperatur auf den üblichen Wert[85,86,87] von 350°C vorgewärmt wurde. Die positive Wirkung der Luftvorwärmung wird ausführlicher im Abschnitt 5.1 behandelt. In der Tabelle 10 sind die errechneten Werte für einige Zustände aufgeführt[181]

Setzt man vollständig adiabate Verbrennung voraus, so erhält man durch Vergleich der Summe von Abgas- und Luftenthalpien mit den Rauchgasenthalpien bei entsprechender Interpolation die theoretische Verbrennungstemperatur:

$$T_{th} = 1.607,8 \text{ K}.$$

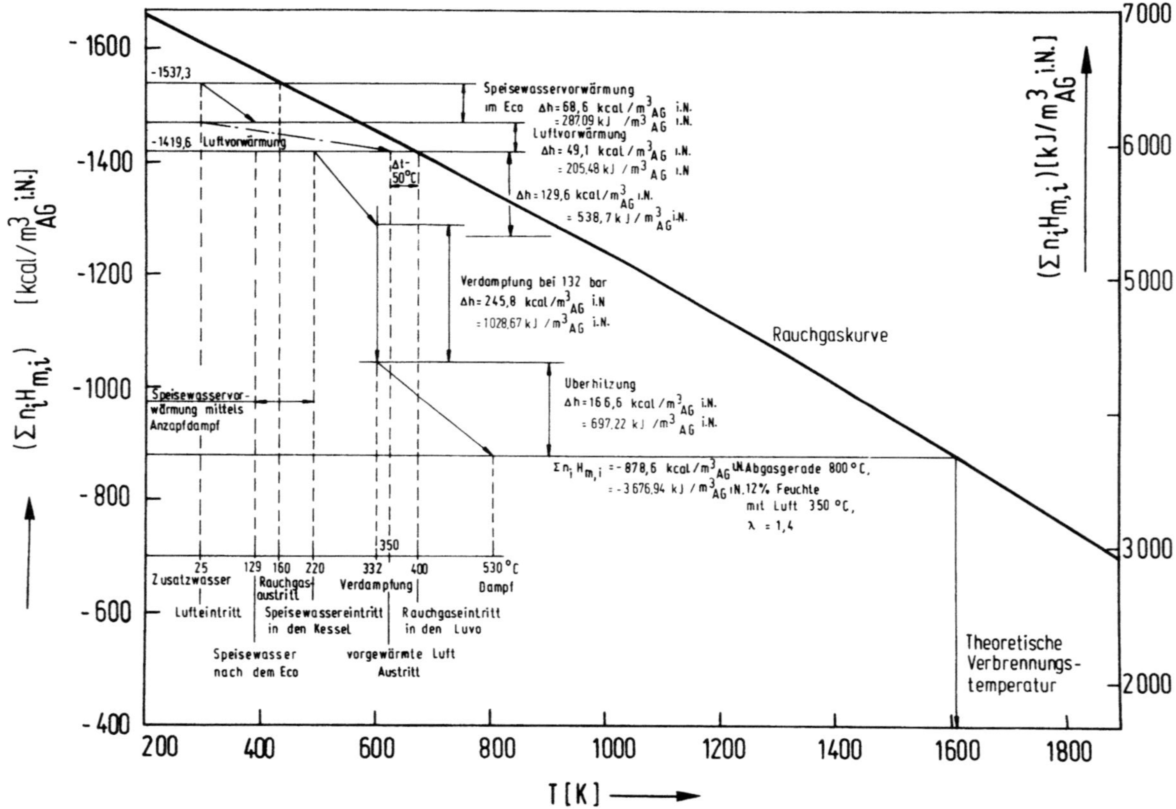

Abb. 31: Bilanzgerade der Verbrennung des Drehrohrofenabgases

Gas	Temperatur		Bezogene Wärmemenge
	°C	K	kJ/m³ AG i. N.
Abgas	800	1.073	- 3.883,27
Luft	350	623	+ 205,62
Rauchgas	127	400	- 6.533,38
	160	433	- 6.437,36
	305	578	- 6.152,25
	400	673	- 5.948,45
	427	700	- 5.884,22
	727	1000	- 5.189,76
	1027	1300	- 4.461,61
	1327	1600	- 3.698,46
	1.727	2000	- 2.627,01

Tabelle 10 : Bezogene Wärmemengen

Dies entspricht auch dem Schnittpunkt der Abgasgeraden mit der Rauchgaskurve nach Abb. 31 , aus der die theoretische Verbrennungstemperatur ebenfalls ersichtlich ist. Die übrigen in dieser Abbildung enthaltenen Angaben werden in dem Abschnitt 7.1 noch genauer erläutert.

4.6 Vollständige Verbrennung und Zündgrenzen

Die Berechtigung der Annahme der vollständigen Verbrennung in der Gasphase kann über eine Betrachtung der gekoppelten Gasgleichgewichte

$$CH_4 + H_2O \rightleftharpoons CO + 3H_2 \quad (8)$$

$$CO_2 + H_2 \rightleftharpoons CO + H_2O \quad (9)$$

nachgewiesen werden. Für eine Überschlagsrechnung genügt u.a. eine Untersuchung dieser beiden Gleichgewichte, für eine genauere Berechnung ist die Entwicklung eines kinetischen Modells erforderlich [88]. Auf die Wiedergabe des rechnerischen Nachweises wird hier verzichtet.

Eine Rückreaktion, d.h. eine Dissoziation würde die Verbrennungstemperatur und damit die verfügbare Wärmemenge stark verringern, da die Dissoziation eine stark endotherme Reaktion darstellt. Entsprechend der Massengleichgewichte ergibt sich für die gekoppelten Gleichgewichte in der Reaktionszone zwar eine starke Dissoziation (Bildung von CO und H_2), jedoch findet in der Austrittszone eine Rückbildung des CO zu CO_2 und des H_2 zu H_2O statt, so daß insgesamt bei den üblichen Austrittstemperaturen des Rauchgases (T = 400 ÷ 700 K) für die Bilanz über den Verbrennungsraum eine vollständige Verbrennung des Drehrohrofenabgases als gesichert angesehen werden kann.

Wichtig für den Verbrennungsvorgang sind natürlich auch die Zündgrenzen der im Drehrohrofenabgas vorhandenen brennbaren Gase. Für Verbrennung in Luft bei 1 bar und 20°C sind die Zündgrenzen in Tabelle 11 wiedergegeben [89]

Brenngas	Zündgrenze	
	untere (Vol-%)	obere (Vol-%)
H_2	4,1	74,2
CO	12,5	74,2
CH_4	5,0	15,0

Tabelle 11 : Zündgrenzen in Luft bei 20°C

Aus Tabelle 12 ist die Zündtemperatur dieser Gase zu ersehen [89]:

Brenngas	Niedrigste Zündtemperatur (°C) im Gemisch mit	
	Sauerstoff	Luft
H_2	450	530
CO	590	610
CH_4	645	645

Tabelle 12 :Zündtemperaturen

Diese Zündtemperaturen liegen deutlich unter der theoretischen Verbrennungstemperatur von T_{th} = 1.334,8°C.

Die Zündgeschwindigkeit beeinflußt die Verbrennungsgeschwindigkeit der Gase. In Abb. 38 sind die maximalen Zündgeschwindigkeiten von H_2-CO-CH_4-Gemischen bei stöchiometrischer Verbrennung mit Luft dargestellt [90].

Unter Außerachtlassung der nicht an der Verbrennung beteiligten Gase im Abgasgemisch ergibt sich für das Drehrohrofenabgas der durch den Punkt "a" im Diagramm gekennzeichnete Zustand und damit eine maximale Zündgeschwindigkeit von etwa 58 cm/s.

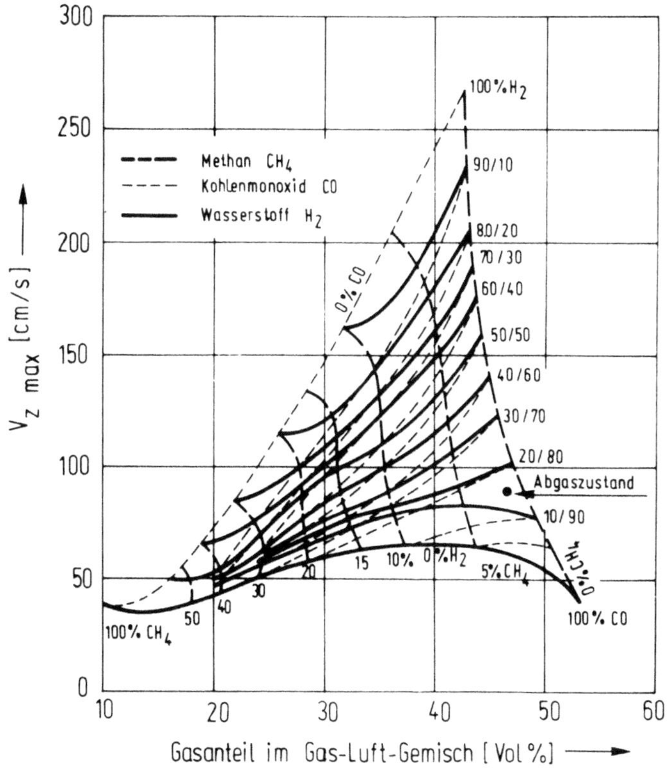

Abb. 32 : Maximale Zündgeschwindigkeiten

4.7 Heizwert

Zur Bestimmung des Heizwertes, einer für jeden Brennstoff charakteristischen Größe, sind für die im Drehrohrofenabgas vorhandenen brennbaren Stoffe die einzelnen Heizwerte errechnet worden. Bei vollständiger Verbrennung ist der Heizwert bekanntermaßen vom Oxidationsverhältnis unabhängig, und es ergibt sich der molare Heizwert als der molare Enthalpieunterschied der verschiedenen Stoffe bei einer gemeinsamen Bezugstemperatur nach der Gleichung

$$H_{m,i,T} = H'_{m,i}(T,p) - H''_{m,i}(T,p). \qquad (10)$$

Zum Vergleich sind in Tabelle 13 die molaren Heizwerte bei Umgebungszustand (1 bar, 25°C) und bei 1 bar, 800°C, errechnet mit den Werten nach Barin/Knacke [85], aufgeführt.

Reaktion	Molarer Heizwert (kJ/mol)			
	t = 25°C		t = 800°C	
	$H_{m,u}$	$H_{m,o}$	$H_{m,u}$	$H_{m,o}$
$CO + 1/2\ O_2 \longrightarrow CO_2$	283,099	283,099	282,76	282,76
$C + O_2 \longrightarrow CO_2$	393,69	293,69	395,20	295,20
$S + O_2 \longrightarrow SO_2$	296,96	296,96	357,44	257,39
$H_2 + 1/2\ O_2 \longrightarrow H_2O$	-	285,99	249,07	-
$CH_4 + 2\ O_2 \longrightarrow 2H_2O+CO_2$	-	890,82	802,58	-

Tabelle 13 : Heizwerte

Wie man sieht, weichen die Werte für 25°C und 800°C nur wenig voneinander ab, d.h. der Heizwert ist nur geringfügig temperaturabhängig. Dennoch wurde in den weiteren Rechnungen die Werte des 800°C heißen Abgases eingesetzt. Mit den Molmengen aus Tabelle 8 ergibt sich der Heizwert des Abgases zu:

$$H_{m,u,AG} = 1.637,98 \text{ kJ/m}^3 \text{ AG i.N.}$$

4.8 Thermodynamische Bewertung und Bestimmung der Gesamtenergie des Abgases

Eine Aussage über die Qualität einer Energie läßt sich mit Hilfe des zweiten Hauptsatzes der Thermodynamik gewinnen. Als Bewertungsmaßstab dient die reversible chemische Reaktion, die die maximal erreichbare Arbeit darstellt.

Diese Arbeit erhält man bei Betrachtung einer Reaktion, deren Reaktionsteilnehmer und Reaktionsprodukte die Grenzen des Reaktionsraumes bei gleichem Druck und gleicher Temperatur überschreiten, die ferner Energie nur mit einem Energiespeicher konstanter Temperatur austauschen und auf die der erste und der zweite Hauptsatz angewendet werden.

$$(W_{m,t})_{rev} = H_m(T) + T_u \left[\sum_i n_i'' S''_{m,i}(p,T) - \sum_i n_i' S'_{m,i}(p,T) \right] \qquad (11)$$

An der mit dieser Gleichung errechneten reversiblen Reaktionsarbeit $(W_{m,t})_{rev}$ lassen sich die Energieverluste bei der Verbrennung, die ein stark irreversibler Prozeß ist, messen. In der Tabelle 14 sind die errechneten reversiblen Reaktionsarbeiten für die gleichen Reaktionen, für die in Tabelle 16 die Heizwerte angegeben wurden, zusammengestellt. Auch hier wurden zur Abschätzung der Temperaturabhängigkeit die Werte für das Drehrohrofenabgas bei t = 25°C und t = 800°C errechnet. Es zeigt sich auch hier keine nennenswerte Temperaturabhängigkeit - außer bei Schwefel.

Reaktionen		Reversible Reaktionsarbeit (kJ/mol)	
		25°C	800°C
$CO + 1/2\ O_2$	CO_2	257,36	257,23
$C\ + O_2$	CO_2	394,57	395,87
$S\ + O_2$	SO_2	300,26	335,09
$H_2 + 1/2\ O_2$	H_2O	237,35	232,49
$CH_4 + 2\ O_2$	$2H_2O + CO_2$	818,45	802,88

Tabelle 14 : Reversible Reaktionsarbeit

Unter Brennstoffexergie wird hier nur die Exergie der chemischen Energie verstanden. Diese Brennstoffexergie ist bei Umgebungszustand nicht Null, weil der Brennstoff in diesem Zustand zwar im thermischen und mechanischen Gleichgewicht mit der Umgebung steht, jedoch nicht im chemischen Gleichgewicht.

Da das Drehrohrofenabgas nicht bei Umgebungszustand, sondern mit einer Temperatur von 800°C anfällt, besteht seine Exergie nach dieser Definition aus zwei Teilen, und zwar aus der chemischen Brennstoffexergie und der Exergieänderung zwischen dem Zustand bei 800°C und dem Umgebungszustand; übliche Schwankungen des Umgebungszustandes sind dabei für die Brennstoffexergie bedeutungslos[64,91].

Für ideale Gase folgt die Gleichung[39]; sie wurde zur Berechnung der molaren Brennstoffexergie

$$E_{m,B}(T,p) = W_{m,t})_{rev\ T,p} + R_m T_u \left[\sum_i n_i'' \ln \frac{p_u}{p_{i,u}} - O_{m,min} \ln \frac{p_u}{p_{O_2,u}} \right] \qquad (12)$$

benutzt.

Mit dieser Gleichung wurde für die Verbrennungsreaktion nach Tabelle 14 die molaren Exergien für t = 25°C und t = 800°C berechnet und in Tabelle 15 aufgeführt.

Reaktion	Molare Exergie (kJ/mol)	
	25°C	800°C
$CO + 1/2\ O_2 \longrightarrow CO_2$	275,44	275,36
$C + O_2 \longrightarrow CO_2$	410,73	412,03
$S + O_2 \longrightarrow SO_2$	vernachlässigt	
$H_2 + 1/2\ O_2 \longrightarrow H_2O$	235,38	230,52
$CH_4 + 2\ O_2 \longrightarrow 2H_2O + CO_2$	830,67	815,10

Tabelle 15 : Molare Exergien

Damit erhält man mit den Molmengen aus Tabelle 12 die (chemische) Brennstoffexergie zu:

$$E_{ch,AG} = 1.594{,}7 \text{ kJ/m}^3_{AG} \text{ i.N.} \qquad (13)$$

Der Vergleich mit dem errechneten Heizwert nach Abschnitt 4.7 zeigt, daß der Heizwert, der die chemische Energie des Brennstoffes darstellt, zu 97,4% aus Exergie besteht.

Ein Teil der Abgasexergie besteht aus der Exergieänderung zwischen dem Zustand des Abgases bei 800°C und dem Umgebungszustand. Unter Vernachlässigung von kinetischen und potentiellen Energien erhält man den durch die Temperatur bedingten Exergieanteil des Abgases mit der Gleichung

$$E_m(T) = H_{m,i} - T_u(S_{m,i} - S_{m,u}). \qquad (14)$$

Die Anwendung dieser Gleichung auf die Stoffe des Abgases führt unter Berücksichtigung der jeweiligen Molmengen pro Normkubikmeter zu der Exergie:

$$E_{T,AG} = 676.29 \text{ kJ/m}^3_{AG} \qquad (15)$$

Zusammen mit der Brennstoffexergie führt dies zur Gesamtexergie des Drehrohrofenabgases:

$$E_{tot} = 2.270{,}99 \text{ kJ/m}^3_{AG} \qquad (16)$$

Sie stellt den unbeschränkt wandelbaren Energieanteil des Abgases dar.

Zur Veranschaulichung der thermodynamischen Analyse wurde für die Verbrennung des Abgases ein H_m - S_m - Diagramm berechnet. Auf die umfangreiche Darlegung der Berechnung der Enthalpien, Entropien und Exergien für verschiedene Zustände des Ab- und des Rauchgases soll hier verzichtet werden, da sie ihren Niederschlag in dem erwähnten Diagramm, Abb. 33 gefunden haben. Zur Erläuterung sei jedoch noch folgendes gesagt:

Die Werte für die molaren Enthalpien wurden durch Addition einer Konstanten von 418,6 kJ/mol aus dem negativen in den positiven Bereich angehoben. Die Relation der Werte zueinander bleibt dabei unverändert.

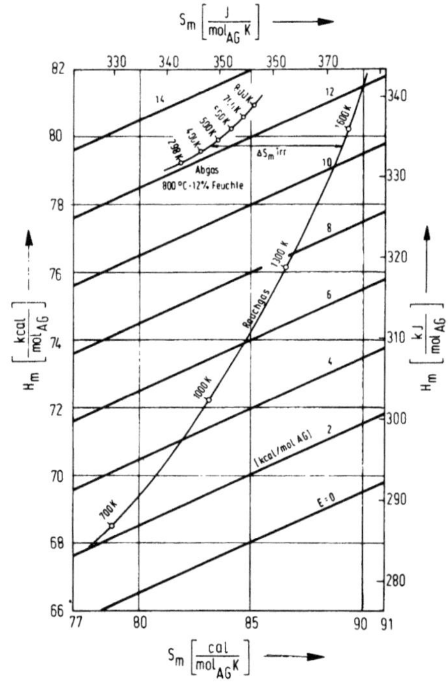

Abb. 33 : Enthalpie-Entropie-Exergie-Diagramm der Verbrennung

Im Diagramm sind die Abgas- und die Rauchgasisobaren für p = 1 bar und einem Oxidationsverhältnis von λ = 1,4 dargestellt. Die Abgaskurve trägt als Bezifferung die Luftvorwärmtemperatur, die Bezifferung der Rauchgaskurve gibt die Rauchgastemperatur an.

Bei der adiabaten Verbrennung findet man den Zustand des Rauchgases auf der Rauchgasisobaren, indem man vom Punkt der Abgasisobaren mit der Bezifferung der entsprechenden Luftvorwärmtemperatur aus auf der Isenthalpen zwischen den Kurven stellt die durch die irreversible Verbrennung hervorgerufene Entropievermehrung $S_{m,irr}$ dar.

Um dem H_m, S_m-Diagramm Exergien entnehmen zu können, genügt es, die Exergien als vertikale Abstände zur Umgebungsgeraden $E_m = o$ abzugreifen. Diese Umgebungsgerade stellt die Tangente an die Isobare des Umgebungsdruckes p_u im Umgebungspunkt U dar und hat die Steigung $(\delta H_m / \delta S_m)_{E_m} = Tu$.

Exergieverluste lassen sich darstellen, indem man die vertikale Strecke vom Punkt auf der Rauchgaskurve bis zur Umgebungsgeraden von dem vertikalen Abstand des entsprechenden Punktes der Abgaskurve bis zur Umgebungsgeraden abzieht. Die Annäherung der beiden Kurven im oberen Teil des Diagramms zeigt deutlich die durch die Luftvorwärmung hervorgerufene geringere Entropievermehrung $S_{m,irr}$. Damit wird auch der Exergieverlust der adiabaten Verbrennung kleiner. Die Exergie der Verbrennungsgase steigt bei der Verbrennung mit vorgewärmter Luft stärker an als die Exergie der vorgewärmten Verbrennungsluft. Dies zeigt, daß auch im vorliegenden Fall die Luftvorwärmung eine technisch wichtige Maßnahme ist, um den Exergieverlust bei der Verbrennung zu verringern und weist auf den Zusammenhang zwischen Luftvorwärmung und Speisewasservorwärmung hin.

5. Die Probleme der Dampferzeugung

5.1 Möglichkeiten und Grenzen der Wirkungsgradverbesserung

Bei der adiabaten Verbrennung tritt ein Exergieverlust auf, da die Verbrennung ein stark irreversibler Prozeß ist. Geht man davon aus, daß der Druckabfall in der Feuerung des Abhitzekessels vernachlässigt wird und die Stoffe beim Druck $p = p_u$ zu- oder abgeführt werden, so führt eine Exergiebilanz um den Feuerraum zu der Gleichung (41). Mit dieser Gleichung wird der Reversibilitätsgrad oder der exergetische Wirkungsgrad der Verbrennung bestimmt.

$$\xi_v = 1 - \frac{T_u \cdot S_{m,irr}}{E_{m,tot} + l_m \, E_{m,L} \, (T, p_u)} \qquad (17)$$

Mit den aus der Abbildung 4o abgelesenen Werten für $S_{m,irr}$ wurde für mehrere Luftvorwärmtemperaturen der exergetische Wirkungsgrad ξ_v berechnet und in Abbildung 34 dargestellt. Der exergetische Wirkungsgrad für die unter Abschnitt festgelegte Luftvorwärmtemperatur beträgt: $\xi_v = 0{,}88$. Er liegt damit ca. 6% über dem Wirkungsgrad ohne Luftvorwärmung.

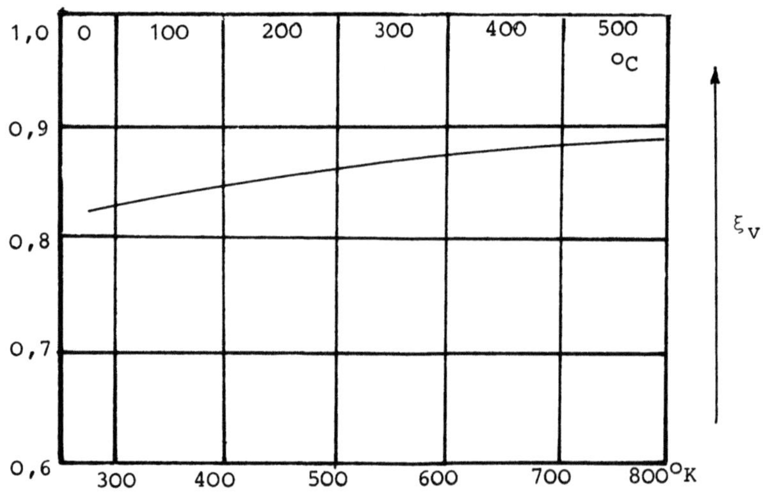

Abb. 34 : Reversibilitätsgrad

Auch bei der äußeren Energiebilanz um den Kessel hat der exergetische Wirkungsgrad, der die Aussagen des zweiten Hauptsatzes der Thermodynamik einschließt, eine größere Aussagekraft als der energetische Wirkungsgrad. Durch Verknüpfung einer Exergiebilanz um den Dampferzeuger mit dem energetischen Gesamtwirkungsgrad erhält man die Gleichung 18 zur Bestimmung des exergetischen Kesselwirkungsgrades.

$$\xi_K = \eta_K \frac{h_u}{e_B} \left(1 - \frac{T_u}{T_M} \right) \qquad (18)$$

Darin ist nach Definition T_M die thermodynamische Mitteltemperatur:

$$T_M = \frac{h_2 - h_1}{s_2 - s_1} \qquad (19)$$

Die Analyse der Gleichung 18 im Zusammenhang mit Abbildung 37 zeigt, daß eine Erhöhung des Kesselwirkungsgrades möglich ist durch:

a) Luftvorwärmung
b) Steigerung der Frischdampftemperatur T_2
c) Anheben des Temperaturniveaus durch Erhöhen des Kesseldrucks p
d) Absenken der Kondensationstemperatur T_o möglichst nahe der Umgebungstemperatur.

Bei konsequenter Anwendung dieser Überlegungen erhält man bei vorgegebener Speisewassertemperatur für jede Frischdampftemperatur T_2 einen Maximalwert von T_M bei einem optimalen Kesseldruck $p_{opt.}$. Dies ist beispielhaft in Abb.36 dargestellt [92,93]. Zu beachten ist dabei allerdings, daß der Verwirklichung dieser optimalen Werte Grenzen gesetzt sind. Vergleiche dazu den Abschnitt 5.1 .

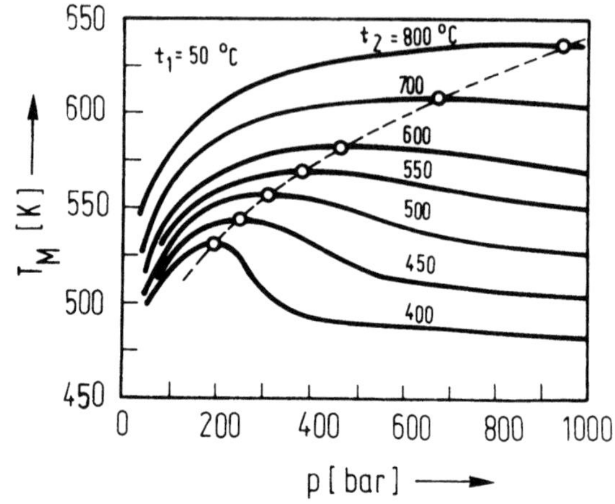

Abb. 36 : Thermodynamische Mitteltemperatur als Funktion von f(p) und f(t2)

Wie bereits erwähnt, verringert die Luftvorwärmung den Exergieverlust der Verbrennung. Es steht also mehr Exergie zur Übertragung auf den Wasserdampf zur Verfügung. Trotzdem bleibt der exergetische Kesselwirkungsgrad nach Gleichung unverändert, denn die thermodynamische Mitteltemperatur bleibt gleich. Da der Frischdampfzustand nicht beliebig verändert werden kann, wie w.u. dargelegt wird, läßt sich T_m nur noch durch Anheben der Speisewassertemperatur erhöhen. Dies kann durch Rauchgas und Entnahmedampf erfolgen und ist für den Fall der Drehrohrofenabwärmenutzung in Abschnitt ausgearbeitet worden. Der Exergieverlust bei der Wärmeübertragung im Speisewasservorwärmer läßt sich verringern, indem man mehrere Vorwärmer mit entsprechend vielen Entnahmen in der Turbine vorsieht. Zur Vereinfachung und Erhaltung der Übersichtlichkeit wurde für den vorliegenden Fall darauf verzichtet.

Bei der thermodynamischen Bewertung der einfachen Dampfkraftanlage, aufgrund des zweiten Hauptsatzes, ist der exergetische Gesamtwirkungsgrad ξ_{tot} maßgebend.

$$\xi_{tot} = \frac{m \cdot W_t}{m \cdot e_B} = \xi_K \cdot \xi_P \tag{20}$$

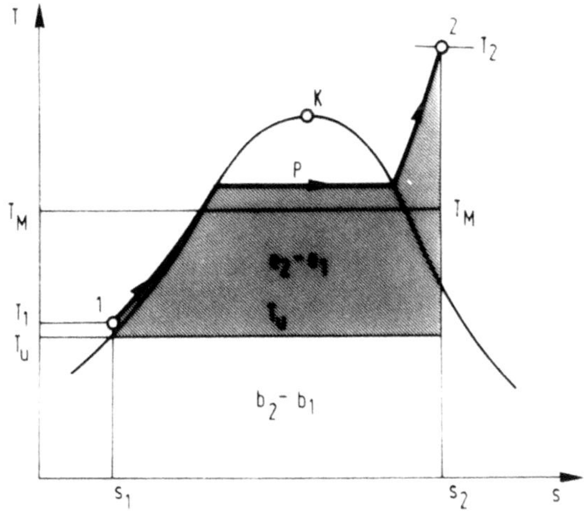

Abb. 37 : Isobare Zustandsänderung des Wassers im Dampferzeuger

Eine beliebige Erhöhung der Frischdampftemperatur T_2 zu einer Verbesserung des Kesselwirkungsgrades η_K ist durch den Einsatz ferritischer Werkstoffe gegeben. Dampftemperaturen oberhalb 535°C erfordern den Einsatz austenitischer Rohwerkstoffe und kommen praktisch für den industriellen Bereich im Dampfkesselbau nicht zur Anwendung. Abbildung 38 gibt die im industriellen Bereich eingestellten Frischdampfparameter Druck und Temperatur zu einer wirtschaftlichen Dampferzeugung wieder.

Die Grenzen der beiden nächsten Punkte zur Wirkungsgradverbesserung, nämlich der Erhöhung des Kesseldrucks und der Absenkung der Kondensationstemperatur in die Nähe der Umgebungstemperatur, werden mit Hilfe der Abbildung 39 erläutert. Dort ist ersichtlich, daß eine Erhöhung des Dampfdruckes und eine niedrige Kondensationstemperatur zwangsläufig zu einer Verschiebung des Abdampfzustandes "3" in ein Gebiet höherer

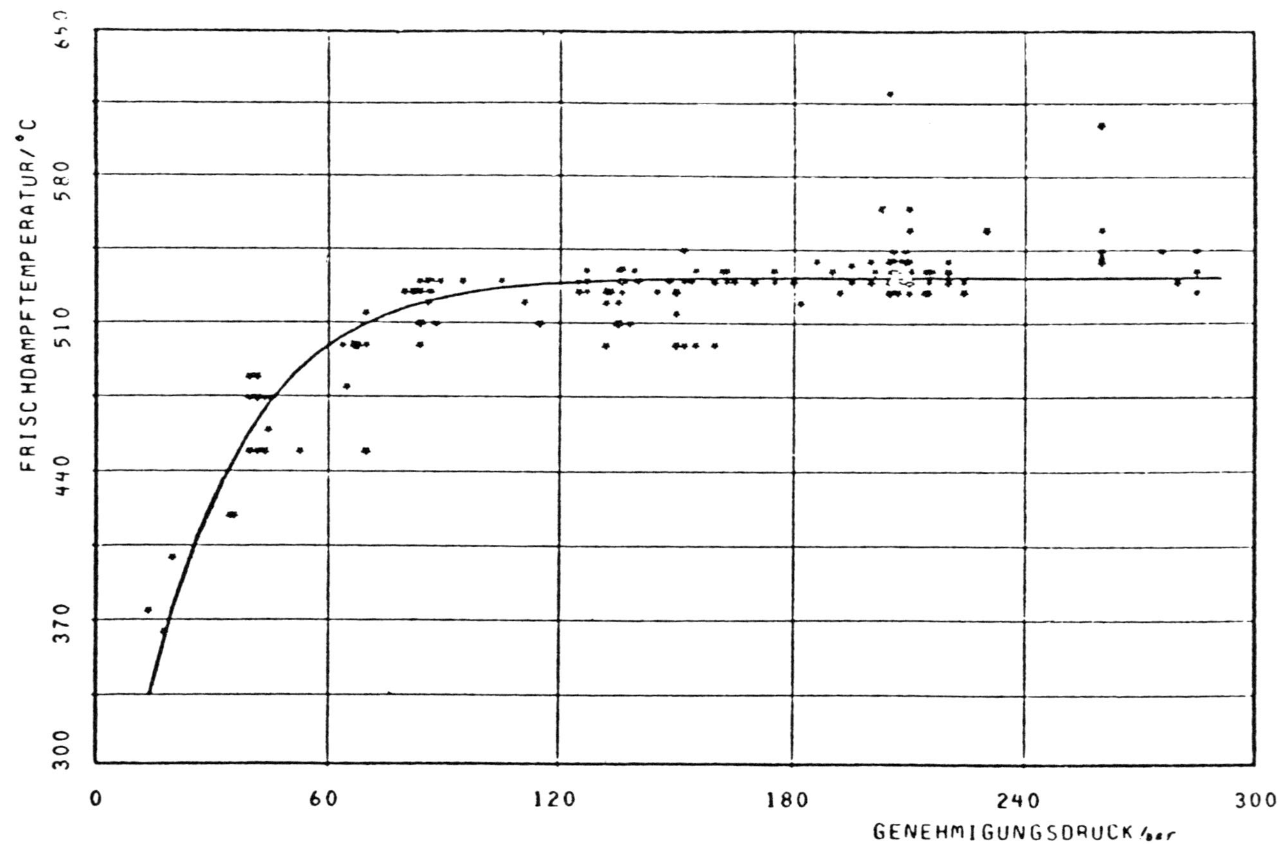

Abb. 38: Frischdampfparameter fossiler Dampfkraftwerke in der Bundesrepublik Deutschland 150)

Dampfnässe, der sogenannten Endnässe $(1 - x_3)$ führt. Da zu hohe Endnässe zu ungünstigem Verhalten des Dampfes in der Turbine führt (Tropfenschlag, Erosion der Turbinenschaufeln) sollte die Endnässe Werte von 0,1 bis 0,12 nicht überschreiten.

Dies führt dazu, daß die theoretischen Höchstwerte für T_M aus Abbildung 36 praktisch nicht erreichbar sind. Bei vorgegebener Endnässe und gegebenem Turbinenwirkungsgrad ist der Druck sogar durch die Wahl der Frischdampftemperatur T_2 festgelegt (vgl. Abb. 39).

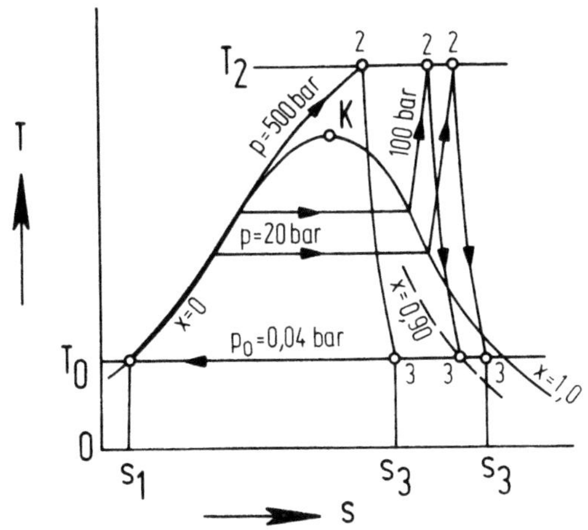

Abb. 39 : Verschiebung des Abdampfzustandes durch Erhöhung der Frischdampftemperatur

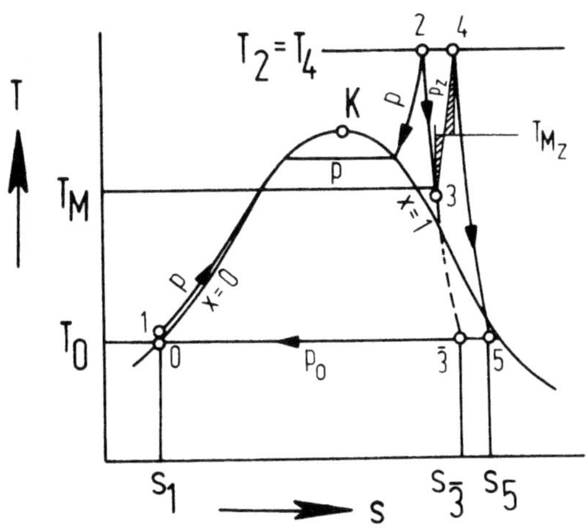

Abb. 40 : Dampfzustandsänderung mit Zwischenüberhitzung

Man kann den Druck zur Wirkungsgradsteigerung aus dieser Begrenzung befreien, indem man in einer Zwischenüberhitzung, d.h. erneutes Aufheizen des Dampfes nach der ersten Turbinenstufe, den Dampf bei einem geringeren Druck wieder auf die Frischdampftemperatur bringt. Dies ist in Abbildung 40 dargestellt. Bei Anwendung der Zwischenüberhitzung, deren Einsatz wegen des höheren Investitionsaufwandes nur bei besonders hochgezüchteten Anlagen üblich ist und deshalb auch für jeden Einzelfall sorgfältig durchgerechnet werden muß, kann der Dampfdruck des Frischdampfes ohne Rücksicht auf die Endnässe erhöht werden. Bei dem in Abschnitt 7.1 für die Drehrohrabgasnutzung exemplarisch durchgerechneten Fall wurde auf eine Zwischenüberhitzung verzichtet.

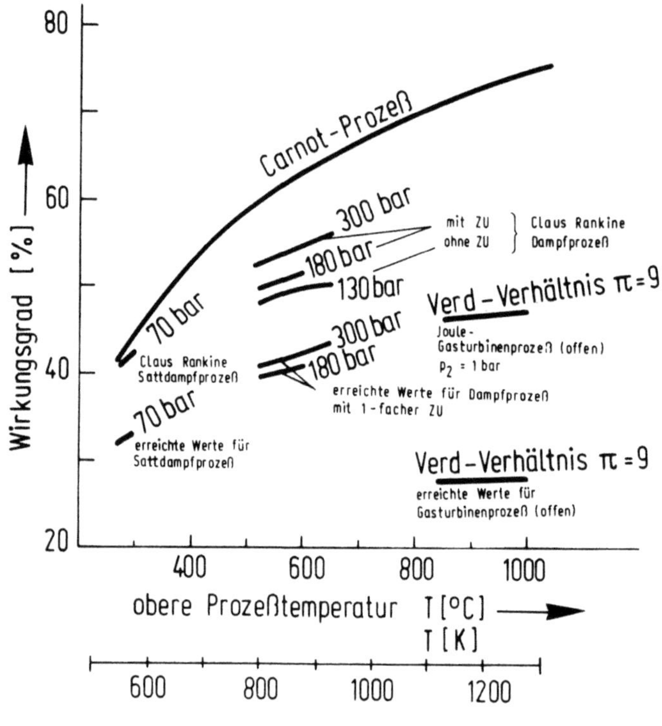

Abb. 41 : Technisch erreichbare Wirkungsgrade in Abhängigkeit vom Dampfzustand 7)

Durch die geschilderte Speisewasservorwärmung tritt ein neuer - bei steigender Vorwärmtemperatur größer werdender - Exergieverlust auf, der ab einer bestimmten Temperatur die durch die Speisewasservorwärmung gewonnenen Vorteile wieder aufhebt. Diese "Grenztemperatur" ist natürlich von Fall zu Fall verschieden. Im Beispiel der Abgaswärmenutzung nach Abschnitt 7.1 wird deshalb eine für den dort gewählten Dampfzustand in der Industrie übliche Speisewasservorwärmung von 220°C gewählt [123].

Die Grenzen der technisch erreichbaren Wirkungsgrade in Abhängigkeit von den unterschiedlichen Dampfzuständen für die einzelnen Prozesse sind in Abb. 41 dargestellt, wobei der Carnot-Prozeß die theoretisch erreichbare Grenze [7] wiedergibt. Das Energieniveau des Dampfes hängt damit in erster Linie von der Höhe der Frischdampftemperatur ab.

5.2 Die Auswahl und der Betrieb des Dampferzeugers

Bei den Dampferzeugern unterscheidet man zwei Hauptgebiete, und zwar:

a) Flammrohr-Rauchrohr-Kessel
b) Wasserrohrkessel.

Die Flammrohr-Rauchrohr-Kessel werden vorwiegend mit Öl oder Gas betrieben. In der Bundesrepublik Deutschland darf diesem Kesseltyp im Ölbetrieb nur eine Wärmemenge von 9 Gcal/h zugeführt werden. Daraus folgt eine maximale Dampfleistung von ca. 14 t/h. Bei Gasfeuerung kann die Leistung 30% höher liegen. Zweiflammrohrkessel haben entsprechend die doppelte Leistung. Mit Flammrohr-Rauchrohr-Kesseln lassen sich aus konstruktiven Gründen maximal Dampftemperaturen von 450°C erreichen. Die obere Druckgrenze liegt bei 25 bar.
Die genannten Daten zeigen deutlich, daß dieser Kesseltyp für die Abwärmenutzung des Drehrohrofenabgases nicht geeignet ist. Anders dagegen die Wasserrohrkessel, die bis zu höchsten Dampfleistungen gebaut werden können. Die obere Grenze der Dampftemperatur ist - wie bereits in Abschnitt 5.1 geschildert - durch den Werkstoff bei 535°C festgelegt. Der höchste Dampfdruck liegt bei ca. 185 bar. Für diesen Kesseltyp sind Kompaktbauweisen entwickelt worden. Abhängig von den Transportmöglichkeiten werden solche Pakagekessel in den Größenordnungen von 40 t/h bis 200 t/h Dampfleistung komplett zusammengebaut geliefert. Bei noch höheren Dampfleistungen werden Zweizugkessel eingesetzt. Dieser Kesseltyp kann bis zu Leistungen von 200 t

Dampf/h gerüstlos gebaut werden. Größere Anlagen verlangen Gerüstbauweise.

Die Abb. 42 gibt einen anschaulichen Überblick über die beschriebenen Dampferzeugertypen und deren Einsatzmöglichkeiten.

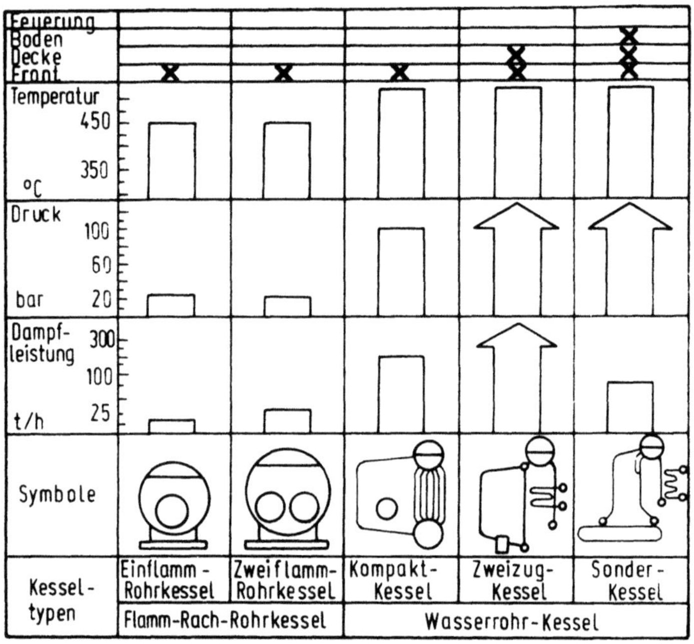

Abb. 42 : Dampferzeugertypen und deren Einsatzmöglichkeiten[151)]

Geht man davon aus, daß der eigentliche Zweck der zu errichtenden Anlage die Eisenschwammerzeugung ist, und die Dampferzeugung nur eine durch die Wirtschaftlichkeitsüberlegungen erzwungene Koppelproduktion darstellt, so kann man voraussetzen, daß das Bedienungspersonal der Eisenschwammerzeugungsanlage sich möglichst wenig mit der branchenfremden Dampferzeugung befassen will. Sowohl aus diesem Grund als auch aus weiteren wirtschaftlichen Überlegungen, nämlich der Einsparung von Personalkosten und der besseren Brennstoffausnutzung bei optimaler Fahrweise der Anlage, bietet sich eine automatische Dampferzeugung an.

Bekanntlich unterliegt der Betrieb von Dampfkesselanlagen einer Vielzahl von Vorschriften. Der Betreiber der Anlage ist dafür verantwortlich, daß diese Vorschriften wie z.B. über die Wartung, Einhaltung von Sondervorschriften der Herstellerfirmen und der Unfallverhütungsvorschriften, eingehalten werden. Insbesondere muß der Dampfkessel während des Betriebes unter sachkundiger Aufsicht sein.

Hier bietet nun die Automatisierung eine Vereinfachung, wenn bestimmte dafür festgelegte Richtlinien eingehalten werden. Diese Richtlinien sind festgelegt in den Technischen Regeln für Dampfkessel (TRD 604 [149)]). Ohne Automation sind für einen Schichtbetrieb vier Kesselwärter erforderlich. Durch die Automation können davon drei eingespart werden. Die Personalkosten würden dadurch um etwa 120.000 DM/a sinken [148)] .
Die wesentlichen besonderen Anforderungen an die Ausrüstung und den Betrieb eines Hochdruckdampferzeugers ohne ständige Beaufsichtigung sind die folgenden:

a) Die Beheizung muß regelbar sein und automatisch oder teilweise automatisch ablaufen, und die Brenner und die Feuerungsautomaten müssen DIN 4787 bzw. 4788 entsprechen.

b) Dampfdruck, Wasserstand und Heißdampftemperatur müssen selbsttätig geregelt werden.

c) Die Beschaffenheit des Speisewassers ist selbsttätig zu überwachen.

d) Die Brennstoffzufuhr muß unmittelbar vor jedem Brennen durch zwei selbsttätige, zuverlässige Schnellschlußventile absperrbar sein.

e) Für Wasserstandsbegrenzer und Strömungsbegrenzer sind Geräte "besonderer Bauart" oder Geräte in Systemschaltungen zu verwenden.

f) Als Sicherheitstemperaturbegrenzer und Druckbegrenzer sind Geräte "besonderer Bauart" zu verwenden.

g) Die Wartung und Prüfung der Regel- und Sicherheitseinrichtungen muß regelmäßig halbjährlich und zusätzlich bei Störungen durch Sachkundige vorgenommen werden.

h) Alle 24 Stunden und innerhalb einer Stunde nach jedem Anfahren muß sich der Kesselwärter persönlich vom ordnungsgemäßen Zustand der Dampfkesselanlage überzeugen. Hierbei ist die Wirksamkeit der Begrenzer für Strömung, Wasserstand und Druck zu überprüfen. Bei Geräten "besonderer Bauart" kann die Funktionsprüfung entfallen.

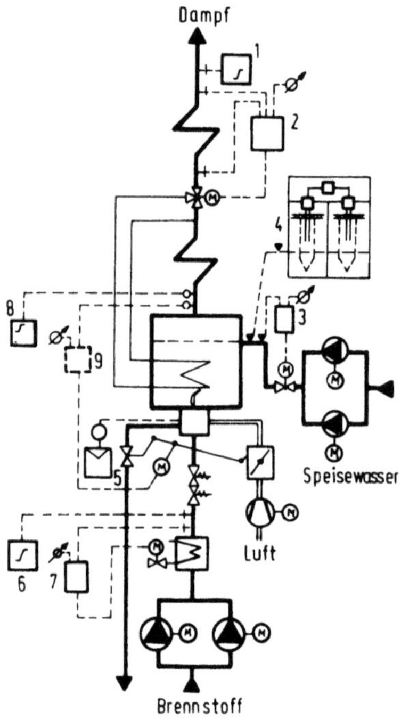

Abb. 43 : Hochdruckdampferzeuger, ausgerüstet für den Abhitzedampf-Erzeugungsprozeß ohne ständige Beaufsichtigung [148]

In Abbildung 43 sind die zusätzlichen Geräte für einen Betrieb ohne ständige Beaufsichtigung dargestellt [148].
Bei einer Dampferzeugung mittels der Drehrohrofenabwärme wäre eine Automatisierung wegen der eingangs genannten Gründe auf jeden Fall zu empfehlen.

In der Praxis der Hauptdampfverbraucher wird nur ein kleiner Teil des Dampfes als Kondensat für den Kreislauf zurückgewonnen. Da als Dampfabnehmer hauptsächlich die Betriebe der chemischen Industrie in Frage kommen, die in der Regel nicht für die Reinheit des rückfließenden Kondensates garantieren können, wird das Kesselspeisewasser stets frisch zugeführt. Das anfallende Kondensat wird meist als Brauchwasser zur Reinigung von Kessel, Rührwerken und ähnlichem verwendet. Die dauernde Zufuhr von frisch aufbereitetem Speisewasser ist zwar teuer, aber wegen des geringeren Verschmutzungs- und Korrosionsrisikos der Kesselanlage in der chemischen Industrie der Normalfall[47,145-147].

5.3 Die erzeugbare Dampfmenge

Aus der Gegenüberstellung der alternativen Einsatzmöglichkeiten des Drehrohrofenabgases konnte nachgewiesen werden, daß großtechnisch die Dampferzeugung am wirtschaftlichsten ist, besonders hinsichtlich des Energietransportes zum Abnehmer. Von der Verwendung des Dampfes ist die insgesamt erzeugbare Menge insofern abhängig, als mit zunehmendem Druck bei einer bestimmten Temperatur sich eine größere Dampfmenge erzeugen läßt (vgl. Abb. 44), was auch im T-S-Diagramm deutlich wird. Nach Tab.16 steht für die Dampferzeugung nach Abzug von 49,1 kcal/m^3_{AG}i.N. (205,5 kJ/m^3_{AG}i.N.)für die Luftvorwärmung 610,9 kcal/m^3_{AG} (2557,2 kJ/m^3_{AG} i.N.) für die Dampferzeugung im Abhitzekessel zur Verfügung.

Prinzipiell läßt sich jeder beliebige Dampfzustand einstellen, so daß hier zunächst nach den in Kapitel 5.1 dargelegten Gründen der Wirtschaftlichkeit von einem Dampfzustand von 132 bar und 530°C ausgegangen werden kann.

Hierbei sind - unter Vorwegnahme der im folgenden Kapitel zu behandelnden Dampfeinsatzalternativen - zunächst zwei Möglichkeiten der Speisewasservorwärmung entweder über Ausnutzung eines Teils der Abgaswärme direkt (s.a.Tabelle 5 , S. 42 Fall1.1.4 zur Vorwärmung oder der indirekten (Fall 2.2) Wärmeausnutzung

durch die Dampferzeugung zum Einsatz in einem Industriekraftwerk und die Anzapfung von Dampf nach der 1.Turbinenstufe im Industriekraftwerk zur Speisewasservorwärmung gegeben.
Für den Fall der Prozeßdampflieferung wird vom Rauchgas im Economiser in der ersten Stufe (vgl. Abb. 31 in Kapitel 4.3 und in der zweiten Stufe vom Abgas selbst die Speisewasservorwärmung auf die Sattdampftemperatur übernommen, während im zweiten Fall des Dampfeinsatzes für die Wärmekraftkopplung in der ersten Stufe das Rauchgas das Speisewasser (141 m^3/h) auf 129°C (bei 4 bar) erhitzt und in der zweiten Stufe der Dampf dieses - mittels Anzapfung von 24 t/h aus der ersten Turbinenstufe (vgl. Abb. 55 in Kapitel 7.1) - auf Sättigungstemperatur von 332°C (bei 132 bar) bringt.

Für diesen Fall muß eine zweite Dampfschiene von der Turbine zu dem Abhitzekessel gelegt werden, was wegen der hohen Investkosten größere Distanzen zwischen Dampf-Lieferant und -Abnehmer verbietet.

In Tabelle 16 sind die Wärmebilanzen für die beiden Fälle zusammengestellt. Für den praxisnäheren Fall wurden die erzielbaren Dampfmengen in Abhängigkeit vom Dampfzustand (T,p) errechnet und in Abb. 44 wiedergegeben.

Aus dem Diagramm läßt sich unter Berücksichtigung eines Kesselwirkungsgrades von η_K = 90% bei dem angenommenen Dampfzustand (132 bar, 530°C) eine Dampfmenge von 55 tD/h ablesen. Unter Anzapfung der ersten Turbinenstufe lassen sich sogar 179 tD/h erzeugen, wobei 24 tD zur Speisewasservorwärmung benutzt werden. Der Fall ist für ein Industriekraftwerk mit Dampferzeugung durch Verbrennung des Drehrohrofenabgases in Kapitel 7.1 durchgerechnet worden. Wegen der besseren Wärmeübertragungsverhältnisse lassen sich bei Speisewasservorwärmung mittels Dampfanzapfung 155 tD/h erzeugen $(\frac{3{,}01\,tD}{tES})$. Damit ergäbe sich für die Prozeßdampferzeugung bei einer Eisenschwammproduktion gewählten Umfanges von 400.000 Jato und einer Verfügbarkeit der Anlage von 7771 h/a eine spezifische Dampfmenge von

$$\frac{146\ tD/h\ (530^{\circ}C,\ 130\ bar)}{51{,}44\ t\ ES/h} = 3{,}01\ tD/h$$

Tabelle 16: Wärmebilanz für die Dampferzeugung incl. Speisewasservorwärmung mittels Abgas oder durch Dampfanzapfung nach 1.Turbine

(vergleiche Abb. 37)	ohne Dampfanzahpfung der Turbine Prozeßdampflieferung				mit Dampfanzapfung der Turbine zur Speisewasservorwärmung (Prozeßdampf)			
	Temperaturbereich		Enthalpie		Enthalpie		Enthalpie	
	°C	°K	kcal/m^3_{AG}i.N.	kJ/m^3_{AG}i.N.	**kcal**/m^3_{AG}i.N.		**kJ** /m^3_{AG}i.N.	
Abgasenthalpie Ausgang Abhitzekessel Eingang Abhitzekessel	160 800	433 1073,2	-1537,3 +878,6	-6435,1 +3677,8	-1469,72 + 878,6		-6152,2 +3677,8	
Enthalpieangebot der Verbressnung	1334,8	1607,8	-658,7	-2757,3	- 591,12		-2474,4	
Speisewasservorwärmung im ECO-Stufe I	25 - 129	278 - 402	+ 68,1	+ 285,1				
Luftvorwärmung	25 - 350	378 - 623	- 49,1	- 205,5		- 49,1		-205,5
Speisewasservorw.im ECO mit Gas o.Dampf Stufe II	129 - 332	402 - 605	+129,6	+ 538,3	-129,6	24 tD/h -226,3 kcal/kgH_2O	+538,3	-947,29 kJ/kg H_2O
Wasserverdampfung	332	605	+245,8	+1028,67	+245,8		+1028,67	
Überhitzung	332 - 530	603 - 803	+166,6	+ 697,22	+166,6		+ 697,22	
Wärmeangebot für Dampferzeugung(o. Luvo)	1334,8	1607,8	-610,9	-2557,2	+542,0		+2268,8	
Wärmebedarf f.D. (132 bar, 530°C)kcal bzw. kJ/kgH_2O			+816,39	+3417,4	+816,39 -226,3	590,1	-3417,4 - 947,29	2470,2
Abgasmenge (m^3_{AG}i.N. /h)				216500				216500
Dampferz. tD/h				164				198,85
Kesselwirkungsgr. ηK=90 %				147				179 - 24
Dampf f.Abnehmer (tD/h)				147				155

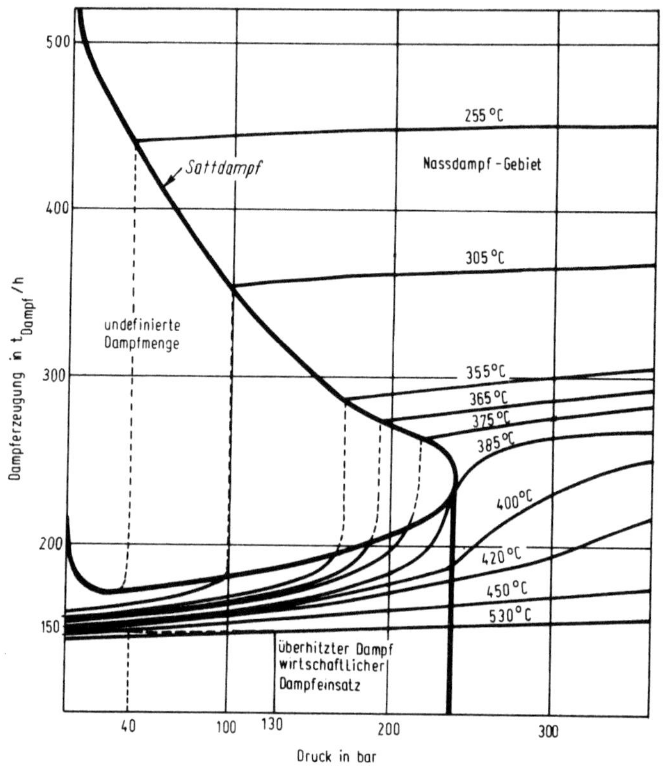

Abb. 44 : Die durch Verbrennung des Drehrohrofenabgases erzeugbare Dampfmenge in Abhängigkeit vom gewünschten Dampfzustand (p,T)

d.h. bei Dampfanzapfung = 3,01 tD/h, die mit einer Gutschrift bewertet den Nettoenergieverbrauch für die Eisenschwammerzeugung auf 2,505 Gcal/t ES (10,5 GJ/t ES) reduzieren würden.

Aus Gründen weitgehendster Energierückgewinnung kann der bei der Abgasverbrennung entstehende Dampf am optimalsten in das Verbundnetz von Industriekraftwerken eingespeist werden.

5.4 Gegenüberstellung von Kondensations- und Industrie-Kraftwerk

Die Erzeugung von hochgespanntem Dampf bietet die Möglichkeit, mit diesem Dampf, bevor er als Prozeßdampf Verwertung findet, Strom zu erzeugen. Stehen beim Verbraucher Strom- und Dampfbedarf in einem sinnvollen Verhältnis zueinander, dann bietet sich die Wärme-Kraft-Kopplung an. Da die Eigenstromerzeugung immer in Konkurrenz zur öffentlichen Stromversorgung gesehen werden muß, sollen nachfolgend zum Vergleich die Verhältnisse beim Kondensationskraftwerk, den öffentlichen Kraftwerken also, dem Industriekraftwerk mit Wärme-Kraft-Kopplung gegenübergestellt werden (vgl. Abbildungen 45 und 46).

In diesen Abbildungen sind die grundsätzlichen Schaltungen der beiden Kraftwerkstypen dargestellt. Im Kondensationskraftwerk wird der Dampf in der Turbine so tief wie möglich entspannt, wobei die untere Grenze durch die maximal zulässige Endnässe festgelegt ist. Das Industriekraftwerk dagegen wird als Gegendruck-Kraftwerk betrieben, d.h. der Dampf wird in der Turbine auf einen Dampfzustand entspannt, der noch etwas über der Sattdampfgrenze liegt. Dadurch wird zwar weniger Strom erzeugt, aber der Dampf nach der Turbine kann noch als Prozeßdampf genutzt werden. Dies führt zu einer wesentlich höheren Brennstoffausnutzung. Zur Gegenüberstellung der beiden Kraftwerkstypen sind in der Tabelle 17 die Wärmebilanzen von je einem Kondensationskraftwerk für eine Leistung von 300 MW und einem Gegendruckkraftwerk für einen Dampfbedarf von 175,5 t/h bei 2,5 bar mit einer elektrischen Leistung von 33 MW aufgeführt [141]. Der Gesamtbrennstoffeinsatz wurde dabei jeweils mit 100% zugrundegelegt.

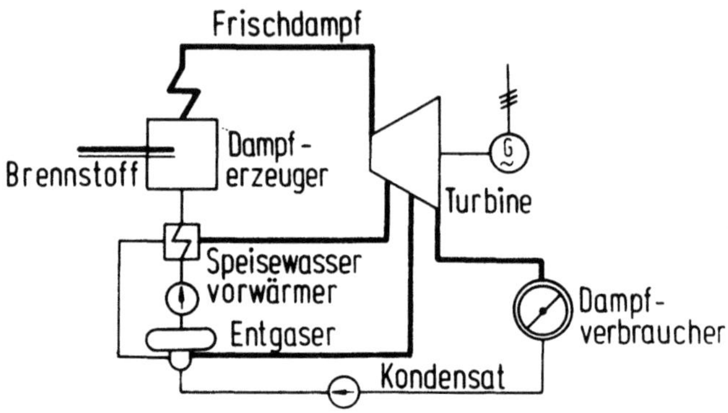

Abb. 45: Schema eines Industriekraftwerkes (Wärme-Kraft-Kopplung

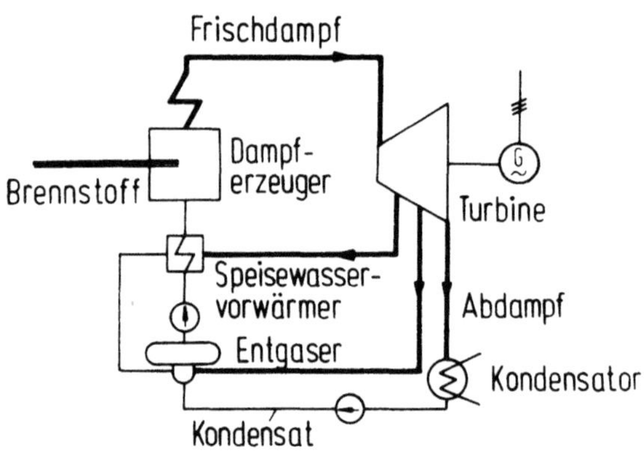

Abb. 46: Schema eines öffentlichen Kraftwerkes

Wärmebilanzen		Kondensations-Kraftwerk	Gegendruck-Kraftwerk
Dampfbedarf (2,5 bar)	t/h	-	175,5
Installierte el.Leistung	MW	300	33
Brennstoffeinsatz	%	100	100
Kesselverluste	%	9,0	10
Turbinen- bzw. Turbinen und Verdichterverluste	%	2,5	1,2
Eigenbedarf	%	2,4	1,2
Kondensations- bzw. Abgasverluste	%	45,6	-
Abgegebene Wärme	%	-	69,6
Elektrische Nettoleistung	%	40,5	18
Brennstoffausnutzung	%	40,5	87,6
Spezif. Wärmebedarf mit Gutschrift für Dampfabgabe	kJ/kWh	8.887	4.420

Tabelle 17 : Wärmebilanzen

Besonders beeindruckend sind darin die unterschiedlichen Werte der Brennstoffausnutzung. Ausgehend von der Voraussetzung, daß der Prozeßdampf ohne Wärme-Kraft-Kopplung in einer reinen Dampfkesselanlage erzeugt werden müßte, wurde der dafür erforderliche Brennstoffbedarf unter Berücksichtigung des Kesselwirkungsgrades und des Eigenbedarfs dem Prozeß gutgeschrieben. So ergibt sich die für Stromerzeugung eingesetzte Brennnstoffwärme und damit der spezifische Wärmebedarf für die Stromerzeugung. Zur besseren Überschaubarkeit sind die Wärmebilanzen aus Tabelle 17 in den beiden Sankey-Diagrammen der Abb. noch einmal graphisch dargestellt worden.

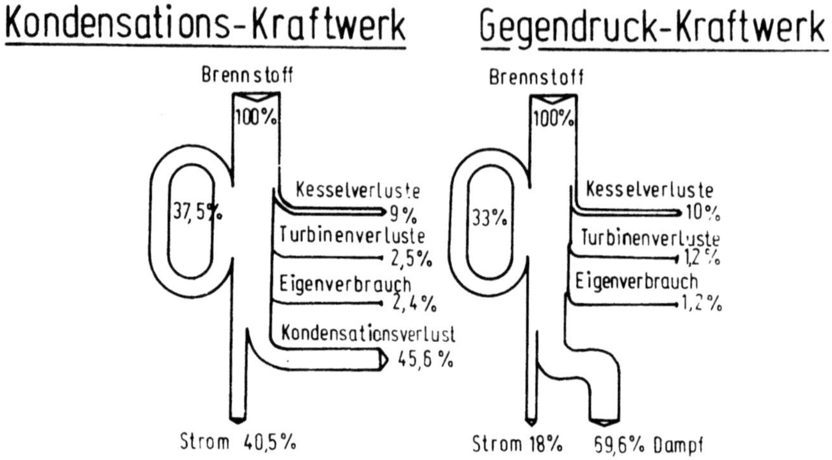

Abb. 47 : Gegenüberstellung der Wärmebilanzen von Kondensations- und Gegendruckkraftwerk [141)]

Die Erwägungen in den Abschnitten 5.1 bis 5.3 führten zu dem in Abb. 56 dargestellten Wärmeschaltbild eines Industriekraftwerkes zur Dampf- und Stromerzeugung mittels des Drehrohrofenabgases. Der dargestellte Ablauf soll nachstehend kurz erläutert werden.

Das 800°C heiße Drehrohrofenabgas wird unter Luftzufuhr in der Brennkammer verbrannt. Dieser Vorgang wurde bereits eingehend unter Abschnitt 3. untersucht. Mit den Rauchgasen der Verbrennung wird zuerst überhitzter Dampf von 132 bar, 530°C erzeugt, dann die zugeführte Verbrennungsluft auf 350°C vorgewärmt und anschließend das dem Wasserkreislauf zugeführte Speisewasser auf ca. 130°C aufgeheizt.

Wegen der hoch angesetzten Dampfgutschriften und der damit gegebenen besseren Brennstoffausnutzung sind auch die spezifischen Stromkosten bei hoher Auslastung des Industriekraftwerkes sogar niedriger als die des Gasturbinen-Heizkraftwerkes (vgl. Abb. 48)

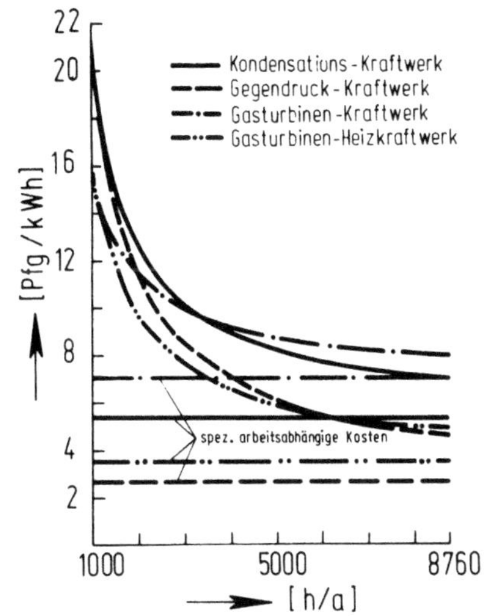

Abb. 48 Spezifische Stromkosten in Abhängigkeit von den Betriebsstunden [141)]

5.5 Die wirtschaftlich-technisch sinnvollen Dampflieferungsmodifikationen

Wie weiter unten noch gezeigt wird, ist die Bereitschaft der - fast ausschließlich öffentlichen - Kondensationskraftwerke zur Dampfabnahme gering.

Darüberhinaus kann aus rein technischen Erwägungen (vgl. hierzu die Ausführungen in Kapitel 6.1) von der Tatsache ausgegangen werden, daß der Dampfeinsatz wegen der vorwiegend in der Industrie angewendeten Wärmekraft-Kopplung nur für Industriekraftwerke relevant ist. Das heißt, daß der Dampf bereits Strom erzeugt, bevor er in die Prozesse weitergeleitet wird. Darüberhinaus ergab eine in der Bundesrepublik Deutschland durchgeführte Fallstudie, daß für hochgespannten Dampf ein größerer Markt vorhanden ist als für Heizdampf.

In einem Industriekraftwerk läßt sich nach mehrfacher Entspannung Strom, Prozeß- und Heizdampf in beliebigen Mengenrelationen erzeugen und sowohl ins eigene als auch in das fremde Netz einspeisen. In Abb. 54 sind die Entscheidungsfelder für die technischen Liefermodifikationen für den durch Verbrennung des Drehrohrofenabgases erzeugten Dampf wiedergegeben.

Wie in Abschnitt 5.1 gezeigt werden konnte, ist der technisch günstigste Wirkungsgrad bei einem möglichst hohen Dampfzustand (z.B. 130 bar, 530°C) zu erzielen, wobei allerdings im oberen Bereich zwischen 80 und 130 bar keine wesentlichen Wirkungsgradunterschiede bestehen. Während im oberen Temperaturbereich bei 530°C eine werkstoffbedingte Grenze erreicht wird, tritt oberhalb von 80 bar - aufgrund der größeren Werkstoffanforderungen und der damit verbundenen erhöhten TÜV-Anforderungen - ein Sprung in der Kostenprogression auf.

Daneben ergibt sich die Möglichkeit des Heizdampfeinsatzes mit Drücken unter 4 bar für Fernheizung, was wiederum eine Frage der Wirtschaftlichkeit ist wegen der hohen Investkosten bei größeren Distanzen. Zusammengefaßt resultieren aus diesen technischen Gegenbenheiten drei Einsatzbereiche für die Drehrohrofenabgaswärme (vgl. Abb. [illegible]):

1. Erzeugung von Heizdampf (2-4 bar),
2. Erzeugung von Prozeßdampf zwischen 4 und 40 bar,
3. Dampferzeugung über 80 bar zur Wärme-Kraftkopplung, wobei durch Entspannung in der Gegendruckturbine - vor der Prozeßdampfgewinnung - Strom erzeugt wird. Das heiße Kondensat wird noch zur Wäsche chemischer Produkte eingesetzt, wodurch nahezu das gesamte Energiepotential ausgenutzt wird.[47]

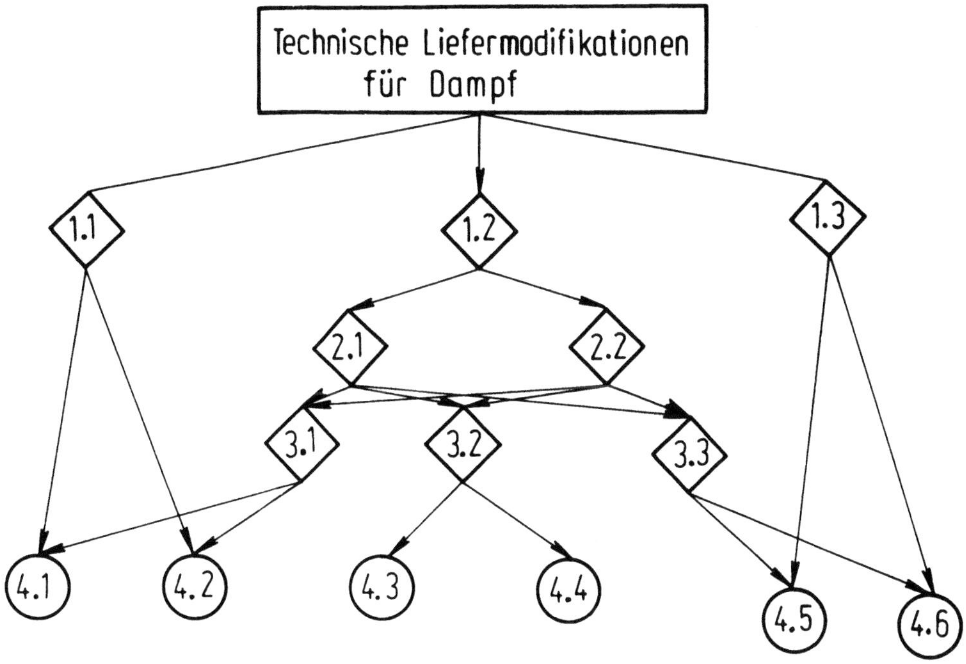

ENTSCHEIDUNGSFELDER:

1.1 HEIZDAMPFERZEUGUNG (Z.B. 4 BAR, 235 °C)

1.2 DAMPF FÜR STROMERZEUGUNG (Z.B. 130 BAR, 530 °C)

1.3 PROZESSDAMPFERZEUGUNG (Z.B. 40 BAR, 450 °C)

2.1 STROMERZEUGUNG IN EIGENEM INDUSTRIEKRAFTWERK

2.2 STROMERZEUGUNG IN FREMDEM INDUSTRIEKRAFTWERK

3.1 HEIZDAMPERZEUGUNG

3.2 STROMERZEUGUNG

3.3 PROZESSDAMPFERZEUGUNG

4.1 HEIZDAMPF IN EIGENES NETZ

4.2 HEIZDAMPF IN FREMDES NETZ (FERNWÄRME)

4.3 STROM IN EIGENES NETZ

4.4 STROM IN FREMDES NETZ

4.5 PROZESSDAMPF IN EIGENES NETZ

4.6 PROZESSDAMPF IN FREMDES NETZ

Abb. [illegible]: Technische Lieferkombinationen für Dampf

Die dritte genannte Dampfverwendungsmöglichkeit stellt ohne Zweifel die wirtschaftlichste Form der Energierückgewinnung dar und könnte mittelfristig einen erheblichen Beitrag zur Energieeinsparung liefern (vgl. Abb. 2 , Kapitel 2.1). In Kapitel 7.1 sind die Möglichkeiten der Mengenrelationen aufgezeigt und für einen praktischen Fall durchgerechnet worden.

Gemäß den drei Dampfmodifikationen kann der Dampf bei Fremdabnahme in das entsprechende Netz des Abnehmers geliefert werden.

Im Fall 1) (Heizdampflieferung) und Fall 2) (Prozeßdampflieferung) in den Produktionsblock des chemischen Großbetriebes mit einem Bedarf von ca. 120 - 140 tD/h spielt, wenn man von den Investkosten für längere Rohrleitungen absieht (derzeit ca. 1000 DM/m für NW 200 und einem Dampftransport von ca. 100 t/h bei 25 m/s, mit Isolierung und ohne Aufbauten [47]) die Länge des Transportweges keine entscheidende Rolle. Der Prozeßdampf wird nur leicht überhitzt und in den Prozeß als Sattdampf eingespeist. Bei einer 500 m isolierten langen Prozeßdampfleitung (40 bar, 300°C) beträgt der Temperaturabfall ca. 5°C [144].

Im zweiten Fall, der Hochdruckdampffortleitung, tritt wegen der höheren Temperaturdifferenz zur Umgebung das Problem zu großen Temperaturabfalls über längere Distanzen (> 400 m) auf. Deshalb besteht hier die Gefahr der Sattdampfbildung, wodurch das Energiepotential, das zur Verstromung benötigt wird, sich unzulässig absenkt. Bei der Einspeisung des Hochdruckdampfes in das Verbundnetz des industriellen Kraftwerkes ist eine regeltechnische Überwachung des Dampfzustandes am Abgabeort unbedingt erforderlich, da sonst örtliche Temperaturunterschiede auftreten, die zur Kondensation führen. Eine Angleichung des angelieferten Dampfes an die gegebenen Dampfzustände des Abnehmers ist im Bereich der Dampfzuführung Voraussetzung für das Zustandekommen eines Vertrages. Die notwendige Regelung kann von den sowieso vorhandenen Regelarmaturen mit übernommen werden [47, 147]

6. Untersuchung der Dampfeinsatzmöglichkeiten in speziellen Industriezweigen und Regionen

6.1 Der vertragliche, preistechnische und gesetzgebende Rahmen

Wie bereits mehrfach angedeutet, entfällt eine Verstromung und Abgabe sowohl in das öffentliche Verbundnetz wie auch an private Abnehmer.

Die Befragung einiger öffentlicher Kraftwerke zeigte, daß diese Dampf wesentlich niedriger vergüten würden, als dies bei den industriellen Abnehmern der Fall ist, so daß sich - wegen der geringen Dampfgutschriften von unter 8 DM/t Dampf - eine Prozeßkopplung wirtschaftlich nicht tragen würde. Im Falle eigener Stromversorgung durch den Abwärmedampf wird die Reservehaltung durch einen Stromverbund mit dem öffentlichen Verbundnetz mit elektrizitätswirtschaftlich nicht immer begründbaren schlechten Konditionen und wirtschaftlich nicht mehr tragbaren Strompreisen belastet. Da sich aus dem gleichen Grunde bei der Projetierung einer CO_2-Erzeugungsanlage zur tertiären Erdölförderung im Hochdruckbereich eine Verstromung nicht empfohlen hatte [142], wurde u. a. die im Abschnitt 7.2 beschriebene CO_2-Wäsche mit niedrigeren Drücken ausgelegt.

Die Gebietsmonopole der acht Verbundunternehmer in der Bundesrepublik Deutschland, deren Stromabsatz für 1976 in Abb. 50 dargestellt ist, bewirken regional stark schwankende Konditionen für den Stromverbraucher. Es ist deshalb schwierig, eine für das Bundesgebiet allgemein gültige Aussage über die Dampfeinsatzmöglichkeiten in öffentlichen Kraftwerken zu treffen.

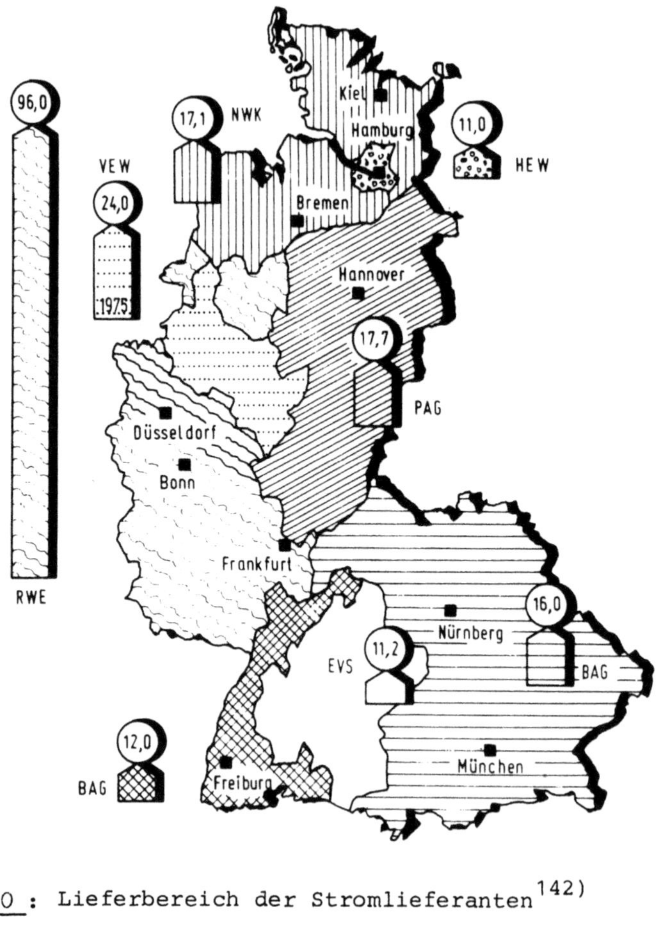

Abb. 50 : Lieferbereich der Stromlieferanten[142)]

Sicherlich gibt es in der neuesten Zeit eine gewisse Auflokkerung dieser Einschränkungen durch den Gesetzgeber [141].

In "mikroökonomischen Bereichen" unterstützt der Staat die Bestrebungen zur rationellen Energieverwendung auf verschiedene Art [139]:

1. Investitionszulagen für energiesparende Anlagen nach § 4a, Abs. 1 des Investitionszulagengesetzes von 7,5%;

2. nicht-nukleares Energieforschungsprogramm der Bundesregierung, im Rahmen dessen Demonstrationsanlagen und Untersuchungen gefördert werden;

3. im Sinne des § 7d des EStG Anlagen, die Abwärme nutzen und damit zu einer Entlastung der Umwelt an Abwärme und Schadstoffen führen. Dies eröffnet für den Investor die Möglichkeit, die Abschreibungsvorteile (60% im 1. Jahr, je 10% in den folgenden vier Jahren) zu nutzen.

Die Abschreibungszeiten von Kesselanlagen werden üblicherweise mit 25 Jahren veranschlagt oder auf eine Betriebszeit von ca. 200.000 h. Die Dampfpreise ergeben sich dagegen kalkulatorisch für einen Diskontierungszeitraum von 10 Jahren.

Der innerbetrieblichen Dampfpreiskalkulation in Chemie-Großunternehmen liegen die gleichen Bedingungen wie auf dem Energiemarkt zugrunde. Dem Unternehmensziel, der Erzeugung chemischer Produkte, aus dem die flexible Bereitstellung und 100%ige Verfügbarkeit von Prozeßdampf zur "conditio sine qua non" erhoben wird, hat sich der Dampflieferant zu unterwerfen. Entsprechend wird der Dampfpreis so kalkuliert, daß der innerbetriebliche Abnehmer diesen nicht billiger erzeugen könnte, [147] d.h. der durch HD-Dampf erzeugte Strom wird kostenmäßig als Residualgröße zwischen diesem Prozeßdampf- und Gesamtpreis behandelt [146,147].

Vertraglich ergibt sich aus dieser Tatsache für den Dampflieferanten die Garantie der ganzjährigen Liefergewährleistung und für den Abnehmer die der Abnahme. Indessen besteht auf beiden Seiten das Problem der Flexibilität der Anpassung, des Lieferanten an Bedarfsschwankungen des Abnehmers und umgekehrt die des Abnehmers an Lieferschwankungen beim Lieferanten (Betriebsstörungen). Der Vertrag müßte entsprechend fixiert werden. Außerdem ist hierbei zu berücksichtigen, daß der Lieferant dem Abnehmer, falls dieser als Stand-by seine Kesselanlagen zur Reservehaltung beibehält, einen entsprechenden Bonus für die entgangene, durch Fremddampf substituierte, Amortisation seiner Investition vergütet bekommt.
Dieser "Malus" für den Dampflieferanten (und umgekehrt Bonus für den Abnehmer) richtet sich nach der Abschreibungszeit der vom Dampfabnehmer (Chemieunternehmen) vorzeitig stillgelegten Kesselanlagen. Bewertungsgrundlage ist der Tilgungs- und Abzinseinsparungsfaktor der Anlagen. Beträgt zum Beispiel die durchschnittlich angesetzte erzeugte Dampfmenge 155 tD/h oder 1,2 Mio tD/a, so betragen die spezifischen Investkosten 14,27 DM/Jato Dampf.
Bei einem Abschreibungszeitraum von 10 Jahren z.B. betrüge dieser Malus auf die nicht im eigenen Kanal erzeugte Tonne Dampf:

Anlagenerhaltung	0,43 DM/tD
Kalkulat. Zinsen	0,57 "
Kalkulat. Abschreibung	1,42 "
Personal (1/2 Mann-Schicht)	0,08 "
	2,50 DM/t D

Bei längeren Abschreibungszeiten reduziert sich natürlich dieser Malus und im konkreten Fall wird die Gutschrift für jede nicht im Kessel des Dampfabnehmers erzeugte Tonne Dampf etwa 1,50 DM/tD betragen, die der Dampfanbieter seinen Dampferzeugungskosten zuschlagen muß.

Aufgrund dieser Vertragssituation ergibt sich bei Dampflieferung die Alternative zwischen:

1. Dampflieferung an einen kleinen Abnehmer mit Reservehaltung beim Lieferanten durch einen Schnellstartkessel (< 400 t Dampf/h) oder

2. Dampflieferung an einen großen Abnehmer (> 400 t Dampf/h), wobei die Reservehaltung der Abnehmer übernimmt.

Die Angaben über die Verfügbarkeit neuer Kesselanlagen schwankt zwischen 84% (Kesselabnehmer, z.B. die Chemie) und 95% (Kesselhersteller).

Eventuell muß der Lieferant bei produktionsbedingten Störungen des kleinen Abnehmers einen Verdampfungskühler zur Temperaturabsenkung des Abgases unter Energieverlust bereithalten, falls keine Alternative zur Dampfunterbringung besteht. Im letzteren Fall erhielte der Dampflieferant einen Bonus.

Während des Normalbetriebes, d.h. Dampferzeugung und Dampfabnahme verläuft störungsfrei, ergeben sich folgende Boni bzw. Mali für den Abnehmer oder den Erzeuger von Dampf. Die einzelnen Kosten sind in der Tabelle 18 wiedergegeben. Demgegenübergestellt treten bei Störungen der Dampflieferung bzw. der Dampfabnahme die in Tabelle 19 aufgezeigten zusätzlichen Aufwendungen oder Entlastungen für die Vertragspartner auf.

Aus den Tabellen 18 und 19 ist zu ersehen, daß bei Normalbetrieb die zusätzlich auftretenden Belastungen in beiden Fällen (Abnehmer < 400tD/h, Abnehmer > 400 tD/h)nur eine geringe Differenz aufweisen.

Dagegen wird eine Dampflieferung an kleine Abnehmer (< 400 tD/h) für den Lieferanten und den Abnehmer sehr kostenintensiv, da im Falle der Störung der Dampferzeugung beim Lieferanten die Fixkosten des Abhitzekessels, des Verdampfungskühlers, des zur Reserve gehaltenen Schnellstartkessels und zusätzlicher Brennstoffeinsatz (6,50 DM/tD) eingesetzt werden müssen, damit eine 100%ige Verfügbarkeit der Dampflieferung gewährleistet ist.
Bei der Abnahme der Störung auf Seiten des kleinen Abnehmers muß der Dampferzeuger zusätzlich die Energie im Verdampfungskühler vernichten, was eine größere H_2O-Menge (3 m^3/t ES) erfordert (vgl. dazu Tabelle 19).

Dampflieferung von 155 tD/h an Abnehmer mit einem stündlichen Dampfbedarf von:				
	< 400 tD/h		> 400 tD/h	
Beim	Lieferanten DM/tD	Abnehmer DM/tD	Lieferanten DM/tD	Abnehmer DM/tD
Spez. Investkosten	VK = 1,9 SSK= 0,7	-	-	AK = 2,6
Spez. Variable Kosten	PK = 0,16	-	-	PK = 0,08
Bonus	2,76	-	-	2,70
Malus	-	2,76	2,70	-
VK = Verdampfungskühler SSK = Schnellstartkessel AK = Abhitzekessel PK = Personalkosten			Die angegebenen Zahlen beziehen sich auf die nicht gelieferte oder nicht abgenommene Tonne Dampf/h.	

Tabelle 18 : Zusätzliche Kosten für Abnehmer und Lieferant bei Normalbetrieb

Generell ist der Verbund des Dampferzeugers mit einem Großabnehmer (Chemie) wirtschaftlicher. In dem Bereich der Hüttenindustrie ist die Integration der Drehrohrofenanlage mit dem gesamten Abhitzesystem eine gleichwertige Alternative.

Tabelle 19 : Vertraglicher Bedingungsrahmen für Störfälle bei Dampflieferant oder Dampfabnehmer mit den zusätzlichen Be- oder Entlastungen für die Vertragspartner (AK = Abhitzekessel, SSK = Schnellstartkessel, VK = Verdampfungskessel)

	Dampflieferung von 155 tD/h (1.200 000 tD/a) an Abnehmer mit einem stündlichen Dampfbedarf von:								
	< 400 tD/h					> 400 tD/h			
Reservehaltung liegt bei:	Dampferzeuger mit Schnellstartkessel Schnellstartkessel bei Lieferant übernimmt Dampferzeugung					Dampfabnehmer mit in Reserve gehaltenen eigenen Kesseln In Reserve gehaltene Kessel des Dampf-Abnehmers übernimmt Dampferzeugung			
	mit zusätzlichem Aufwand bzw. Bonus für:								
Situation I:		Spez.Invest Kosten	Spez.variable Kosten	Bonus	Malus Aufwand	Spez.Invest Kosten	Spez.variable Kosten	Bonus	Malus
Störung bei Dampferzeugung	Dampfabnehmer	-	-	-	-	Stand-by-Kessel	Personal = 0,08	2,7 DM/tD	-
	Dampflieferant	SSK = 1,9 VK = 0,7 Mio DM	6,5 DM/tD für Braunkohle	-	11,7 DM/tD	-	-	-	2,7 DM/tD
Situation II: Störung bei Abnehmer	Dampflieferant	AK = 2,6 Mio DM	1,5 DM/tD (H_2O)	7,0 DM/tD	-	-	-	-	2,7 DM/tD
	Dampfabnehmer	-	-	-	7,0 DM/tD	2,6 DM/tD	Personal = 0,08	2,7 DM/tD	-

6.2 Potentielle Großabnehmer und Dampfabsatzgebiete

Die wichtigsten Energieverbraucher, die für eine Dampfabnahme in Frage kommen, sind:

1. Die Hüttenindustrie (s. Abschn. 6.2.1)
2. die Petrochemie und die chemische Industrie
3. tertiäre Erdölförderung
4. öffentliche Kraftwerke

6.2.1 Dampfeinsatzmöglichkeiten in der Hüttenindustrie

In der Hüttenindustrie kann der erzeugte Dampf wirtschaftlich zur Produktion technischer Gase bei gleichzeitiger Wärme-Kraft-Kopplung eingesetzt werden. Die wichtigsten technischen Gase, die in der Hüttenindustrie zum Einsatz gelangen, sind: O_2, N_2, CO_2 und Ar [94].
O_2 wird in folgenden Verfahren zum Frischen eingesetzt:

OBM-Verfahren (Oxigen-Bottom-Maxhütte)
LD-Verfahren (Linz-Donawitz) 60m^3 O_2/t Stahl
LDAC-Verfahren (Linz-Donawitz-Arbed-Chemie)
LDS-Verfahren (Linz-Donawitz-Salzgitter)
Siemens-Martin-Verfahren (30 m^3 O_2/t Stahl)
UHP-Ofenprozeß (ultra-high-power (6,3 m^3 O_2/t Stahl)
VOD-Verfahren (Vacuum-Oxigen-Decarburization)
AOD-Verfahren (Argon-Oxigen-Decarburization).
Entgasen von Stahlschmelzen (mit Inertgaseinsatz):

Spülgasbehandlung von Stahlschmelzen (0,04 m3 N_2/t Stahlschmelze)
Vakuumbehandlung von Stahlschmelzen:
Gußstahlentgasungsverfahren(20 l Ar/t Stahl
Pfannenentgasungsverfahren (10 - 20 l Ar/t Stahl)
Teilmengenentgasungsverfahren (0,04 - 0,1 m^3 Ar/t Stahl)
Bei Abgußprozessen als Gußstrahlschutz oder Kokillenschutz (0,04 - 0,1 m^3 N_2/t Stahl)
Zur Feinentkohlung im OBM-Konverter (Ar/O_2-Gemisch 10 m^3/t Stahl)

Darüberhinaus wird CO_2 im Verhältnis O_2 zu CO_2 gleich 1 : 1 zur Kühlung der Düsen herangezogen [95].

Da die Kosten für den Bezug von Sauerstoff transportabhängig sind, kann die Drehrohrofenabwärme zur O_2-Erzeugung in einer Luftzerlegungsanlage dann vorteilhaft für ein Hüttenwerk sein, wenn die Sauerstoffbereitstellung weder durch eine Pipeline noch durch eine benachbarte Großanlage gesichert ist. Mit der Dampfmenge von 155 t Dampf/h stehen bei Anzapfung in einer Gegendruckturbine (Dampfzustand: 4 bar, 160°C) 2,79 MJ/kg Dampf, d.h. 2,79 GJ/t Dampf zur Verfügung (vgl. Abschnitt 5.3). Entsprechend einem Verfahrensbetreiber werden 1,8327 kJ/m^3 O_2 i.N. als spezifischer Energiebedarf angegeben.

Daraus ergibt sich bei 155 tD/h mit 700 m^3 i.N./t O_2 eine Produktionsmenge von 174.000 m^3 O_2 i.N. von 98%iger Reinheit. Neben diesem Hauptprodukt können ca. 100.000 m^3 i.N. druckloser trockener Stickstoff i.N., ca. 40.000 m^3 i.N./t unter einem Druck von 4,5 bar, ca. 7.000 m_N^3 /h O_2 i.N. (O_2-Gehalt 99,5%) sowie 1.300 m^3 i.N. flüssiger Stickstoff gewonnen werden [96].

Bei einer Blaszeit von etwa 16 Minuten pro Ofenreise benötigt ein Konverter in der Bundesrepublik Deutschland ca. 1.200 m_N^3 O_2 i.N. pro Minute bei einem Abstichgewicht von 350 t [97].

Der Preis, mit dem die zu erstellende Luftzerlegungsanlage im Ruhrgebiet konkurrieren müßte, beträgt derzeit 0,095 DM/m^3 O_2 i.N. Außerhalb der Ballungsgebiete beträgt der Preis für Großabnehmer etwa 0,11 DM/m^3 O_2 i.N.

Bei einer Stahlproduktion von 4,5 Mio Jato SB-Stahl würde bei einer Konverterzahl von 8 (2 Konverter in Reserve) und

300 Tagen Verfügbarkeit pro Jahr, bei jeweils 16 Minuten Blaszeit die Versorgung mit Sauerstoff gedeckt werden können.

Für die Kombination einer Direktreduktionsanlage mit einer Luftzerlegungsanlage zur Deckung des Sauerstoffbedarfs eines Hüttenwerkes kämen lediglich Standorte außerhalb der Ballungsgebiete in Betracht.

6.2.2 Dampfeinsatzmöglichkeiten in der Petrochemie und in der chemischen Industrie

Im Rahmen einer Fallstudie zur Untersuchung des Dampfbedarfs potentieller Abnehmer in der Bundesrepublik Deutschland wurden einige ausgewählte repräsentative Firmen befragt. Da nicht alle potentiellen chemischen und petrochemischen Dampfabnehmer untersucht werden konnten, wurde die Befragung auf bestimmte Gebiete beschränkt. Es wurden zwei Kategorien gebildet, wobei die Zuordnung der jeweiligen Unternehmung nach der Relevanz für den Standort einer Drehrohrofenanlage getroffen wurde. In der einen Gruppe wurden Firmen befragt, die sich vorwiegend an Wasserstraßen befinden und an Orten in der Bundesrepublik Deutschland, die von der Transportkostenseite her als günstig zu beurteilen sind. In der anderen Gruppe befinden sich Firmen, deren Standort sich an der Peripherie der Ballungsgebiete befindet. Darunter befinden sich Unternehmen, die eine oder auch mehrere - im folgenden aufgeführte - unabdingbare Standortanforderungen für die Planung einer Drehrohrofenanlage nicht erfüllten:

1. Dampfabnahmebereitschaft
2. Platzangebot
3. Wasserstraßenanschluß
4. Umschlagmöglichkeiten
5. Auflagenerfüllbarkeit für die Errichtung einer Drehrohrofenanlage

In Tabelle A25 sind die Ergebnisse, die auf einer bereits seit 1976 laufenden Standortuntersuchung fundieren, zusammengetragen +).

Da für die chemische Industrie, die zum Zeitpunkt des Dampfeinsatzes tatsächlich absetzbaren Mengen ermittelt werden sollten, war aufgrund der in dieser Branche vielschichtigen Möglichkeiten interner Rohstoffverwertung und der ausgeprägten Verbundstruktur eine direkte Befragung der einzelnen Unternehmen notwendig.

Bei der Befragung wurden die zwei folgenden Problemkreise erörtert:

1. Erfassung der Prozeßdampfmengen und deren zeitliche Abnahmecharakteristik in den Zustandsbereichen bis $140^{o}C/140 \div 300^{o}C/300 \div 500^{o}C$.

2. Erwarteter prozentualer Anteil der Prozeßdampf-Bedarfsdeckung über das vorliegende System (Abwärmenutzung).

Trotz grundsätzlichem Interesse an diesem Projekt, waren die Unternehmen aufgrund der komplexen Zusammenhänge, die für die Bearbeitung der Problemstellung in den Unternehmen berücksichtigt werden müssen, nicht in der Lage, mit angemessenem Aufwand diese Hintergründe abzuklären, zumal die Fragestellung für viele Unternehmen nicht alltäglich war.

+) Der Dampfbedarf der nicht in "Fallstudie" erfaßten Abnehmer der Chemie, Petrochemie und Raffinerien wurden hochgerechnet und sind in den Tabellen A 8 und A 9 wiedergegeben.

Im Falle der ausdrücklichen Genehmigung durch die Unternehmen sind diese Daten in Tabelle A 7 zusammengestellt.

Ein Teil dieser Daten, insbesondere Angaben zur Prozeßdampfstruktur werden in einzelnen Unternehmen in der benötigten Form nicht erfaßt. Angaben zu den zukünftigen Wachstumsraten können in der Chemie über einen längeren Zeitraum nur mit großen Unsicherheiten angegeben werden.

Die Angaben sind von den Unternehmen in unterschiedlicher Form (Jahresbedarf - stündlicher Bedarf) und auf unterschiedliche Zeitpunkte bezogen angegeben worden, so daß eine Umrechnung auf einheitliche Größen vorgenommen werden mußte. Aufgrund dieser Umstände sind Unterschiede zu anderen Quellen und Ermittlungen wahrscheinlich. Da die Unternehmen hier problembezogen befragt wurden, müssen die hier angegebenen Werte als maßgeblich für das Projekt angesehen werden.

Der Dampfbedarf besteht im Mittel über 8.000 Stunden im Jahr. Der überwiegende Teil dieses Dampfes wird im Druckbereich zwischen 4 und 5 bar benötigt. Die Mengenaufteilung auf die verschiedenen Druckstufen wurde in Einzelfällen genau angegeben, bei anderen Unternehmen ließ sie sich nicht ermitteln, teilweise weil dies von den Unternehmen in dieser Form statistisch nicht erfaßt wird.

Bei allen Unternehmen, die ihren Dampf selber herstellen, relativiert sich die detaillierte Erfassung der Prozeßdampfbedarfsstruktur durch die verbreitete Anwendung der Kraft-Wärme-Kopplung. Da die Chancen der Kraft-Wärme-Kopplung aus der Sicht der Chemie zunehmend positiver beurteilt werden, werden die Unternehmen von einer gewissen Mindestgröße an, bei Fremdbezug - unabhängig von den betrieblichen Verfahren - einen Dampfdruck von 100-130 bar anstreben. Die Einstellung der Stromkennziffer wird bestimmt vom Verhältnis des Strom-Preises zum Primärenergiepreis. Der derzeitige Wert liegt bei etwa 200 kWh/t Dampf. Der Vorzug des Fernenergiesystems, ein den Bedarfsverhältnissen angepaßtes Wärmeangebot aus einer Abhitzenutzung, relativiert sich für Randzonen der Ballungsgebiete mit schlechter Infrastruktur, da dort die Energieanlieferung zu teuer ist.

Bei Raffinerien wird der Energiebedarf durch den Einsatz von 5-8% ihres Rohöldurchsatzes gedeckt. Wegen der zahlreichen Möglichkeiten der Wärmerückgewinnung sowie der Verwertung von Nebenprodukten und des insgesamt geringen Energiebedarfs wird hier eine energiewirtschaftliche Autarkie angestrebt, so daß diese Unternehmen für einen Fremdbezug ausscheiden.

Je nach Unternehmensstruktur ist auch der Heizwärmebedarf nicht unwesentlich. Bei Raffinerien und reiner Petrochemie wird nur etwa 1% des jährlichen Prozeßdampfverbrauchs zusätzlich für Raumwärme gebraucht. Bei Unternehmen mit sehr großen Verwaltungsflächen kann dieser Anteil bis zu 20% betragen. Der Mittelwert bei den untersuchten Firmen liegt unter 10%. Dieser Raumwärmeanteil stellt aber nicht in jedem Fall zusätzlichen Bedarf dar, da in den meisten Fällen davon ausgegangen werden kann, daß auf diesem Temperaturniveau ausreichend Restwärme anfällt. Die Raffinerien in der Bundesrepublik Deutschland sind in Tabelle A26 aufgeführt.

Ein Vergleich der durch Befragung ermittelten Prozeßdampfmengen mit anhand von Anhaltszahlen über die Produktionsmengen berechneten Dampfverbräuchen führte zu erheblichen Unterschieden, die durch gute Wärmerückgewinnung und die Integration der Anlage in eine Prozeßdampf-Verbund-Struktur bedingt sind. Die hier zusammengestellten Daten sind als eine sicherere Basis anzusehen, als die eigenen Berechnungen oder nicht so speziell auf das Problem zugeschnittenen Befragungen.

Es wird ein hoher Flexibilitätsgrad in bezug auf die Prozeßdampfleistung verlangt, um in allen Betriebszuständen die Strom- und Dampferzeugung sicherzustellen[152)].

Da Chemieanlagen sehr flexibel auf Absatzschwankungen reagieren müssen, sind mittelfristige Bedarfsschwankungen des Prozeßdampfes von plus/minus 50% nicht auszuschließen.

Damit ergibt sich für einen Fremdbezug aus einem kapitalintensiven Prozeßdampfsystem ein erhebliches Vorhalteproblem. Ebenso wird man bei Auslegung der Kapazität eines neuen Prozeßwärmesystems künftig Wachstumserwartungen berücksichtigen müssen, d.h. in den Verträgen für den Prozeßdampffremdbezug müssen entsprechende Vorhalteklauseln vorgesehen werden.

Bis zum Zeitpunkt der möglichen Markteinführung von Prozeßkopplungen zur Abwärmenutzung haben die einzelnen Unternehmen - bedingt durch ihre spezifischen Randbedingungen - unterschiedliche Wachstumserwartungen. Diese Randbedingungen können marktbedingt oder standortbedingt sein. In Einzelfällen konnten zu den zukünftigen Wachstumsmöglichkeiten keine Angaben gemacht werden. Bei den Unternehmen, die sich zu den zukünftigen Erwartungen geäußert haben, wird mit Zuwachsraten um 50% bis zum Jahre 2000 gerechnet werden [152,153].

Die Unsicherheit solcher Prognosen wurde betont, zumal es schwierig ist, die Entwicklung nach dem relativen Einbruch der wirtschaftlichen Entwicklung abzuschätzen. Die Wachstumsstufen werden vorgegeben durch die wirtschaftlichen Anlagenmindestgrößen. Durch zunehmende Auswirkung von Energieeinsparungsmaßnahmen wird der Rohstoffverbrauch stärker zunehmen als der Energieverbrauch.

Die Abnahmecharakteristik des Dampfbedarfs wird im allgemeinen in den Unternehmen nicht gesondert angegeben, da in der Regel aufgrund der kontinuierlichen Produktion mit einem über 24 Stunden konstanten Dampfbedarf zu rechnen ist.

Der Prozeßwärmebedarf für die Produktion unterliegt unter Voraussetzung konstanter Kapazitätsauslastung keinen Lastschwankungen. Lastschwankungen werden außer durch den jahreszeitlich bedingten Heizwärmebedarf nur durch unvorhersehbare und damit nicht erfaßte Größen wie

- das An- und Abfahren von Anlagen
- Transportengpässe für die Endprodukte
- marktbedingte Absatzschwankungen für die Endprodukte
- Kapazitätsvorhaltung aufgrund von Wachstumserwartungen

verursacht.

Die durch den Heizwärmebedarf bedingten Lastschwankungen im Winter liegen im Mittel über 10% des jeweiligen Prozeßwärmebedarfs. Je nach Unternehmensstruktur sind auch hier Werte zwischen nahezu 1% und über 20% möglich, so daß keine einheitlichen Lastkurven angegeben werden können.

Der Dampfbedarf zum An- und Abfahren von Chemieanlagen kann kurzzeitig bis zu 50% des Durchschnittsbedarfs betragen.

Dagegen kann Spitzenbedarf, der zu einem ganz bestimmten Zeitpunkt mit absoluter Sicherheit bereitgestellt werden muß, aus der Sicht einzelner Unternehmen nur über Eigenerzeugung gesichert werden.

Ohne Berücksichtigung der Raffinerien, wo ohnehin ein Fremdbezug ausgeschlossen werden kann, lassen sich im Untersuchungsraum für den Betrachtungszeitraum für den Dampfbedarf Zuwächse von etwa 50% angeben.

Für den Bezug von Prozeßdampf gelten prinzipiell gleiche Entscheidungskriterien wie für den Bezug von Synthesegas. Das wichtigste Kriterium ist die Forderung nach Wirtschaftlichkeit gegenüber Alternativen bei Gewährleistung gleicher Versorgungssicherheit.

Prinzipielle Schwierigkeiten bei der Markteinführung sieht man auch hier aufgrund vertraglicher Bindungen an Energielieferanten oder aufgrund der zum Zeitpunkt der Markteinführung noch zu berücksichtigenden Anlagenbestände, die nicht in jedem Falle eine Reservehaltung übernehmen können.

Auch die Entwicklungstendenzen alternativer leistungsgebundener Energiesysteme sowie ihre Auswirkungen auf den Markt für das Fernenergiesystem sind nur schwer abschätzbar. So ist ein Latentwärmetransport zwar kostengünstiger als ein Heißwassertransport, nur könnte die im Jahre 2000 verbreitete

Anwendung der Kraft-Wärme-Kopplung bei Kraftwerken wegen der dann zu erwartenden hohen Kernkraftwerksdichte ein Eindringen des Fernenergiesystems in den Heiz- und Niedertemperaturprozeßwärmemarkt erschweren.

Eine Sonderstellung nimmt die Petrochemie ein, da sie mit der zunehmend zu erwartenden energetischen Verwertung der Rückstände sowie der Erweiterung der Wärme-Rückgewinnung selbst zum Energielieferanten wird. Der Prozeßdampfanbieter muß hier gegen die intern bewerteten Restprodukte konkurrieren. Diese Unternehmensgruppe ist aus technologischen Gründen zur Autarkie gezwungen und somit langfristig nicht für das System disponibel[98).

Ein Dampfschaltplan für ein mittelgroßes petrochemisches Unternehmen zeigt Abb. 51. Die Drehrohrofenanlage liefert Dampf in eine Mitteldruckturbine und erzeugt Strom und Prozeßdampf.

Abgesehen von unternehmensbezogenen Vorbehalten sieht man bei einzelnen dieser Unternehmen für die Abnahme von Abhitzedampf nur Marktchancen, wenn er nicht nur für Prozesse eingesetzt wird, sondern auch durch seinen Einsatz für die Stromerzeugung, Strom in ein industrielles Verbundnetz gespeist werden kann.

Für kleine Unternehmen kann in Ballungsräumen aufgrund standortbedingten Raummangels und an der Peripherie aufgrund schlechter Infrastruktur ein totaler Fremdbezug der Prozeßwärme vorteilhafter sein.

Die durch das System mögliche Umweltentlastung wird noch unter dem Gesichtspunkt gesehen, daß hierdurch Spielraum für die Genehmigung von Anlagen, bei denen Umweltbelastungen unvermeidbar sind, gewonnen wird.

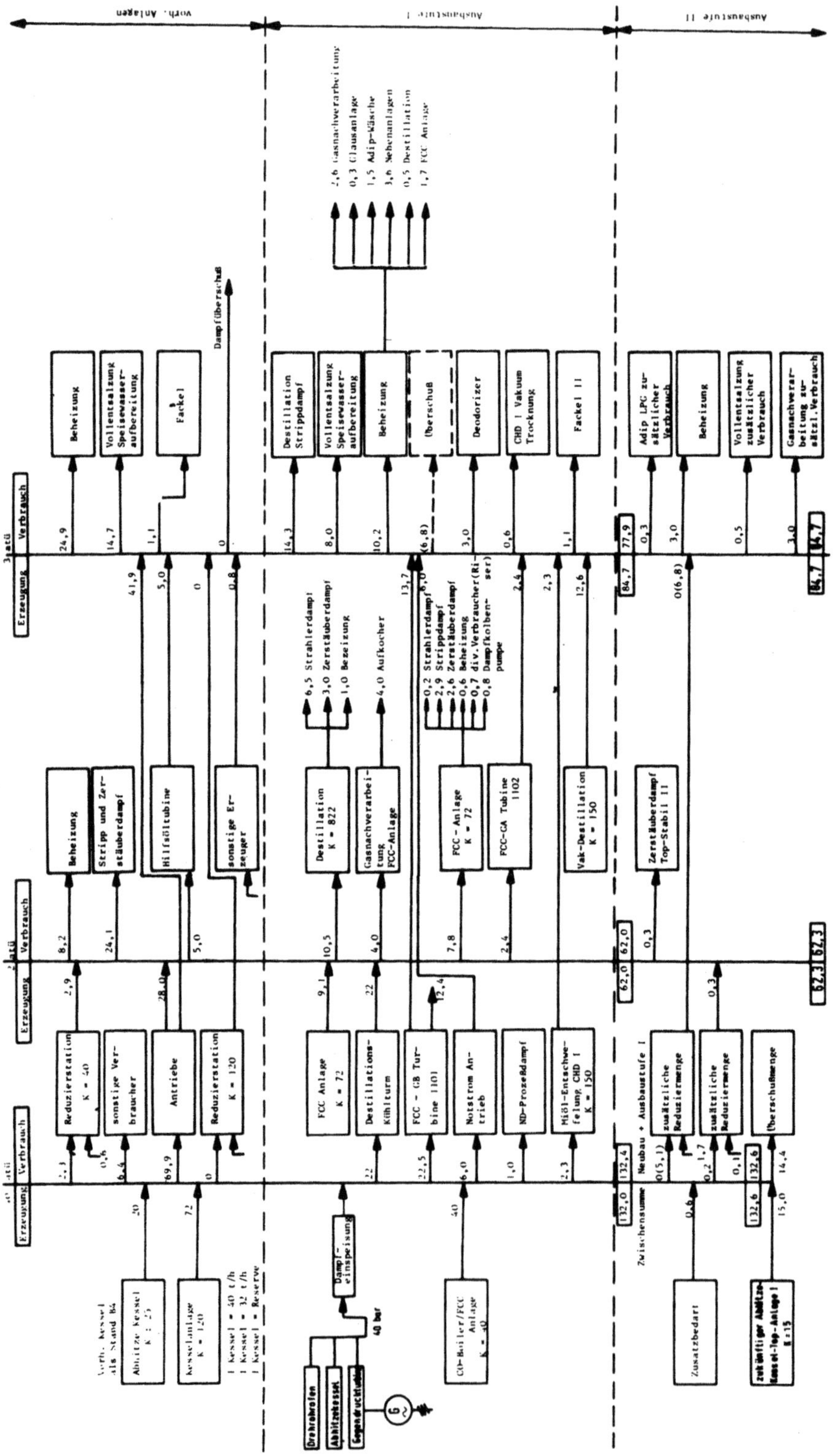

Abb. 51 : Wärmebedarf eines mittleren petrochemischen Unternehmens (Sommerbetrieb)

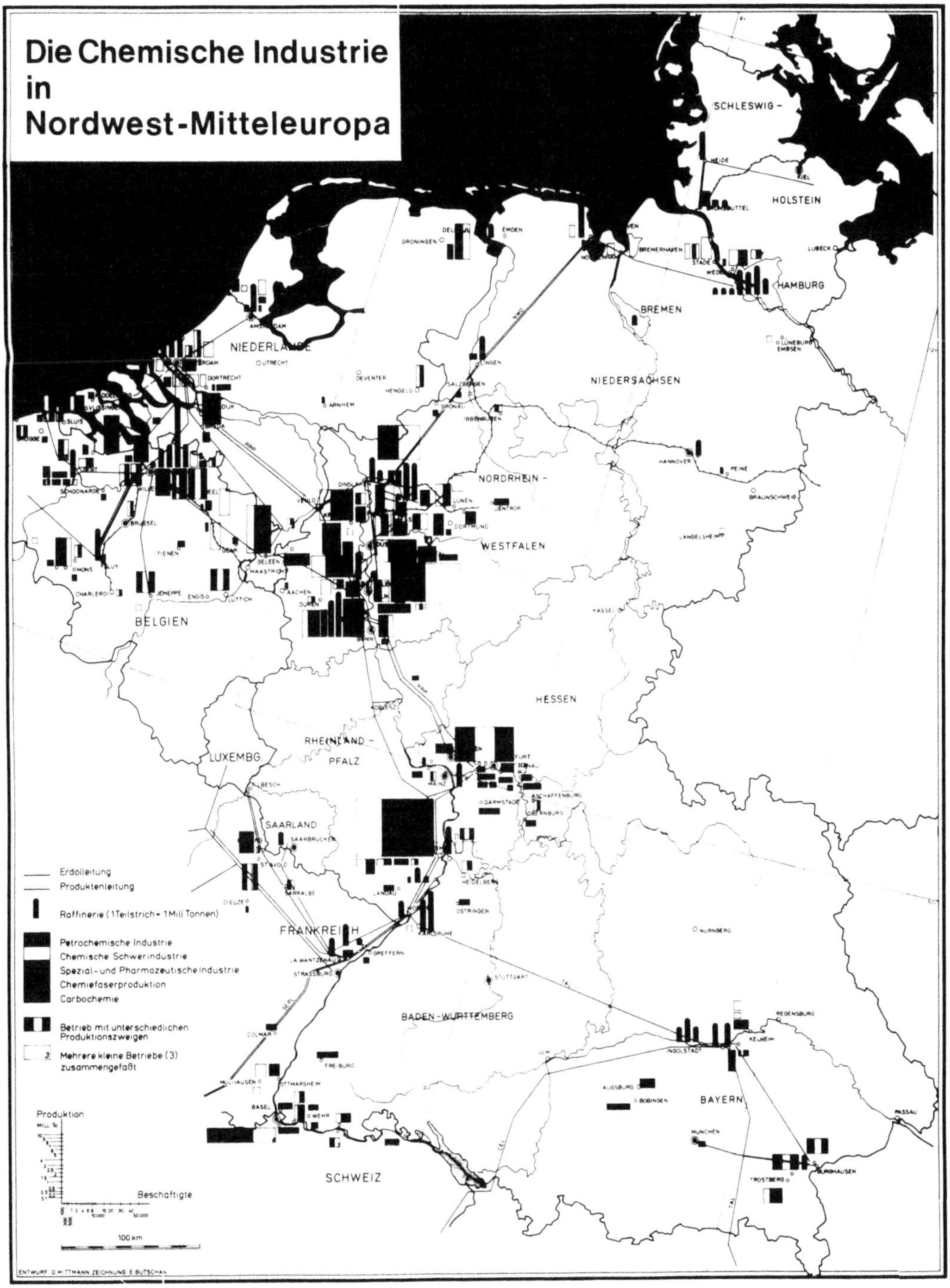

Abb. 22: Chemische Industrie in Nordwest-Mitteleuropa (Stand 1974) nach Mittmann 99)

Andere Unternehmen verfolgen aufgrund ihrer kapitalmäs-sigen Verknüpfung mit der Mineralölindustrie die gleiche Energiebeschaffungspolitik wie diese Unternehmensgruppe und zeigen sich an einem Fremdbezug nicht interessiert.

In Abb. 52 und Abb. A3 sind die Zentren der chemischen Industrie und Petrochemie wiedergegeben. Betrachtet man diese Standorte unter dem Aspekt der Transportkostenbelastung, so ergibt sich folgende Rangordnung der betrachteten Dampfabnehmerzentren (vgl. dazu Tabelle A 11 - A 14, Tab. 21):

Zentrum	Transportkostenbelastung 1,5 t Erz/tES 1 t Braunkohlebrikett/t ES
1. Köln	14 - 18 DM/tES
2. Ruhrgebiet	18 - 24 DM/tES
3. Nordgrenze Ruhrgebiet	24 - 28 DM/tES
4. Wiesbaden	28 - 32 DM/tES
5. Frankfurt	32 - 38 DM/tES
6. Hamburg, Nordseeküste, Ludwigshafen	35 - 40 DM/tES
7. Baseler Raum	56 - 60 DM/tES

Tabelle 21: Ausgewählte Dampfabnahmezentren (s.a.Abb. A1-A3)

Bei einer Dampferzeugung von 3,01 t Dampf/t ES und einer Dampfgutschrift von 14 DM/t ES ergäbe sich eine Gutschrift von 42 DM/t ES, die z.B. den Standortnachteil von Basel gegenüber dem Kölner Raum kompensieren würde, vorausgesetzt, es ist dort ein Markt für ES vorhanden. (Vgl. a.Tab. 10).

6.2.3 Die Dampfeinsatzmöglichkeiten zur Erdölförderung

Die Bedeutung der tertiären Erdölförderung für die Bundesrepublik Deutschland wird deutlich, wenn man die Tatsache berücksichtigt, daß sich die Erdölförderung unter Einbezug der sekundären Phase um insgesamt 205 Mio Tonnen Rohöl steigern ließe. Bis 1975 waren etwa 22% der insgesamt in der Bundesrepublik Deutschland vorhandenen Gesamtmenge von 700 Mio Tonnen gefördert worden. Von dieser Gesamtmenge sind 38% nicht förderbar (vgl. Tabelle 22).

	Fördermengen			
	absolut		kumuliert, bez. auf Potential	
	Mio t	% der Gesamtmenge	Mio t	% der Gesamtmenge
Förderung 1874 - 1975	157	22	-	-
Reserven incl. Primärphase	70	10	70	25
Reserven incl. Sekundärphase	83	11,8	153	56
Reserven incl. Tertiärphase	112,5	17,5	275,5	100
Voraussichtlich nicht förderbar	267,5	38	-	-
	700,0	100	275,5	100

Tabelle 22: Erdölförderung und -förderpotential in den verschiedenen Phasen in der Bundesrepublik Deutschland[100,142)

Ausgehend von dem in Tabelle 22 ersichtlichen Potential ergeben sich zwei Möglichkeiten des Dampfeinsatzes für [179)]

1. die sekundäre Förderung
2. die tertiäre Förderung. [180)]

Bei ersterem Verfahren wird der Dampf direkt zur Erdölförderung eingesetzt und durch zyklische Dampffluten ein Dampftriebmechanismus in Bewegung gesetzt, indem der im Abhitzekessel der Drehrohrofenanlage zyklisch in eine Bohrung eingepreßt wird, um dem meist hochviskosen Öl den Zufluß zur Produktionssonde zu erleichtern. Der Porenraum im näheren Bereich der Sonde muß jedoch von Verstopfungen freigehalten werden. Das Verfahren arbeitet in drei Phasen:

1. Dampfinjektion
2. Einwirkzeit
3. Produktion,

wobei die Länge der drei Verfahrensschritte zur Optimierung verändert werden kann. Mit fortschreitender Anzahl der Injektionszyklen sinkt die Produktivität stark herab. In amerikanischen Feldern wurde mit 3 bbl gefördertes Öl pro 1 bbl dampfförmig eingepreßtes Wasser recht gute Ergebnisse erzielt [100)]. In einem fortgeschrittenen Zeitpunkt kann das Verfahren dann in einen Dampftriebmechanismus überführt werden.

Der Haupteinsatzbereich des Dampfes wird nach Angaben der erdölfördernden Industrie [101)] wohl im Dampffluten zu finden sein, wobei kontinuierlich Dampf in die Lagerstätte eingebracht wird. Versuche zur Erdölförderung in der sekundären Phase sind für 1978 im östlichen Teil des Emslandes [102)] für die Felder Bramberge, Meppen, Hebelmeer, Rühle, Adorf, Adorf-Dalum und Georgsdorf vorgesehen (vgl. Tab. 22 Abb. A1- A3). Für die Versuche wird ein mobiler Dampferzeugungskessel für 40 t/h eingesetzt. Der Dampfeinsatz beträgt 4-5 t Dampf pro t gefördertes Öl mit einem Dampfzustand von 100 bar und 350°C (leicht überhitzter Dampf).

Als Nachteil gelten allgemein die hohen Wärmeverluste bei der Injektion im Bohrloch und an das Trägernebengestein. Die Bohrungen werden stark thermal beansprucht, was insbesondere das Casing zerstören kann. Der bei dieser Verfahrensweise oft in der Förderung anzutreffende Sand kann erhebliche Verschleißprobleme der gesamten Feldausrüstung nach sich ziehen.

Gegenüber der CO_2-Injektion ergibt sich der Nachteil der Dampfzuleitungskosten, der nach Angaben der Industrie auf 15 km nach oben begrenzt ist [102]. Als untere noch wirtschaftliche Fördergrenze beim Heißdampffluten werden ein Einsatzverhältnis von 15 m^3 H_2O-Dampf zu 1 m^3 Rohöl angegeben, wenn der Dampf an der Bohrstelle erzeugt werden muß.

Demgegenüber wird eine untere wirtschaftliche Fördergrenze von 4-5 t Öl/t H_2O-Dampf angegeben, wenn der Dampf wie bei der Abwärmerückgewinnung aus dem Drehrohrofenabgas wirtschaftlich gewonnen werden kann.

Für die Zukunft ergeben sich weitere Dampfeinsatzmöglichkeiten zur Gewinnung von Schwerölen aus den östlich von Göttingen (Nordhausen) befindlichen Teersandlagern, aus denen sich bei einem Einsatzverhältnis von 4-6 t D/t S-Öl etwa 50 Mio Tonnen Schweröl gewinnen lassen [102].

Als Einsatzgebiet für den Dampf können die gleichen Felder angesehen werden, wie die im folgenden (Tabelle 23) beschriebenen, da nach dem Stand der Technik ohnehin am besten wechselweise Dampf- oder CO_2-Betrieb zur Erdölbohrung eingestellt wird. Im allgemeinen schließen sich die im folgenden Verfahren der tertiären Erdölförderung der sekundären an.[177-180]

Standort der CO_2-Erzeugung:	CO_2-Einsatz für das Gebiet [109]:
Lingen:	Westlicher und mittlerer Teil östlicher Teil des Niedersächsischen Beckens (östlich und westlich der Ems)
Vechta:	Mittlerer und westlicher Teil des Niedersächsischen Beckens (das Gebiet zwischen Cloppenburg/Diepholz/Petershagen, Liebenau und Sulingen nördlich des Mittelland-Kanals)
Gifhorn:	Gifhorner Trog (westlich des neuen Elbe-Seitenkanal zwischen Lüneburg und Salzgitter im Süden)
Hamburg:	Hamburger Trog (das Gebiet zwischen Hamburg/Harburg/Lüneburg/Lauenburg/Bergedorf südlich bis südöstlich von Hamburg
Kiel:	Ostholstein-Trog (Gebiet süd-südöstlich von Kiel bis Plön)
Heide/Meldorf:	Westholstein-Trog (Gebiet um Heide)
Memmingen:	Molasse Becken (südwestlicher Teil) südlich Tuttlingen und Gebiet um Memmingen
München:	östlicher Teil des Molasse Beckens (Gebiet östlich von München zwischen München/Rosenheim Traunstein/Mühldorf und Freising)

Tabelle 23 : Versorgungszentren und Erdölfelder für den Einsatz von CO_2 [103,109]

Sowohl zahlreiche Laboruntersuchungen [104,124] als auch die bisher durchgeführten Feldversuche haben den Nachweis erbracht, daß durch den Einsatz von Kohlendioxid eine Verbesserung der Ausbeute in Erdöllagerstätten in nicht unbedeutendem Maße zu erzielen ist. Obwohl das Verfahren nicht unproblematisch erscheint, besonders im Hinblick auf die Korrosionsschäden an der Feldausrüstung, kann es vom rein technischem Standpunkt für eine aussichtsreiche Fördermethode angesehen werden.

In der Literatur werden folgende Ergebnisse über den spezifischen CO_2-Bedarf angegeben:

Feld	Einsatz phase	Einsatzverhältnis t Öl/tCO_2	m³ Öl/tCO_2	Bemerkung Zw.-Ergebnis
Mead-Strawn	tertiär	1,91	1,66	Zw.-Ergebnis
Mead-Strawn	tertiär	2,25	1,96	extrapoliert
Kelly-Snyder	sekundär	1,03	0,9	errechnet
Kelly-Snyder	tertiär	0,11	0,1	gemessen

Tabelle 24 : Ergebnisse von Feldversuchen mit CO_2 in den USA [104)]

Unter Einsatz des Dampfes zur CO_2-Wäsche ergibt sich das in Abb. 53 wiedergegebene Flußbild der Kuppelproduktion, wobei jeweils ein Haupt- und ein Nebenprodukt entstehen und im Nachfolgeprozeß als Betriebsmittel bzw. Rohstoff weiterverwendet werden.

Die für die Zulieferung (von bestimmten Standorten aus) geeigneten Felder liegen in den in Tabelle 23 zusammengestellten Gebieten und weisen nach dem derzeitigen Informationsstand auf einen Bedarf von 500.000 Jato CO_2. Aus technischen und auch aus betriebswirtschaftlichen Gründen wird die Anlage jedoch auf 80 t CO_2/h ausgelegt, was bei einer angenommenen Verfügbarkeit von 7.776 h/a einer Jahresproduktion von 622.000 t CO2 entspricht. In Abb. 64 sind die spezifischen Herstellungskosten für eine 622.000-CO_2-Anlage in Abhängigkeit von der Auslastung zusammengestellt.

Das angelieferte CO_2 darf Verunreinigungen von 5% bis 10% aufweisen [142)]. Zum Transport des CO_2 sind je nach Standort entsprechende Rohrleitungen vorzusehen.

Eine solche Rohrleitung wurde z.B. in den USA über eine Entfernung von 220 Meilen (ca. 350 km) verwirklicht. Es handelt sich dabei um eine 16-Zoll-Rohrleitung (40,64 cm), in

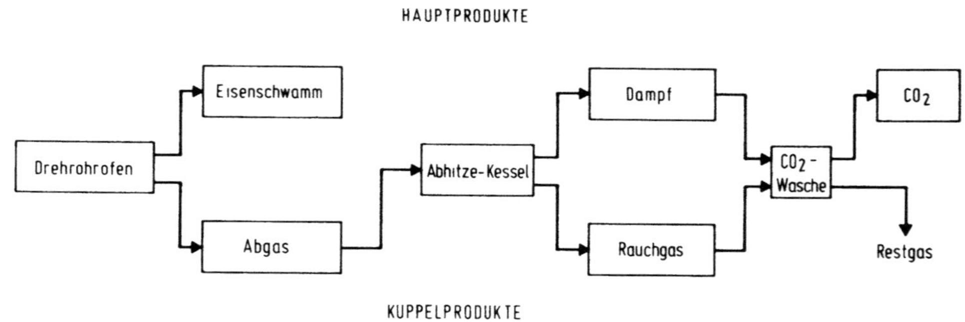

<u>Abb. 53</u> : Kuppelproduktfluß bei der CO_2-Erzeugung mit dem Drehrohrofenabgas

der 200.000.000 cfd (ca. 236.000 m^3/h CO_2 i.N.) vom Val Verde-Becken nach Sacroc, Texas, geleitet werden. Das CO_2 stammt aus Naturgasvorkommen in der Nähe von Terrell und Grey Ranch. Das System arbeitet im Gaszustand und bei Drücken zwischen 100 und 165 bar [104].

In Deutschland ist die Errichtung einer 35 km langen CO_2-Pipeline zwischen Langelsheim und Salzgitter bekannt. Die inzwischen stillgelegte Rohrleitung diente seinerzeit zur Versorgung einer 50.000 t/a N-Harnstoff-Anlage. Es wurden jährlich 170.000 t CO_2 durch die Rohrleitung von etwa 15 cm lichtem Durchmesser und etwa 6 mm Wandstärke geführt. Der Betriebsdruck betrug 200 bar und die Gasgeschwindigkeit etwa 0,8 m/s. Die Leitung war mit Schleusen versehen und durch geeignete Verlegung molchbar errichtet worden [105,106].

Da das CO2 vor dem Transport durch die Rohrleitung zur Vermeidung von Hydratbildung getrocknet wurde, zeigte sich nach fünf Jahren keine Korrosion an der Innenseite der Rohrleitung. Der Schutz gegen Korrosion an der Außenseite ist daher wichtiger als Maßnahmen zur Vermeidung von Korrosion an der Innenseite der Rohrleitung.

Das weitaus größte Projekt für den Einsatz von CO_2 als Abfallprodukt einer NH_3-Anlage mit einer Jahreskapazität von 1,2 Mio Jahrestonnen ist für Rußland geplant, wobei etwa 1 Mio Jato CO_2 einem Einsatzverhältnis CO_2/Öl von 1 für die tertiäre Erdölförderung eingesetzt werden [107].

Bei dem derzeit angebotenen Preis durch die CO_2-Erzeuger von ca. 85 DM/t CO_2 ohne Distributionskosten [108] ist eine wirtschaftliche Erdölförderung nach Aussagen der erdölfördernden Gesellschaften nicht denkbar [102,110,142], da insbesondere durch den Antransport von den Erzeugerlagerstätten über Straße, Bahn oder Pipeline noch entstehende Kosten nicht in obigen Preis enthalten sind. Umsomehr ließen Kontakte mit den erdölfördernden Unternehmen in der Bundesrepublik Deutschland großes Interesse an der Abnahme von großen CO_2-Mengen bei einem Preis von unter 70 DM/t CO_2 und für Mengeneinheiten von 500.000 Jato CO_2 [98,109,142] erkennen. Nach Informationen von der Deutschen Gesellschaft für Mineralölwissenschaft und Kohlechemie eV (DGMK) sind in einer im Jahre 1978 anlaufenden Studie zur Untersuchung alternativer Versorgungsmöglichkeiten der erdölgewinnenden Unternehmen in Deutschland folgende zentral gelegene Zentren der CO_2-Versorgung für die Erdölfelder vorgesehen [109]

Die CO_2-Versorgung eines Erdölfeldes aus dem Abgas einer Drehrohrofenanlage ist in Abb. 55 schematisch wiedergegeben.

Obwohl der Einsatz des CO_2 wegen der Korrosionsgefahr an der Feldausrüstung nicht unproblematisch ist, wird der CO_2-Einsatz als aussichtsreiche und anwendbare Fördermethode in Fachkreisen angesehen [104]. Zudem wird in den Silikattrocknern der Wassergehalt (s. Abb. 55) des Kohlendioxides im wesentlichen reduziert.

Über ein Nomogramm [104] in Abb. 54 läßt bei einem angenommenen Verhältnis von t Öl/t CO_2 sich der maximale CO_2-Preis ermitteln, damit das Projekt noch wirtschaftlich ist. Entsprechend Abb. 59 ist z.B. bei einem Ölpreis von 170 DM/t und zusätzlichen Betriebskosten von 60 DM/t der CO_2-Preis maximal etwa 110 DM/t (entsprechend den Berechnungen von Vicanek [104].

In Tabelle 31 sind die CO_2-Erzeugungskosten für 1977 für eine Kapazität von 80 t/h zusammengestellt, wobei sich spezifische Selbstkosten pro t CO_2 incl. Trocknung und Ver-

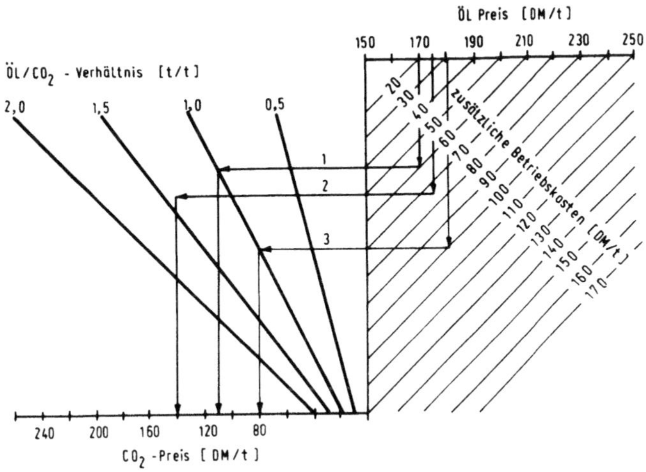

Abb. 54: Nomogramm für die statische Wirtschaftlichkeitsberechnung [104]

dichtung auf 250 bar von 38,36 DM/t CO_2 bei einer Jahresproduktion von 622.000 t CO_2 ergeben. Die Kosten für die CO_2-Produktion ohne Diversifikation betragen in Deutschland etwa 90 DM/t. Für Feldversuche der Preussag sollen etwa 30.000 t/a hochreines CO_2 zum Einsatz gelangen, die über eine Pipeline von der VEBA-Raffinerie direkt dem Feld der Preussag zugeführt werden soll [102,108].

Der Einsatz des CO_2 vom Markt hat den Nachteil, daß dieses eine hohe Reinheit aufweist, die vor allem durch die Getränkeindustrie gefordert wird [108]. Nach Angaben der Texaco sind aber größere Verunreinigungen bis zu ca. 10% zulässig [142]. Die gesamte Kapazität des Marktes, den fünf große Anbieter beherrschen, beträgt derzeit 150.000 t CO_2/a [108]. Der Marktpreis für Großabnehmer schwankt je nach Menge zwischen 130 - 150 DM/t CO_2.

Eine integrierte Anlage zur tertiären Erdölförderung mittels - durch Abwärmedampf erzeugtem - CO_2 zeigt Abb. 55 .

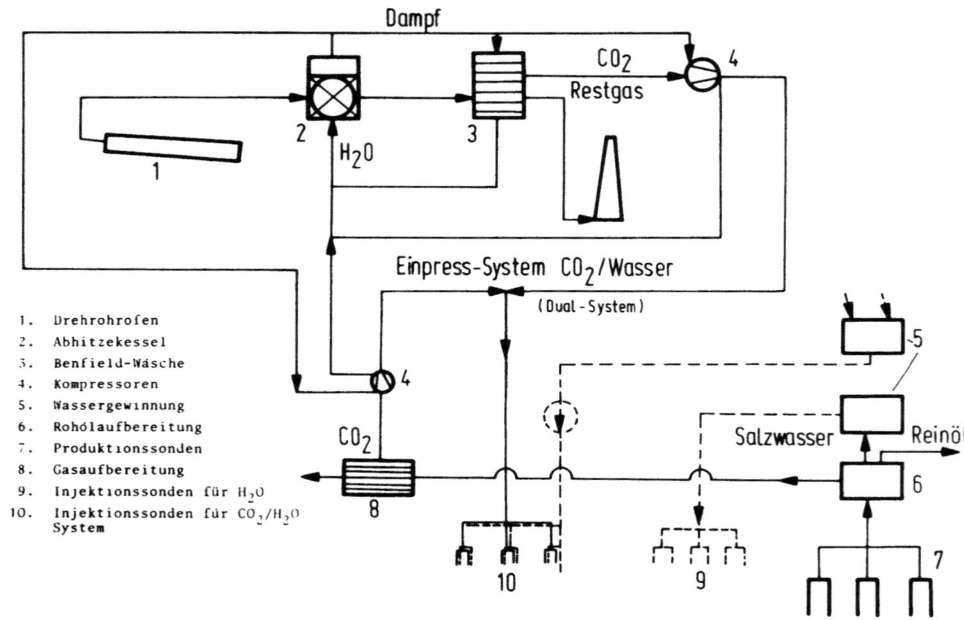

Abb. 55 CO_2-Bereitstellung für die Erdölförderung durch Kopplung einer Drehrohrofenanlage und einer Benfield-Wäsche (vgl. a. 104)

Nach Angaben eines Großherstellers von Pipelines ergeben sich inclusive der Isolierungskosten von DM 43/m Rohr für den Werkstoff St 35 (vgl. Kapitel 8), wie er für den gegebenen Fall eingesetzt werden kann[111], so daß eine Zuleitung selbst über größere Entfernungen wirtschaftlicher ist, als der Tanktransport. Dies gilt jedenfalls für die für deutsche Verhältnisse benötigten Mengen von 500.000 - 622.000 t CO_2/a für jeweils ein Erdölförderungszentrum, von dem aus mehrere Felder bedient werden können.

Durch die Bereitstellung billiger Energie in Form von Dampf für die tertiäre Erdölgewinnung ergeben sich selbst bei großen Entfernungen zum CO_2-Verbraucher noch entsprechend große Gutschriften für das Drehrohrofenverfahren, während auf der anderen Seite das CO_2 den erdölfördernden Gesellschaften für einen Preis von 60 - 80 DM/t CO_2 angeboten werden kann (Kostenrechnung s. Kapitel 8 , Abb. 64).

Wie diese Erfahrungen zeigen, dürften der Versorgung der Erdölfelder mit CO_2 aus der Drehrohrofenanlage keine unüberwindlichen technischen Schwierigkeiten entgegenstehen. Die Reduzierung der Kosten für diese Rohrleitung kann durch Wahl eines günstigen Standortes für die Eisenschwammerzeugungsanlage unterstützt werden, was in Kapitel 9 noch eingehender untersucht wird.

6.2.4 Die Dampflieferung an Kraftwerke

Wie bereits in Abschnitt 6.1 dargelegt, ist eine Dampfabgabe an öffentliche Kraftwerke (Kondensationskraftwerke) wegen der Preispolitik[140] der Energieversorgungsbetriebe nicht möglich. Außerdem sind zumeist Kessel und Turbine derart aufeinander abgestimmt, daß eine Dampfzuleitung technisch zusätzliche Probleme ergäbe. Desweiteren haben Großkraftwerke meist die obere Grenze der SO_2-Belastung erreicht, so daß wegen der Anlagenbestimmung meist der Standort für die Errichtung einer Drehrohrofenanlage entfällt. Ein weiterer Grund für die ablehnende Haltung ist die Tatsache, daß die Kraftwerke teilweise selber als Dampflieferanten auftreten. Dagegen wäre die Einspeisung in ein Industriekraftwerk

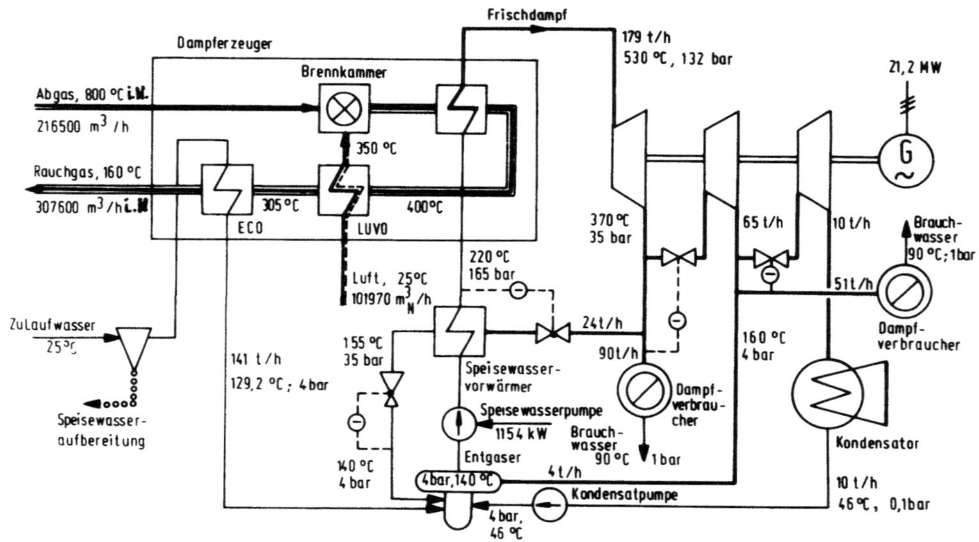

Abb. 55: Wärmeschaltbild eines Industriekraftwerkes zur Dampf- und Stromerzeugung mittels des Drehrohrofenabgases

sinnvoller, wie im folgenden Kapitel gezeigt wird, weil es sowohl die Stromversorgung wie auch die Prozeßdampflieferung übernehmen kann (vgl. a. Kap. 6.1).

Dampf wird von den Kraftwerken nur von Stromgroßabnehmern übernommen, aber dies sind Sonderfälle, so daß im allgemeinen eine Abwärmenutzung durch die wirtschaftlich-technische Konzeption ausgeschlossen ist.

7.0 Die Auslegung spezieller Anlagen der Abwärmenutzung

7.1 Industriekraftwerk zur Nutzung des Drehrohrofenabgases

Die Erwägungen in den Abschnitten 5.1 bis 5.3 führen zu dem in Abbildung 55 dargestellten Wärmeschaltbild eines Industriekraftwerkes zur Dampf- und Stromerzeugung mittels des Drehrohrofenabgases. Der dargestellte Ablauf soll nachstehend kurz erläutert werden (vgl.Abb. 55, S. 114).

Das 800°C heiße Drehrohrofenabgas wird unter Luftzufuhr in der Brennkammer verbrannt. Dieser Vorgang wurde bereits eingehend unter Abschnitt 3. dieser Arbeit untersucht. Mit den Rauchgasen der Verbrennung wird zuerst überhitzter Dampf von 132 bar, 530°C erzeugt, dann die zugeführte Verbrennungsluft auf 350°C vorgewärmt und anschließend das dem Wasserkreislauf zugeführte Speisewasser auf ca. 130°C aufgeheizt. [188]

Die Rauchgase verlassen den Abhitzekessel mit einer Temperatur von 160°C. Diese Vorgänge sind im Bilanzdiagramm des Abhitzekessels nach Abb. 31 im Abschnitt 4.5 unter Vorwegnahme dieser Überlegungen bereits eingezeichnet.

Das zugeführte Speisewasser (ca. 140 m^3/h) wird aufbereitet (vgl. Abschnitt 5.1) und nach der oben geschilderten Aufheizung auf 130°C im Entgaser mit Kondensatsammelbehälter bei 140°C thermisch entgast. Es handelt sich dabei um einen im Kraftwerksbetrieb üblichen Druckentgaser.

Die zur Entgasung erforderliche Aufheizung erfolgt durch Zufuhr von ca. 4 t Dampf/h von 4 bar und 160°C. Nach der Entgasung bewirkt die Speisewasserpumpe eine Druckerhöhung auf 165 bar. Damit ist der nötige Gegendruck für den Frischdampf mit genügenden Reserven zur Überwindung der Druckverluste im Abhitzekessel vorhanden.

Im nachfolgenden Speisewasservorwärmer wird das Wasser auf 220°C erhitzt. Dies ist, wie bereits in Abschnitt 5.1 erläutert, eine für diese Druckstufe übliche Vorwärmtemperatur. Die Erwärmung erfolgt mit ca. 24 t Dampf/h von 35 bar und 370°C aus der ersten Turbine. Das Kondensat/Dampfgemisch wird auf 4 bar entspannt, dem Entgaser zugeleitet und erhöht dort noch geringfügig die Speisewassertemperatur.

Die im Wärmeschaltbild dargestellte einstufige Speisewasservorwärmung stellt eine starke Vereinfachung dar. In dieser Arbeit ist es jedoch wegen des weitgesteckten Rahmens der Arbeit und dem frühen Planungsstadium nicht möglich und auch nicht erforderlich, eine detaillierte mehrstufige Speisewasservorwärmung, die in diesem Fall in etwa 6 bis 7 Stufen erfolgen müßte, durchzurechnen und explizit darzustellen. Mit den Ausführungen in Abschnitt 5.1 wurde aber auf die Vorteile einer mehrstufigen Speisewasservorwärmung bereits hingewiesen.

Die von dem Drehrohrofenabgas im Abhitzekessel an das Speisewasser abgegebene Energie führt zur Erzeugung von ca. 179 t Dampf/h von 132 bar und 530°C. Diese gesamte Dampfmenge wird in der ersten Turbine auf 35 bar bei 370°C entspannt und erzeugt am Generator dabei eine Leistung von ca. 13,2 MW. Von diesem Dampf werden sofort ca. 24 t/h für die Speisewasservorwärmung abgezweigt, d.h. intern verbraucht. Es stehen demnach nach der ersten Turbinenstufe noch ca. 155 t Dampf/h von 35 bar und 370°C für einen Fremdverbraucher zur Verfügung (vgl. Abb. 56).

Für die weiteren Überlegungen wurde beispielhaft eine denkbare Verbrauchssituation angenommen und die Rechnung dafür durchgeführt. Es wurde davon ausgegangen, daß der potentielle Dampfverbraucher 90 t Dampf/h bei 4 bar und 160°C abnehmen will. Für diesen Fall können weiter 65 t Dampf/h in einer Turbine entspannt werden, und zwar von 35 auf 4 bar. Dabei wird diesmal eine weitere Leistung von 6,7 MW für die Stromerzeugung freigesetzt. Von den jetzt zur Verfügung stehenden 65 t Dampf/h (4 bar, 160°C) werden 4 t/h wiederum intern für den Entgaser verbraucht, so daß nach der zweiten Turbi-

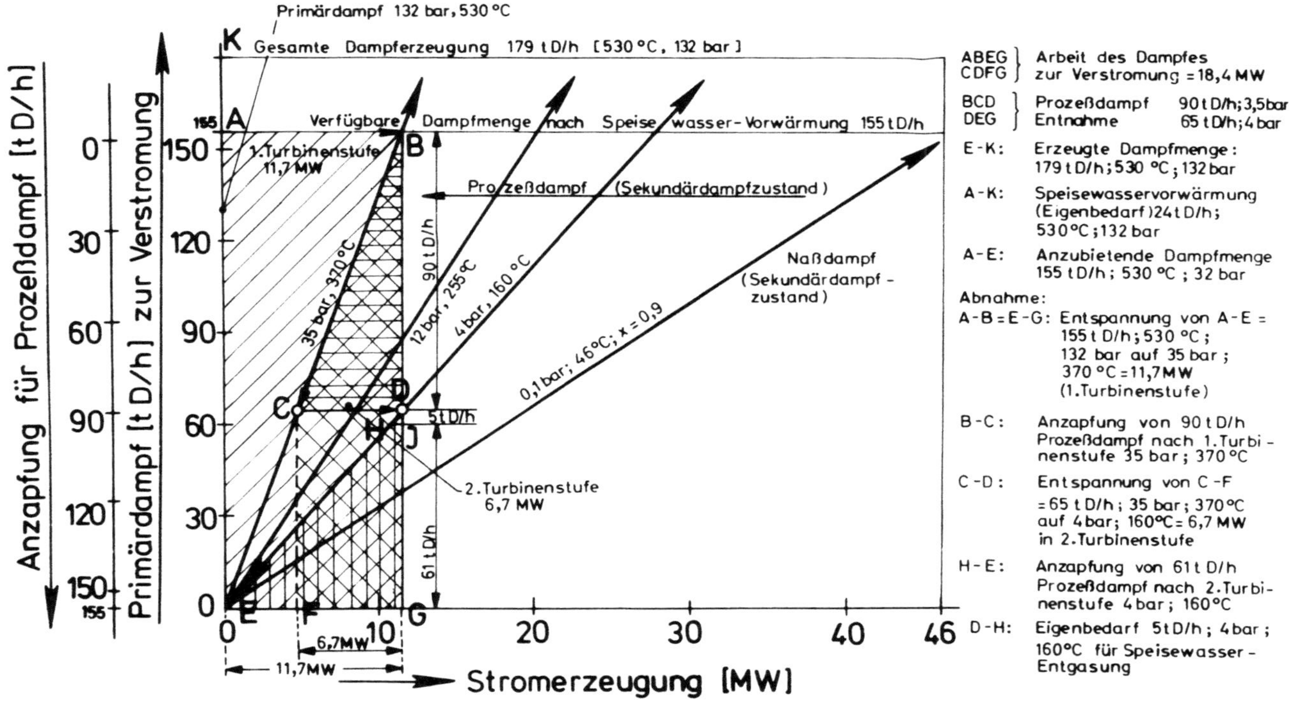

Abb. 56: Strom- und Dampferzeugung des Industriekraftwerkes mit der Drehrohrofenabwärme in Abhängigkeit vom gewählten Sekundärdampfzustand

nenstufe ca. 61 t Dampf/h von einem Fremdverbraucher genutzt werden können.

Da aber die Annahme davon ausging, daß der Verbraucher nur 51 t Dampf/h (4 bar, 160°C) abnimmt, ist eine Möglichkeit geschaffen, den bei wechselndem Dampfverbrauch üblichen Überschuß in einer dritten Turbine bis auf den durch die Endnässe begrenzten Zustand zu entspannen. Im vorliegenden Beispiel werden noch 10 t Dampf/h von 4 bar, 160°C, auf 0,1 bar $x = 0{,}9$ in der letzten Turbinenstufe entspannt, kondensiert und dem Kreislauf wieder zugeführt. Hierbei werden weitere 1,2 MW für die Stromerzeugung frei. Zur Kondensation sind bei einer angenommenen Kühlwassertemperatur von 30°C ca. 570 m^3/h Kühlwasser erforderlich [181]. Die mit dem Drehrohrofenabgas erzeugbare Dampfmenge ist in Abhängigkeit vom einzustellenden Dampfzustand in Abb. 44 wiedergegeben.

Zieht man für das vorstehende Beispiel Bilanz, so erhält man durch die Verbrennung des Drehrohrofenabgases im Abhitzekessel unter gleichzeitiger Dampferzeugung für den Verbraucher:

- Prozeßdampf (35 bar, 370°C):	90 t/h
- Prozeßdampf (4 bar, 160°C):	51 t/h
Stromerzeugung insgesamt	21,1 MW .

Andere Kombinationsmöglichkeiten der Dampf- und Stromerzeugung mit diesem Kraftwerk können der Abb. 56 entnommen werden.

Auf die Schwierigkeiten bei der Abgabe von Strom und Dampf wurde im Abschnitt 6.1 eingegangen.

Für das vorliegende Beispiel eines Industriekraftwerkes ist zur Verdeutlichung der Energieflüsse und zur thermodynamischen Bewertung der Gesamtanlage ein komplettes Exergie-Anergie-Diagramm berechnet und gezeichnet worden (Abb. 57).

Dazu wurden die Zustandsgrößen des Rauchgases, des Speisewassers und des Dampfes hinter jeder Stufe, in der sie Zustandsänderungen erfuhren, berechnet und die Exergie und

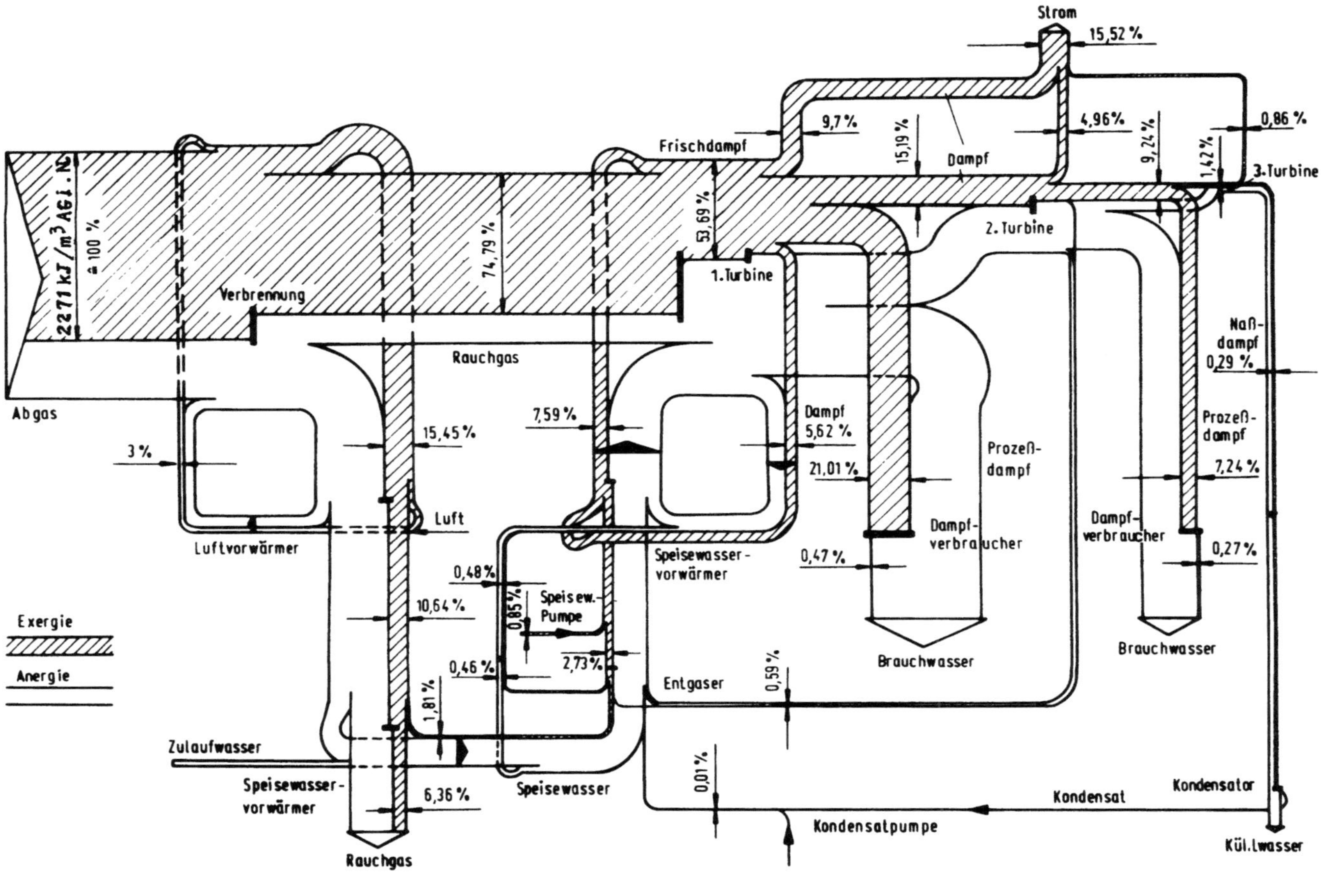

Abb. 57 : Exergie-Anergie-Diagramm eines Industriekraftwerkes zur Drehrohrabwärmenutzung

die Anergie dort festgestellt. Die im Drehrohrofenabgas enthaltene Exergie wurde dabei gleich 100% gesetzt und die übrigen Exergieströme entsprechend bewertet.

Neben der allgemeinen Übersicht über den Energieverlauf im Kraftwerk sind in diesem Diagramm sehr deutlich die großen Exergieverluste bei der Verbrennung und bei der Dampferzeugung zu sehen. Auch der relativ geringe Einfluß der Luftvorwärmung für diesen Fall ist aus dem Diagramm zu erkennen, da der zur Verbrennung theoretisch erforderliche Luftanteil relativ gering ist (nach Abschn. 4.2: 0,336 kmol/kmol Abgas).

7.2 CO_2-Rückgewinnung

7.2.1 Vorbemerkungen

Die Tabelle 9 in Abschnitt 4.3 gibt die Rauchgaszusammensetzung an. Aus dieser Tabelle ist zu entnehmen, daß das Rauchgas noch 18,9 Vo.-% CO_2 enthält, d.h. in den 307.600 m^3/h i.N. Rauchgas sind ca. 114 t CO_2/h i.N. enthalten. Da in der Erdölindustrie ein potentieller Abnehmer[124] für dieses CO_2 vorhanden ist, vergl. Abschn. 6.2.3 , ist es sinnvoll, die Möglichkeiten der Rückgewinnung, sowohl in technischer als auch in wirtschaftlicher Hinsicht zu untersuchen.

Auf eine eingehende Untersuchung der Beurteilung der zahlreichen Gaswäschen nach dem wirtschaftlichen Einsatz zur CO_2-Gewinnung aus dem Rauchgas des eingesetzten Abhitzekessels soll hier nicht näher eingegangen werden. Es wird stattdessen auf die Literatur verwiesen[93,111,112,113].
In Anlehnung an den Durchsetzungsgrad und an Erfahrungen, die in den USA bei Einsatz der Benfieldwäsche (vgl. Kap. 6.2.3 zur Lösung ähnlich gelagerter Probleme erzielt resp. gewonnen wurden, wurde in Zusammenarbeit mit der Industrie[47,87,98,102,105,106] eine Benfield-Anlage ausgelegt, kostenmäßig erfaßt und wird im folgenden beschrieben[108,109,110,114,142].

7.2.2 Anlage zur CO_2-Gewinnung aus dem Drehrohrofenabgas nach dem Benfield-Verfahren

In der Abb. 58 ist die gesamte Anlage zur CO_2-Erzeugung einschließlich einer speziell darauf zugeschnittenen Dampferzeugungsanlage dargestellt. Wie diesem Schema zu entnehmen ist, wird das Rauchgas nach dem Abhitzekessel erst vorgereinigt und dann in einem Elektrofilter endgültig vom Staub befreit (vgl. Abschn. 7.3).

Wie in Abschn. 8.0 noch zu erläutern sein wird, ist eine Produktion von 80 t CO_2/h anzustreben. Da dafür nicht das gesamte Rauchgas erforderlich ist, wird ein Teil davon (92.100 m^3/h i.N.) sogleich über einen Kamin in die Umgebung abgeleitet.

Bei Abnahmeschwankungen z.B. auch bei Ausfall der Erdölförderung kann das gesamte Rauchgas über den Kamin an die Umwelt abgegeben werden. Das gleiche gilt bei Störungen der gesamten Benfield-Anlage. Der restliche Rauchgasstrom von 215.500 m^3/h i.N. geht in die CO_2-Waschanlage. Dieses Gas muß vor Eintritt in die CO_2-Wäsche auf 30 bar verdichtet werden, da nur bei diesem Druck die große Gasmenge noch in einer einsträngigen Waschanlage verarbeitet werden kann [114]
Das Rauchgas durchströmt den Wascher entgegen der Lage. Dabei wird Kohlensäure und Schwefelwasserstoff absorbiert:

$$K_2CO_3 + CO_2 + H_2O \rightleftharpoons 2KHCO_3 \quad (21)$$

$$K_2CO_3 + H_2S \rightleftharpoons KHS + KHCO_3 \quad (22)$$

wobei Kohlenoxidsulfid und Schwefelkohlenstoff teilweise hydrolisieren.

$$COS + H_2O \longrightarrow CO_2 + H_2S \quad (23)$$

$$CS_2 + 2H_2O \longleftarrow CO_2 + 2H_2S \quad (24).$$

Die Beladung wie auch die Regeneration der Lauge werden, wie bereits gesagt, durch Aktivatoren begünstigt.

Die beladene Lauge wird in den Kopf des Regenerators geleitet, entspannt und mittels Dampf, der dem Laugekocher entstammt, regeneriert. Sie wird dann in den Wäscher zurückgepumpt, während die sauren Brüden im Kondensator von Dampf und Lauge befreit werden.

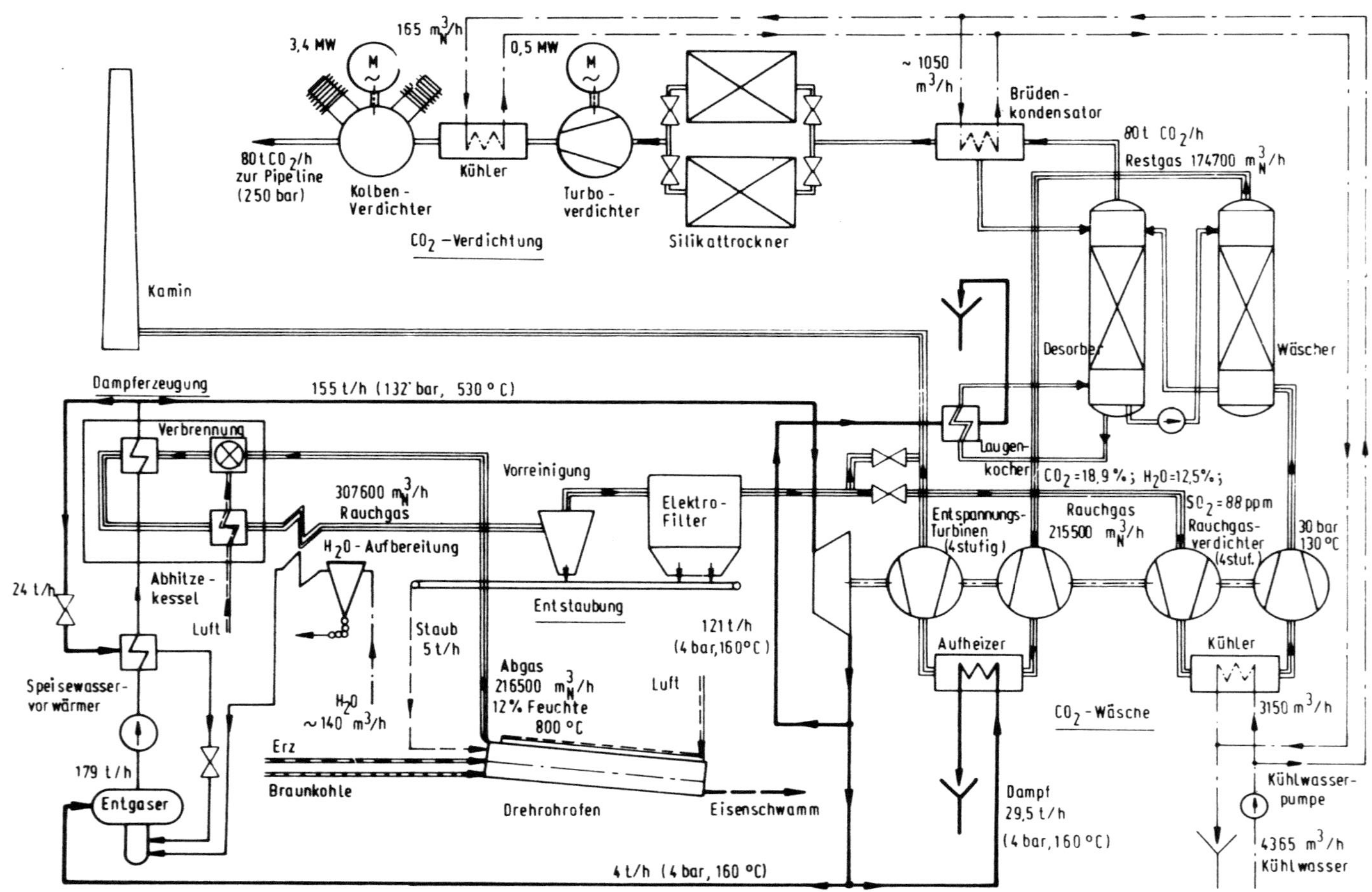

Abb.58 Schema eines Anlagenkomlexes: Drehrohrofen, Benfield-Wäsche, Silikat-Trockner und CO_2-Verdichtung

Ein wesentlicher Vorteil der Benfield-Wäsche ist es, daß die Temperatur der Absorption und der Regenerierung nicht sehr verschieden sind. Sie liegen nahe dem Siedepunkt der Lauge, so daß keine großen Wärmetauscher nötig sind. Mittels Inhibitoren wird die Korrosionsgefahr der Lauge berührten Kohlenstoffstahlteile verhindert [105].

Das von CO_2 befreite Rauchgas (174.700 m^3/h i.N.) wird unmittelbar nach der Wäsche mehrstufig in Turbinen wieder auf nahezu Umgebungsdruck entspannt und danach dem Kamin zugeleitet. Bei dieser Entspannung wird ein großer Teil der Verdichtungsenergie zurückgewonnen. Das ausgewaschene CO_2 wird durch Silikattrockner geführt und der Verdichtungsstation zugeleitet. Dort wird das CO_2 auf etwa 250 bar komprimiert und mit diesem Druck der Anschlußstelle an die Pipeline zur Verfügung gestellt.

In den nachfolgenden Abschnitten werden einige wesentliche Punkte der Anlage noch etwas genauer untersucht und erläutert.

Treten Störungen bei der CO_2-Abnahme oder der CO_2-Förderung auf, so kann entweder das nichtkomprimierte CO_2-Gas problemlos an die Umgebung abgegeben werden oder das komprimierte CO_2 in Druckbehältern gelagert werden.

7.2.3 Entschwefelung des Rauchgases

Das Rauchgas enthält nach Tabelle 9 noch 0,0088 % Schwefel.

Es bietet sich eine Entschwefelung des Rauchgases an, die über eine Sodawäsche erfolgen könnte, wobei folgende Umsetzung erfolgt (z. B. Naßwäsche):

$$Na_2CO_3 + SO_2 \longrightarrow Na_2SO_3 + CO_2 \qquad (25)$$

Daraus ergibt sich bei einem Wirkungsgrad von etwa 65% ein Bedarf von 2,55 kg Na_2CO_3/kg SO_2. Setzt man eine 7 Gew-% Na_2CO_3-Lösung voraus, so benötigt man 2.018 kg Na_2CO_3 -Lösung/h.

Das aus der Schwefelwäsche entstehende Na-Sulfit kann in einer Anlage zu $NaSO_4$ (Düngemittel) umgearbeitet werden. Dies würde eine weitere Koppelproduktion bedeuten und neben den Investitionskosten für die Entschwefelung zusätzliche Investitionskosten für die Düngemittelherstellung nach sich ziehen.

Da aber andererseits der SO_2-Gehalt des Rauchgases mit 88 ppm, hervorgerufen durch den Einsatz rheinischer Braunkohle, sehr gering ist und auch keine hohen Anforderungen an die Endreinheit des CO_2 gestellt werden, scheint es vertretbar, in diesem Fall auf eine Entschwefelung des Rauchgases zu verzichten. Eventuell durch den Schwefelgehalt auftretende Probleme im Wäscher und in den Kompressoren können durch Einsatz entsprechender Materialien bewältigt werden. Ein weiteres wichtiges Argument ist die geringe Umweltbelastung, da das SO_2 mit dem CO_2 bei der tertiären Erdölgewinnung in die Kavernen eingedrückt wird und somit ein Anspruch auf Abschreibungsvorteile nach § 7d des EStG (vgl. Kap. 6.1) für umweltfreundliche Anlagen geltend gemacht werden kann.

7.2.4 Rauchgasverdichtung+)

Wie dem Anlagenschema zu entnehmen ist, müssen vor der CO_2-Wäsche 216.500 m^3 Rauchgas/h i.N. von ca. 1 bar auf 30 bar

+) Da das Drehrohrofenabgas entstaubt wird, ist eine Rauchgasentstaubung nicht mehr notwendig. Die Entstaubung des Drehofenabgases wird in Kap. 7.3 ausführlich behandelt.

verdichtet werden. Diese Verdichtung muß mehrgehäusig erfolgen, damit zwischengekühlt werden kann. Für den vorgegebenen Fall wird von einer viergehäusigen Verdichtung ausgegangen [115).

Nach der neuesten Entwicklung [48) kann die Benfield-Wäsche auch wirtschaftlich bei niedrigeren Drücken von ca. 8 bar durchgeführt werden. Damit werden zwar wegen des größeren Volumens die Investkosten für die notwendigerweise größeren Aggregate höher liegen, aber andererseits der Dampfverbrauch geringer. Die Wahl der Prozeßführung ist den besonderen Anforderungen anzupassen.

Ein Vergleich der Adiabatenexponenten χ von Hochofengas ($\chi = 1{,}4$), Koks- ($\chi = 1{,}37$) und Erdgas ($\chi = 1{,}32$) läßt die Annahme von $\chi = 1{,}35$ für Rauchgas als gerechtfertigt erscheinen.

Aus der Zusammensetzung des Rauchgases nach Tabelle 9 ergibt sich ein Molekulargewicht von 29,853 kg/kmol. Damit erhält man über die allgemeine Gaskonstante die Gaskonstante des Rauchgases zu:

$$R_{RG} = 0{,}279 \text{ kJ/kg K}. \qquad (26)$$

Geht man davon aus, daß das Rauchgas vor der ersten Verdichterstufe mit 150°C ankommt und jeweils vor jedem weiteren Verdichtungsvorgang isobar auf 150°C heruntergekühlt wird, so erhält man bei adiabater Verdichtung die spezifische Verdichterarbeit mit Gleichung [116):

$$w_{a,v} = \frac{\chi\, z\, R\, T_1}{(\chi - 1)\, \eta_{s,v}} \cdot \left[\left(\frac{p_2}{p_1} \right)^{\frac{\chi - 1}{z \cdot \chi}} - 1 \right] \qquad (27)$$

Für die vierstufige Verdichtung des Rauchgases auf 30 bar ergibt sich die spezifische Verdichterleistung unter Annahme eines isentropen Verdichtungswirkungsgrades $\eta_{s,v} = 0{,}8$ damit zu:

$$w_a = 561{,}36 \text{ kJ/kg.} \tag{28}$$

Die gesamte erforderliche Verdichterleistung erhält man mit Gleichung

$$p = \dot{m}\, w_a. \tag{29}$$

Bei 216.500 m^3 Rauchgas/h i.N. und einem Molekulargewicht des Rauchgases von 29,853 kg/kmol errechnen sich 287.203 kg Rauchgas/h. Mit Gleichung (29) ergibt das für die vierstufige Verdichtung:

$$p_V = 44.785 \text{ kW.} \tag{30}$$

Ein großer Teil dieser erforderlichen Leistung wird durch die Entspannung des Restgases in einer Turbine aufgebracht. Das Restgas hat eine andere Zusammensetzung als das Rauchgas, da das CO_2 in der Wäsche entzogen wird. Daraus ergibt sich ein geringeres Molekulargewicht des Restgases, und zwar 26,55 kg/kmol. Dies führt auch zu einer anderen Gaskonstante. Diese Gaskonstante beträgt R = 0,313 kJ/kg K. Bei einer adiabaten Entspannung des Rauchgases in vier Stufen mit Zwischenaufheizung nach jeder Entspannungsstufe auf ca. 52°C, die genauer in Abschn. 7.2.5 beschrieben ist, erhält man mit Gleichung (31) die spezifische wiedergewonnene Energie:

$$w_{a,T} = \eta_{s,T} \frac{x}{x-1}\, z\, R\, T_1 \left[1 - \left(\frac{p_2}{p_1}\right)^{\frac{x-1}{z \cdot x}}\right] \tag{31}$$

Mit einem isentropen Turbinenwirkungsgrad $\eta_{s,T} = 0{,}8$ und $\chi = 1{,}35$ ergibt sich:

$$w_{a,T} = 300{,}7 \text{ kJ/kg.} \qquad (32)$$

Bei 174.700 m^3 i.N. Restgas/h und einem Molekulargewicht von 26,551 kg/kmol erhält man - ideales Gas vorausgesetzt - 207.075 kg/h. Mit Gleichung (31) und der soeben errechneten spezifischen Turbinenleistung führt dies zu einer wiedergewonnenen Energie aus dem Restgas von:

$$P_T = 17.296 \text{ kW.} \qquad (33)$$

Zieht man diesen Wert von der erforderlichen Verdichterleistung ab, so erhält man eine Leistung von:

$$P_D = 27.489 \text{ kW,} \qquad (34)$$

die noch durch eine Dampfturbine aufzubringen sind.

Bei der Auslegung der Verdichtungsanlage ergibt sich ein Konflikt zwischen der Wahl einer großen Stufenzahl mit hohen Investitionskosten und der Wahl einer geringen Zahl von Verdichtungsstufen mit höherem Leistungsbedarf. Zusätzlich wäre es noch wünschenswert, das Gas zwischen den einzelnen Verdichtungsstufen möglichst tief abzukühlen, um kleinere Volumina und damit kleinere Maschinen zu erhalten. Dem stehen wieder andere Schwierigkeiten, wie z.B.Tropfenschlag bei der Taupunktunterschreitung und höherer Kühlwasserverbrauch entgegen. Es wurde deshalb versucht, mit dem Know-how einer einschlägigen Verdichterbaufirma diese Fragen abzuklären.

7.2.5 Dampfbedarf der CO_2-Wäsche

Geht man davon aus, daß Dampf von 132 bar, 530°C bereitgestellt wird (vgl. Abschn. 7.1), so gibt dieser Dampf bei einer Entspannung auf 4 bar, 160°C eine Energie von 640,7 kJ/kg ab. Daher ist für die Erzeugung der 27,49 MW, siehe Abschn. 7.1 , eine Dampfmenge von 154,5 t/h erforderlich, d.h. nahezu die gesamte erzeugte Hochdruckdampfmenge von ca. 155 t/h wird für die Verdichtung benötigt. Nach der Turbine steht dieser Dampf allerdings noch als Dampf von 4 bar und 160°C zur weiteren Verwendung zur Verfügung.

Aus den Angaben über den Prozeßdampfbedarf einer CO_2-Waschanlage zur Verarbeitung von 85.000 m^3 Rauchgas/h i.N. [90] mit 48 t/h Dampf von 4 bar wurde der Dampfbedarf der vorliegenden Anlage auf 121,0 t Dampf/h hochgerechnet. Dies entspricht einem spezifischen Dampfverbrauch von 1,51 t/h die für andere Zwecke eingesetzt werden können. Dazu bietet sich - neben der Vorwärmung des Speisewassers zur Entgasung - die Zwischenaufheizung des Restgases zwischen den einzelnen Entspannungsstufen an.

Geht man davon aus, daß die Temperatur des Restgases in der Turbine nicht unter T_2 = 52°C absinken soll, damit bei 1 bar der Taupunkt nicht unterschritten wird, errechnet sich die Temperatur T_1, auf die das Gas vor jeder Entspannungsstufe aufgeheizt werden muß, mit der Gleichung:

$$T_1 = \frac{T_2}{\left(\frac{P_2}{P_1}\right)^{\frac{\chi-1}{\chi}}} \qquad (35)$$

Da sich bei z = 4 Druckstufen mit Gleichung

$$P_z = \sqrt[z]{P_{tot}} \qquad (36)$$

ein Druckstufenverhältnis von p_z = 2,34 ergibt, erhält man mit Gleichung (27), $\chi = 1{,}35$ - ähnlich dem Rauchgas vorausgesetzt - die Temperatur

$$T_{1,min} = 405{,}2 \text{ K.} \qquad (37)$$

Das Restgas muß also vor jeder Entspannungsstufe auf ca. 132,2°C aufgeheizt werden, damit nach der Entspannung 52°C nicht unterschritten werden.

Vergleicht man die spezifischen Wärmekapazitäten von Hochofengas ($c_p = 0{,}334$), Koksofengas ($c_p = 0{,}345$) und Erdgas ($c_p = 0{,}399$) bei 200°C [52], so wird der Fehler nicht allzu groß sein, wenn man für die nachfolgenden Rechnungen die spezifische Wärmekapazität sowohl des Rauchgases als auch des Restgases mit $c_p = 0{,}35$ kcal/m³ · K ansetzt. Dies entspricht 1,465 kJ/m³ · K. Die erforderliche zuzuführende Wärmemenge für die oben berechnete Temperaturerhöhung ergibt sich dann für V = 174.700 m³ Restgas/h i.N. mit Gleichung:

$$Q = V \, c_p \, T. \qquad (38)$$

Da das Restgas mit ca. 130°C den Wäscher verläßt, ist eine Aufheizung vor der ersten Entspannungsstufe nicht erforderlich. Die Gastemperatur ergibt sich analog der Gl. 35 nach der 1. Stufe zu 50,3°C. Eine Aufheizung auf die geforderten 117,2°C vor der nächsten Stufe erfordert nach Gl. 38 eine Wärmemenge von:

$$Q_1 = 5.823 \text{ kW.} \qquad (39)$$

Vor der zweiten und dritten Stufe ist dann eine Aufheizung von 52°C auf 132,2°C erforderlich. Dazu werden jeweils

$$Q_{2,3} = 5.702 \text{ kW} \qquad (40)$$

benötigt, so daß sich der Gesamtbedarf für die Zwischenaufheizung auf

$$Q_{tot} = 17.227 \text{ kW} \qquad (41)$$

beläuft.

Von den 33,5 t Dampf/h (4 bar, 160°C) die - wie oben gezeigt - nach der Entnahme des Prozeßdampfes für die Wäsche noch übrig bleiben, werden ca. 4 t/h für die Vorwärmung des Speisewassers zur Entgasung benötigt. Mit den restlichen 29,5 t/h kann die Aufheizung des Restgases auf 132,2°C erfolgen. Im Gegenstromwärmetauscher gibt der Dampf unter Kondensation und Abkühlung auf ca. 140°C genau die geforderten 17.227 kW an das mit 52°C eintretende Restgas ab.

Der Dampfverbrauch für die CO_2-Wäsche und die Dampferzeugung durch Drehrohrofenabgas ist damit ausgeglichen.

Es konnten im Rahmen dieser Arbeit die eventuell zu erwartenden Schwierigkeiten, die in der Restgasturbine durch den hohen H_2O-Anteil des Gases und die niedrige Temperatur entstehen können, nicht geklärt werden. Wollte man diese Schwierigkeiten auf jeden Fall umgehen, so müßte das Restgas zwischen den einzelnen Entspannungsstufen auf etwa 150°C aufgeheizt werden. Die dazu erforderliche Energie wäre größer als die mit der Turbine zurückgewonnene Energie und der Dampfverbrauch für die Heizung ungleich größer als im vorgerechneten Fall, da bei 150°C die Kondensationswärme des Dampfes für die Heizung nicht genutzt werden kann.

Ausgehend von der bereits erwähnten kleineren CO_2- Waschanlage zur Verarbeitung von 85.000 m^3/h Rauchgas i.N. wurde der zusätzliche Bedarf an elektrischer Energie für Pumpen etc. auf 2 MW hochgerechnet [188)]

7.2.6 Kühlwasserbedarf der CO_2-Wäsche

Für die Brüdenkondensation nach dem Desorber beträgt der Kühlwasserbedarf ca. 1.050 m^3/h. Dieser Wert wurde - wie bereits der Dampfbedarf - nach Industrieinformationen [114] - von einer kleineren Anlage hochgerechnet.

Der Bedarf für die Zwischenkühlung des Rauchgases errechnet sich mit der Gleichung:

$$m_{H_2O,v} = \frac{z\,\dot{V}_{RG}\,c_{p,RG}}{c_{p,H_2O}} \; \frac{T_{1,RG}}{T_{H_2O}} \left[\left(\sqrt[z]{p_{tot}} \right)^{\frac{\chi-1}{\chi}} - 1 \right] \qquad (42)$$

Läßt man eine Kühlwassertemperaturerhöhung von $T_{H_2O} = 10^oC$ zu, so erhält man mit $c_{p,H_2O} = 4{,}1868$ kJ/kg K und den bereits bekannten Werten aus den vorhergehenden Abschnitten die Kühlwassermenge:

$$m_{H_2O,v} = 3.150 \; m^3/h. \qquad (43)$$

Der Gesamtbedarf an Kühlwasser für die CO_2-Wäsche (ohne Verdichtung) beläuft sich daher auf 4.200 m^3/h.

7.2.7 CO_2-Verdichtung

Wenn das CO_2 zur tertiären Erdölgewinnung eingesetzt wird, muß es auf etwa 250 bar verdichtet werden. Es wird dann in einer Pipeline an die Bohrstelle geführt.

Die Verdichtung der großen CO_2-Mengen auf den hohen Druck erfordert eine ausgewogene Wahl der Verdichtungsstufen und der Kompressoren. Unter Berücksichtigung realistischer Maschinenkenngrößen wurde unter Beratung eines auf diesem

Gebiet erfahrenen Industrieunternehmens [107] das folgende Verdichtungssystem festgelegt:

a) Trocknung des CO_2 unmittelbar nach der Wäsche;

b) Verdichtung des CO_2 nach der Trocknung von 30 bar ($45^{o}C$) auf 40 bar im Turbokompressor und anschließender Rückkühlung auf $45^{o}C$;

c) Verdichtung von 40 auf 100 bar im Kolbenkompressor mit anschließender Rückkühlung auf wiederum $45^{o}C$;

d) Verdichtung von 100 bar auf 250 bar im Kolbenkompressor ohne Nachkühlung ($120^{o}C$).

Der Verlauf der Verdichtung wurde in ein t,s-Diagramm für CO_2 [107] eingetragen und ist aus Abb. 59 zu ersehen.

Da das CO_2 für den Einsatz in der tertiären Erdölförderung keinen besonderen Reinheitsansprüchen genügen muß, können statt trocken laufender Kolben bei dem Kolbenkompressor ölgeschmierte Kolben verwendet werden. Dadurch werden die Dichtungsverhältnisse verbessert, und es kann ein liegender Kolbenkompressor eingesetzt werden, wodurch die Kosten niedrig gehalten werden.

Der Leistungsbedarf für die Kompression von 80 t CO_2/h - nach dem oben im einzelnen aufgelisteten Verdichtungsvorgang auf 250 bar - wurde mit Gleichung 31 aus Abschn. 7.2.4 berechnet. Dabei lagen folgende Temperaturen und Stoffwerte für CO_2 zugrunde:

$$CO_2 = 1,3$$

$$R_{CO_2} = 0,189$$

$$T_1 = 318\ K\ (45^{o}C)$$

$$\eta_{s,v} = 0,8$$

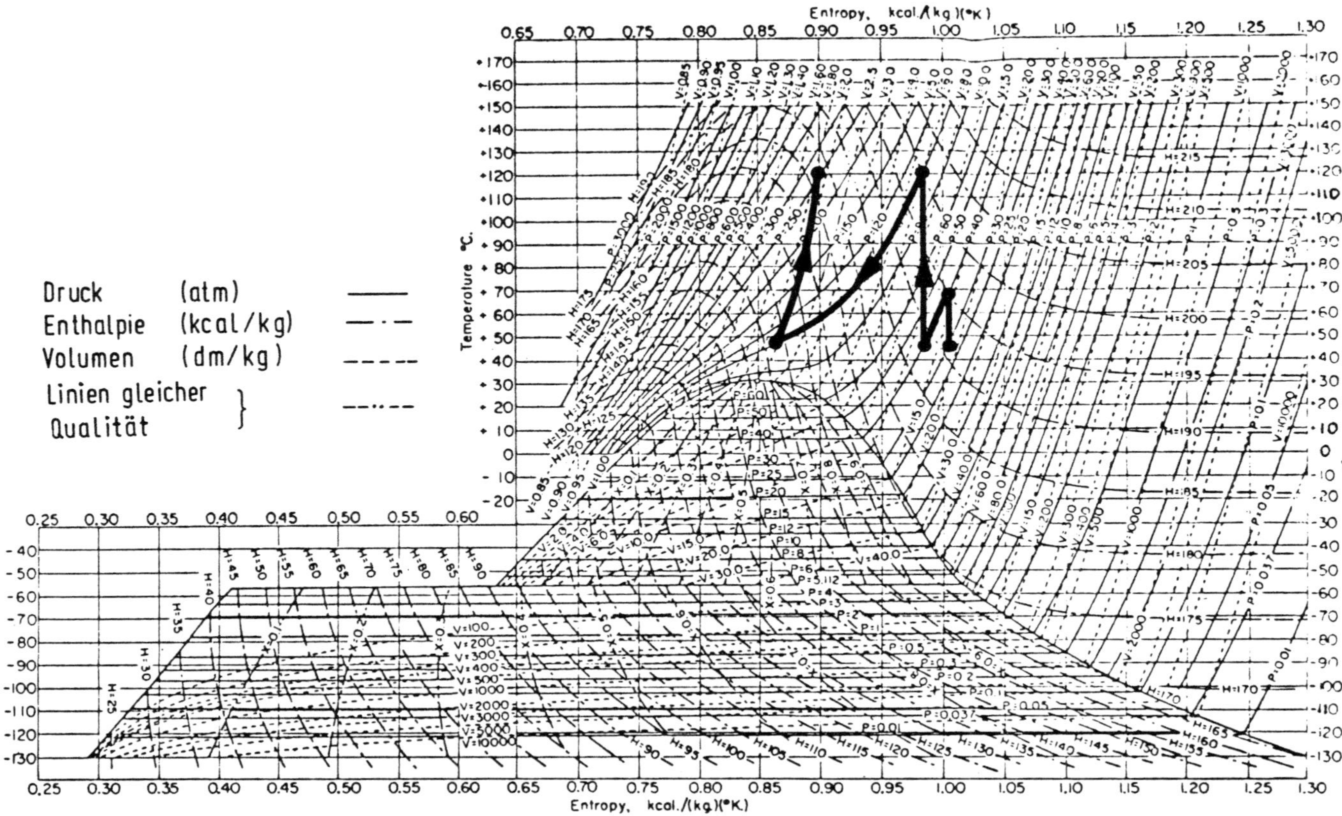

Abb. 59 CO_2-Verdichtung im Temperatur-Entropie-Diagramm

Die errechnete spezifische Verdichterleistung beträgt für die erste Stufe:

$$w_{a,CO_2} = 22,35 \text{ kJ/kg.} \qquad (44)$$

Für 80 t CO2/h erhält man mit diesem Wert eine erforderliche Turboverdichterleistung von:

$$P_{T,CO_2} = 500 \text{ kW.} \qquad (45)$$

Errechnet man mit den entsprechenden Voraussetzungen die nur für die Kolbenverdichter erforderliche Leistung, so ergibt sich dafür:

$$P_{kv,CO_2} = 3.400 \text{ kW.} \qquad (46)$$

Die gesamte erforderliche Verdichterleistung für die CO_2-Verdichtung beträgt somit:

$$P_{v,CO_2} = 3.900 \text{ kW.} \qquad (47)$$

Den Kühlwasserbedarf für die CO_2-Verdichtung insgesamt erhält man unter Anwendung der entsprechend modifizierten Gleichung 35 aus Abschn. 7.2.6 , indem auch hier 10°C Kühlwassertemperaturerhöhung zugelassen werden, und unter Zugrundelegung der spezifischen Wärmekapazität von CO_2 bei 100°C mit $c_{p,CO_2} = 0,8689$ kJ/kg·K [92)]

$$m_{H_2O,v,CO_2} = 165 \text{ m}^3\text{/h.} \qquad (48)$$

Die CO_2-Wäsche in der gegebenen Größenordnung kann einsträngig gefahren werden.

7.3 Entstaubungsanlagen

7.3.1 Vorbemerkung

Wegen des hohen Staubanteils im Drehrohrofenabgas ist in jedem Fall, unabhängig davon, ob eine Abwärmenutzung durchgeführt wird oder nicht, eine Entstaubung des Abgases erforderlich. Da die Abgasmengen und Staubbeladungen, die den Staubfilter belasten, in diesen beiden Fällen jedoch stark unterschiedlich sind, und bei einer Kostenermittlung der Koppelprodukte Dampf und CO_2 der dafür betriebene Aufwand für die Entstaubung dem Aufwand für die Entstaubung ohne Abwärmenutzung gegenübergestellt werden muß, wird in den nachfolgenden Abschnitten je einmal der Fall mit und ohne Abwärmenutzung untersucht. Die beiden unterschiedlichen Abläufe sind in der Abb. 60 schematisch dargestellt worden.

7.3.2 Einspritzkühler für Entstaubung

Im Abschnitt 3. dieser Arbeit wurde die Drehrohrofenabgasmenge mit 216 500 m^3/h i.N. und mit einer Temperatur von 800°C, sowie einer Staubbeladung von 30 g/m^3 AG i.N. ermittelt. Als Entstauber kommt für das Abgas, ähnlich wie bei Dampfkesselanlagen und Gichtgasentstaubungen, nur der Elektrofilter in Betracht. Der Wirkungsgrad eines Elektrofilters hängt in hohem Maße vom spezifischen Staubwiderstand ab. Dies ist der auf eine Schichtdicke von 1 cm bezogene elektrische Widerstand einer staubbedeckten Fläche von 1 cm^2 [117]. Dieser Widerstand ist stark temperaturabhängig und erreicht bei vielen Stäuben bei Temperaturen um 200°C optimale Werte [117,118,119].
Damit der Elektroentstauber also mit einem guten Wirkungsgrad arbeiten kann, ist die Temperatur des Abgases vor Eintritt in den Entstauber in einem Einspritzkühler auf 200°C abzusenken.

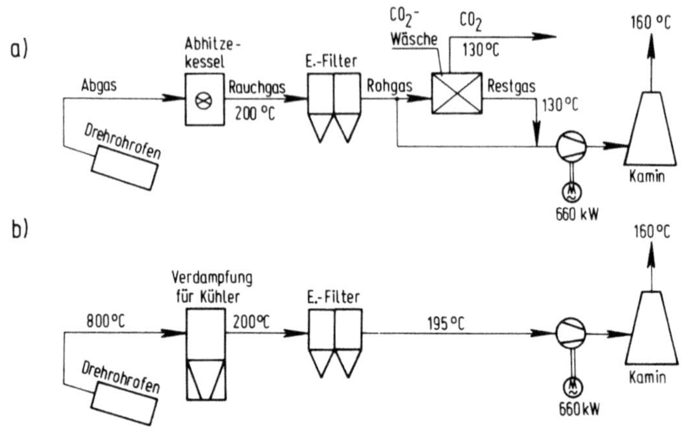

Abb. 60: Schematische Darstellung des Abgasweges mit (a) und ohne (b) Abwärmenutzung

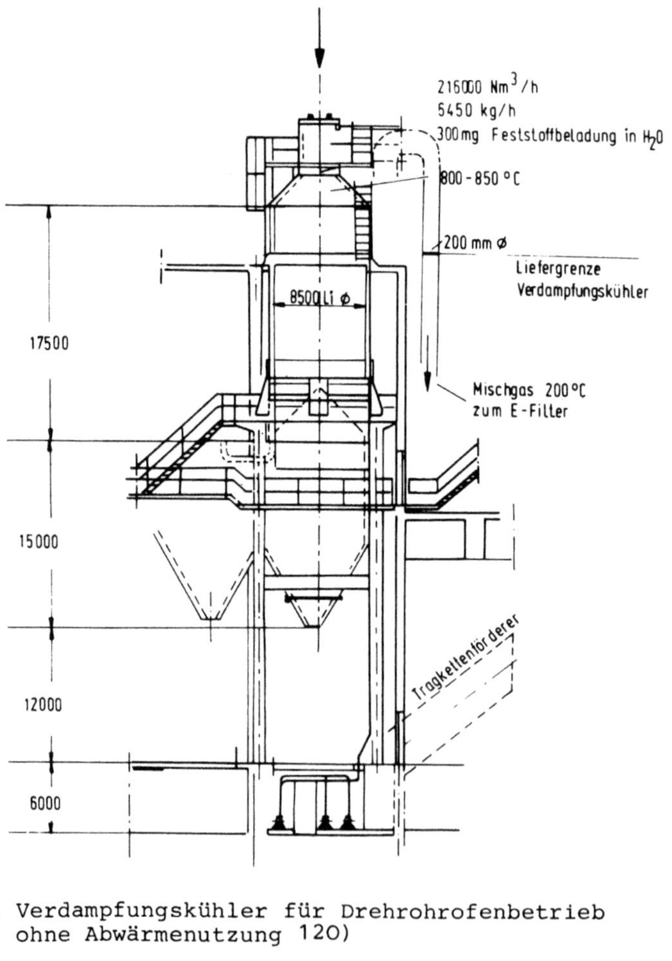

Abb. 61: Verdampfungskühler für Drehrohrofenbetrieb ohne Abwärmenutzung 120)

Mit $\Psi'H_2O$ = 0,12 aus Tabelle 9 erhält man für das Abgas bei einem Druck von 1 bar eine Taupunkttemperatur von 50°C [121]. Das Verhältnis von feuchter zu trockener Gasmenge ergibt sich bei diesem Wasseranteil zu 1,136. Mit Hilfe der Gleichung 49 und 50 erhält man den Wassergehalt x :

$$x = \frac{M_{H_2O}}{M_{AG}} \cdot \frac{p_{H_2O}}{p_{AG}} \qquad (49)$$

$$p_i = \Psi_i \cdot p \qquad (50)$$

Mit dem Molekulargewicht von Wasser und dem Molekulargewicht des trockenen Abgases M = 30,136 kg/kmol ergibt sich:

$$x = 0{,}081$$

Mit dem gleichen Molekulargewicht erhält man die spezifische Gaskonstante des trockenen Abgases mit Hilfe der allgemeinen Gaskonstanten zu R = 0,276 kJ/kg K. Damit läßt sich unter Anwendung der Gleichung die Dichte des trockenen Abgases im Normzustand berechnen:

$$\rho = \frac{m}{V} = \frac{p}{RT} \qquad (51)$$

Die Dichte des trockenen Abgases im Normzustand ist 1,327 kg/m³ i.N.

Die Betriebsgasmenge bei 800°C erhält man mit Gleichung

$$V_b = V_N \cdot \frac{T}{273} \qquad (52)$$

Mit den nun bekannten Daten bekommt man die Betriebsbedingungen am Eingang des Kühlers.

Gasmenge feucht:	216 500 m_f^3/h i.N.

Verhältnis feucht/trockene Gasmenge= 189 800 m_{tr}^3/h

≙ 251 050 kg_{tr}/h

Betriebsgasmenge:	847 400 m^3_f/h i.N.
Wassergehalt :	0,081 kg/kg_{tr}
Taupunkt :	50°C

Analog ergeben sich bei einer Absenkung der Abgastemperatur im Kühler auf 200°C die folgenden Betriebsbedingungen:

Taupunkt	75°C
Wassergehalt (Sättigung)	0,385 kg/kg_{tr}
Verhältnis feucht/ trockene Gasmenge	1,626
Gasmenge feucht	308 615 m_f^3/h i.N.
Betriebsgasmenge	532 450 m_f^3/h i.N.

Daraus ergibt sich die Differenz des Wassergehaltes vor und nach dem Kühler:

$$x = 0{,}304\ kg\ /\ kg_{tr}$$

Die erforderliche Wassereinspritzmenge ergibt sich damit zu 76,5 m^3/h.
Mit der mittleren Betriebsmenge von ca. 192 m^3_f/s und einer mittleren Gasgeschwindigkeit von 3,5 m/s erhält man den erforderlichen Einspritzkühler von 5 Sekunden
122) ergibt sich eine Kühlerbauhöhe von 17,5 m (Abb.61,S.126).

7.3.3 Elektrofilter für Entstaubung mit und ohne Abwärmenutzung

Der Elektrofilter wird im Betrieb sowohl mit als auch ohne Abwärmenutzung eingesetzt und deshalb können beide Fälle hier gemeinsam behandelt werden. Allerdings sind die Eingangsdaten unterschiedlich. Aus den Angaben in Abb. 30 und den später errechneten Werten resultieren die in Tab. 25 dargestellten Daten.

	Abwärmenutzung	
	ohne	mit
Gasmenge	216 500 m_N^3/h	307 600 m^3/h i.N.
Gastemperatur	200 °C	160°C
Staubbeladung	30 g/m_N^3 = 12,2 g/m^3_f	16,34 g/m^3 = 10,3 g/m^3_f
Betriebsgasmenge	532 450 m^3_f/h	487 880 m^3_f/h i.N.

Tabelle 25 : Eingangsdaten für Elektrofilter

Aus dieser Tabelle ist sofort abzulesen, daß die Filterbelastung im Fall der Abwärmenutzung wegen der kleineren Betriebsgasmengen und der etwas kleineren Staubbeladung günstiger ausfällt als bei Fall ohne Abwärmenutzung. Trotzdem kann im gegenwärtigen Studium der Planung eine einzige Filtergröße angenommen werden. Bei Auslegung eines solchen Filters sind Berechnungsgrundlagen einiger Erfahrung in der Auswahl des Filtertyps und der diese Wahl beeinflussenden Größen. Deshalb wurden die Auslegedaten einer Filterbaufirma für ein Filter dieser Größenordnung (8000 m^2 Filterfläche) zugrundegelegt.
Die Abmessungen sind der Abb. 62 zu entnehmen. Der Abscheidungsgrad beträgt 99,5%. Der Energiebedarf für das Filter liegt in der Größenordnung von 0,63 kWh/1000 m^3, also etwa 330 kW [122].

Abschließend sei noch kurz auf die Wirkungsweise eines Elektrofilters eingegangen. Der grundsätzliche Aufbau eines Plattenstaubers für horizontalen Gasdurchtritt ist a.O.[123]

dargestellt. Die parallel angeordneten Niederschlags-elektroden bilden jeweils Gassen, die etwa 200 bis 300 mm breit sind. Die Gasgeschwindigkeit beträgt etwa 1 bis 4 m/s. In den Gassen sind die Sprühdrähte angeordnet. Sie werden meist in Rahmen eingespannt, die wiederum über Zwischenträger an Stützisolatoren hängen, die in der Decke des Gehäuses angeordnet sind. Dieses gesamte System ist an hochgespannten Gleichstrom angeschlossen. Die Sprühdrähte werden periodisch durch Rütteln abgereinigt [123].

Unmittelbar vor der Niederschlagsplatte wird der Gasstrom umgelenkt, die mitgerissenen Feststoffteilchen wandern in Plattenrichtung, unterstützt von den elektrischen Kräften und bleiben dort haften.
Die sich so bildende Staubschicht wird durch Abklopfen aufgrund der Beschleunigungskräfte zwischen Platte und Staubschicht abgelöst. In Form von Fladen oder Staubwolken fällt der abgeschiedene Staub in den unterhalb des elektrischen Feldes angeordneten Staubsammelraum. Die zur Kathode wandernden Ladungsträger können Feststoffteilchen, die sich an der Sprühelektrode anlagern, mitnehmen und eine Behinderung der angestrebten Elektronenauslösung darstellen. Daher werden auch die Sprühelektroden durch Abklopfen gereinigt. Die für die Abscheidung erforderlichen hohen Spannungen werden in einem Hochspannungsaggregat erzeugt und als Gleichspannung den Sprühelektroden zugeführt.

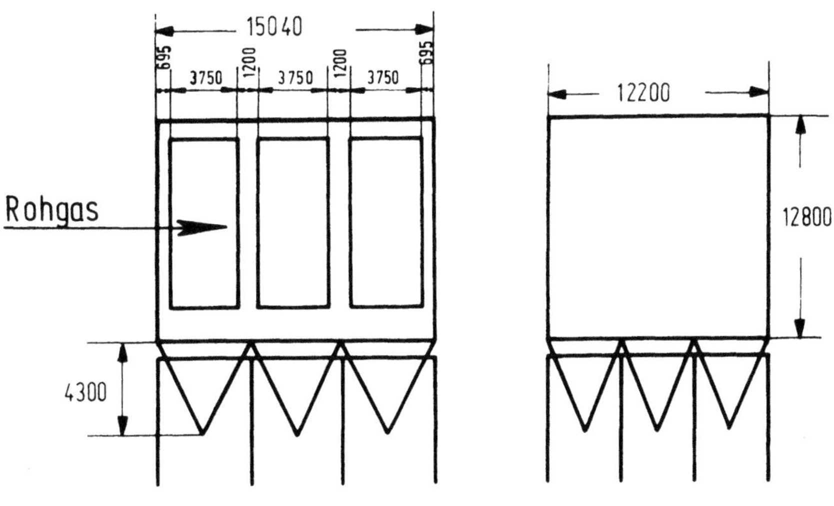

Abb. 62 : Abmessungen eines E-Filters für Drehrohrofenabgas

8. Vollkosten- und Gutschriftenrechnung für das Drehrohrofenverfahren und die angekoppelte Abwärmenutzung

Der Hauptzweck der Anlage ist die Erzeugung von Eisenschwamm. Die zwangsweise anfallenden Kuppelprodukte werden daher so bewertet, daß der Überschuß beim Verkauf der Kuppelprodukte dem Eisenschwamm gutgeschrieben werden. Zur Bestimmung der Erzeugungskosten auf Vollkostenbasis werden nachstehend die Investkosten für eine 400.000 Jato-Anlage in Blöcken zusammengefaßt und anschließend bewertet.

Es wurde bei der Berechnung gleichbleibend von folgenden Festlegungen ausgegangen:

Infrastrukturkosten:	15% der Investkosten ohne Montage
Spezifische Investkosten:	Investkosten bezogen auf Jato-Produkt (7.776 h/a)
Anlagenerhaltung:	3% der spezifischen Investkosten
Kalkulatorische Abschreibung:	Spezifische Investkosten bezogen auf 10 Jahre
Kalkulatorische Zinsen:	8% (4% eff.) d.spez.Investkosten
Überbetriebliche Kosten:	1,5% der spez. Investkosten
Stromkosten:	0,09 DM/kWh
Wasser:	0,10 DM/m^3
Speisewasser:	1,00 DM/m^3
Personalkosten:	20,00 DM/h

Investkosten	DM
Drehrohrofenanlage bestehend aus: Einspeisesystem, Drehrohr, Drehrohrkühler, Produkt-Seperationssystem, Staubumlenkkammer, Zusatzeinrichtungen, Ausrüstungen Instrumentierung	67,8 Mio
Montage (150.000 Mannstunden)	12,0 Mio
Infrastruktur	10,2 Mio
Gesamtinvestition (ohne Abhitzesystem)	90,0 Mio

Tabelle 26 : Investkosten der Drehrohrofenanlage

Spezifische Investkosten: 225 DM/jato ES				
Kostenart	Einheit	DM/Einheit	Menge	DM/t ES
Personal (14 Mann/Schicht plus 2 Mann/Tag $\frac{[(14 \times 4)+2)]\ 8\ 300}{400.000} = 0{,}35$	h	20,00	0,35	7,00
Strom	kWh	0,09	50	4,50
Wasser	m³	0,10	0,5	0,05
Erz	t	75,00	1,5	112,50
Kohle	Gcal	18,00	4,75	85,50
Anlagenerhaltung				6,75
kalkulatorische Abschreibung				22,50
kalkulatorische Zinsen				9,00
überbetriebliche Kosten				3,38
Selbstkosten auf Vollkostenbasis				250,68

Tabelle 27: Kostenrechnung Drehrohrofenanlage

Investkosten	DM
Abgassystem mit Abwärmenutzung bestehend aus: Abhitzekessel 155 t Dampf/h (132 bar, 530 °C) Ausrüstung entspr. Abb. 98) / 78 /	13,95 Mio
E-Filter 8.000 m² inst. Leistung ca. 300 kW	2,60 Mio
Schornstein 50 m hoch	0,65 Mio
Ventilator entfällt, da der Kaminzug durch Restgasturbine erzeugt wird	
Gesamtinvestition	17,20 Mio

Tabelle 28: Investkosten - Abgassystem mit Abwärmenutzung

Investkosten				DM
Abgassystem ohne Abwärmenutzung bestehend aus: Verdampfungskühler 8,5 m Ø, 17,5 m hoch Durchsatz 60 m_N^3/s Wasserbedarf 80 m^3/h				0,90 Mio
E-Filter 8.000 m^2 inst. Leistung ca. 300 kW mit Regressionsfaktor extrapoliert 122)				2,60 Mio
Ventilator p = 300 mm WS, 660 kW				0,60 Mio
Schornstein 50 m hoch				0,65 Mio
Gesamtinvestition				4,75 Mio
Spezifische Investkosten/jato ES				11,88 DM
Kostenart	Einheit	DM/Einheit	Menge	DM/t ES
Strom	kWh	0,09	18,66	1,68
Wasser	m^3	0,10	1,56	0,16
Anlagenerhaltung				0,36
kalkul. Abschreibung				1,19
kalkul. Zinsen				0,48
überbetriebl. Kosten				0,18
Selbstkosten auf Vollkostenbasis				4,05

Tabelle 29 : Kostenrechnung Abgassystem ohne Abwärmenutzung (Daten nach [122])

Spezifische Investkosten/Jato Dampf			14,27 DM	
Kostenart	Einheit	DM/Einheit	Menge	DM/t Dampf
Personal (1 Mann/Schicht)	DM	20,00	0,008	0,16
Speisewasser	m³	1,00	0,92	0,92
Strom	kWh	0,09	9,86	0,89
Anlagenerhaltung				0,43
kalkul. Abschreibung				1,43
kalkul. Zinsen				0,57
Überbertriebliche Kosten				0,21
Selbstkosten auf Vollkostenbasis das entspricht: 13,89 DM/tES				4,61

Tabelle 30 : Kostenrechnung Abgassystem mit Abwärmenutzung

Aus den Tabellen 27, 29, 30 ergibt sich ein Mehraufwand bei der Dampferzeugung gegenüber dem Betrieb der Anlage ohne Abwärmenutzung von 9,84 DM/t ES. Rechnet man diesen Wert - unter Zugrundelegung von 155 t Dampf/h und 51,44 t ES/h (3,01 tD/t ES) - auf den Dampf zurück, so erhält man einen Mehraufwand bei der Dampferzeugung von 3,27 DM/tD:

13,89 DM/t ES - 4,05 DM/t ES = 9,84 DM/t ES.

Für die Weiterrechnung werden nur diese Mehrkosten als Dampferzeugungskosten angesetzt, da die Kosten sich für den Betrieb ohne Abwärmenutzung in jedem Fall ergeben. Diese Verrechnung erfolgt nach der in der Theorie der Kostenrechnung [125-131] empfohlenen Restwertmethode von Kuppelprodukten. Da sich die Kosten der Dampferzeugung verrechnungsgerecht dem Abhitzekessel zurechnen lassen.

Gelingt es, einen geeigneten Abnehmer für den Dampf zu finden, so errechnet sich bei einem Dampfpreis von 17 DM/tD für den HD-Dampf eine Gutschrift von

DM 13,73/t Dampf.

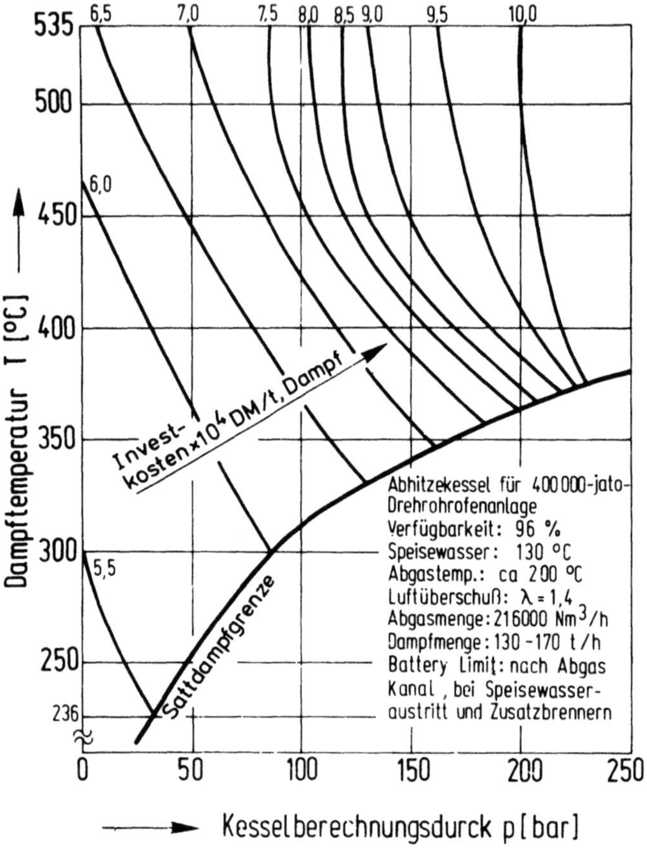

Abb. 63 : Spezifische Investkosten für Abhitzekessel in Abhängigkeit vom Dampfzustand

Bei einem Dampfpreis von DM 12/t Dampf ergibt sich die Gutschrift von

DM 8,73/t Dampf.

Dies entspricht (Faktor 3,01) einer Gutschrift von 26,28 DM/t ES bzw. 41,33 DM/t ES bei dem höheren Dampfpreis.

Die Rohrleitungskosten für den Dampftransport belaufen sich auf 5.200 DM/m, inclusive Isolierung , Dehnbögen und Fundamente[47,132]. Der Dampfzustand ist dabei nur von untergeordneter Bedeutung.
Für die Durchführung einer CO_2-Wäsche ergeben sich zusätzliche Investkosten (Tab. 31).

Investkosten	DM
CO_2-Wäsche incl. Verdichtung	
bestehend aus:	
Benfieldadsorber (30 bar)	1,828 Mio
Benfielddesorber (einsträngig)	3,011 Mio
Umwälzpumpen für Waschlösung	0,860 Mio
Gegendruckdampfturbine	12,904 Mio
Turbokompressor für Rauchgas (4stufig) incl. Zwischenkühler	9,108 Mio
Entspannungsturbine für Restgas (4stufig) incl. Wärmetauscher	7,022 Mio
CO_2-Turbokompressor (80 t/h von 30 auf 40 bar)	1,000 Mio
CO_2-Kolbenverdichter (80 t/h zweistufig von 40 auf 250 bar)	1,600 Mio
Montage (incl. 150.000 Mannstunden)	12,435 Mio
Silikattrockner für CO_2	2,500 Mio
Engineering, Linzenzen	16,200 Mio
Gesamtinvestitionen	68,468 Mio
Spezifische Investkosten/Jato CO_2	110,06 DM

Kostenart	Einheit	DM/Einheit	Menge	DM/tCO_2
Personal (3 Mann-Schicht)	DM	20,00	0,046	0,92
$NaCO_3$-Waschlösung	kg	0,20	1,77	0,35
Kühlwasser	m³	0,10	54,56	5,46
Strom	kWh	0,09	48,75	4,88
Dampf	t	3,27	1,94	6,34
Anlagenerhaltung				3,30
kalkul. Abschreib.				11,06
kalkul. Zinsen				4,40
überbetriebl. Kosten				1,65
Selbstkosten auf Vollkostenbasis entspricht: 59,66 DM/tES				38,36

Tabelle 31 : Kostenrechnung CO_2-Wäsche incl. Verdichtung

Bei der Auslegung der Pipelines für die CO_2-Zuleitung sind nach [183] folgende Werte zugrunde zu legen:

Medium:	CO_2
T:	130°C
P_R:	250 bar
Gasgeschwindigkeit:	15 m/s
Werkstoff:	St 35
Durchmesser:	75 mm (nach DIN 1629, Bl.3)
nahtlos	
Wandstärke S:	8,8 mm (incl. 10% Sicherheit)
Rohrkosten:	26 DM/m
Isolierung:	PE-Ummantelung (DIN 17172)
1 m Isolierung:	4 DM/m
Rohrkosten:	26 DM/m
	30 DM/m
Rohrverlegung: (50% der Rohrk.)	15 DM/m
Gesamtrohrkosten:	45 DM/m = 45.000 DM

Gesamtinvestkosten = 45.000 DM/km		
Spezifische Investkosten = $\frac{45.000}{400.000}$ =	$0{,}1125 \cdot 10^{-3}$	$\frac{DM}{km \cdot tES}$
Betriebsmittel (0,5 % =	5,63	$\cdot 10^{-7}$
Anlagenerhaltung (3 %) =	0,3375	$\cdot 10^{-7}$
Kalkulatorische Abschreibung =	112,50	$\cdot 10^{-7}$
Kalkulatorische Zinsen (4 %) =	45	$\cdot 10^{-7}$
Überbetriebliche Kosten (1,5 %) =	16,875	$\cdot 10^{-7}$
Spezifische Gesamtkosten =	0,023 DM/km . tES	

Tabelle 32 Spezifische Gesamtkosten DM/km · t ES der Pipeline zur CO_2-Fernleitung

Für eine Dampfleitung müssen nach Auskunft der Industrie folgende Rohrleitungskosten inclusive Isolierung angesetzt werden:

Rohrleitung NW	250 mm
Werkstoff	10 Cr 910
P	130 bar
T	530°C
Gesamtinvestkosten incl. Brücken und Unterstützungen =	4.000.000 DM/km

Spezifische Investkosten = 10 DM/km . tES	
Betriebsmittel (0,5 %) =	0,05 DM/km . tES
Anlagenerhaltung (3 %) =	0,30 DM
Kalkulatorische Abschreibung =	1,00 DM
Kulkulatorische Zinsen (4 %) =	0,40 DM
Überbetriebliche Kosten (1,5 %) =	0,15 DM
Spezifische Gesamtkosten =	1,90 DM/km . tES

Tabelle 33 Spezifische Gesamtkosten der Dampfleitung

Damit ergeben sich spezifische Kostenbelastungen von:

CO_2-Pipeline =	0,23 DM/t ES · km
Dampfleitung incl. Aufbauten	1,90 DM/t ES · km
Dampfleitung ohne Aufbauten	0,50 DM/t ES · km

Bei dieser Rechnung wurden die Dampferzeugungskosten, wie bereits beschrieben, mit DM 3,27/t Dampf angesetzt.

Bei einem sicheren Absatzmarkt von CO_2 ist mit einem erzielbaren Preis von ca. 65 DM/t CO_2 zu rechnen. Nach Angabe der CO_2-Hersteller beträgt der Preis/t CO2 DM 75,0 ohne Diversifikation [108]. Der Preis für CO2 von DM 65,0 würde eine Gutschrift von

26,64 DM/t CO_2

bedeuten.

Die Umrechnung auf Eisenschwamm ergibt - bei einer Produktion von 80 t CO_2/h - eine Gutschrift von

41,43 DM/t ES.

Die Gutschrift liegt dabei in der gleichen Größenordnung wie bei einem guten Dampfpreis von 17 DM/t. Da bei der CO_2-Erzeugung die Probleme der Reservehaltung und der kritischen Transportlänge zum Verbraucher nicht so gravierend sind wie bei Dampf, ist die CO_2-ERzeugung - bei sonst gleich gutem Ergebnis - weiterhin in die Überlegungen über die Abwärmenutzung mit einzubeziehen.

In der Hüttenindustrie wird zur vereinfachten Rentabilitätsrechnung (pay-out-Berechnung) folgende Gleichung angewendet:

$$\frac{J}{0{,}5 \cdot JE + KA} = RL \qquad (53)$$

Darin bedeuten:

J = Investitionskosten

JE = Jahreserfolg

KA = Kalkulatorische Abschreibung

RL = Rücklaufzahl .

Wendet man diese Gleichung auf den vorliegenden Fall der Eisenschwammerzeugung unter gleichzeitiger Abwärmenutzung und CO_2-Erzeugung an, so erhält man mit der zur Zeit üblichen Rücklaufzeit RL = 7 Jahre, einen erforderlichen Jahreserfolg von

15,36 Mio DM/Jahr.

Dieser erforderliche Jahreserfolg wird allein durch die Gutschrift von CO_2, die 16,57 Mio DM/Jahr beträgt, schon überschritten, und ist natürlich von dem Kapazitätsauslastungsgrad abhängig (vgl. hierzu Abb. 64).

Die Kosten für eine CO_2-Pipeline der entsprechenden Grössenordnung betragen etwa 45.000 DM/km.

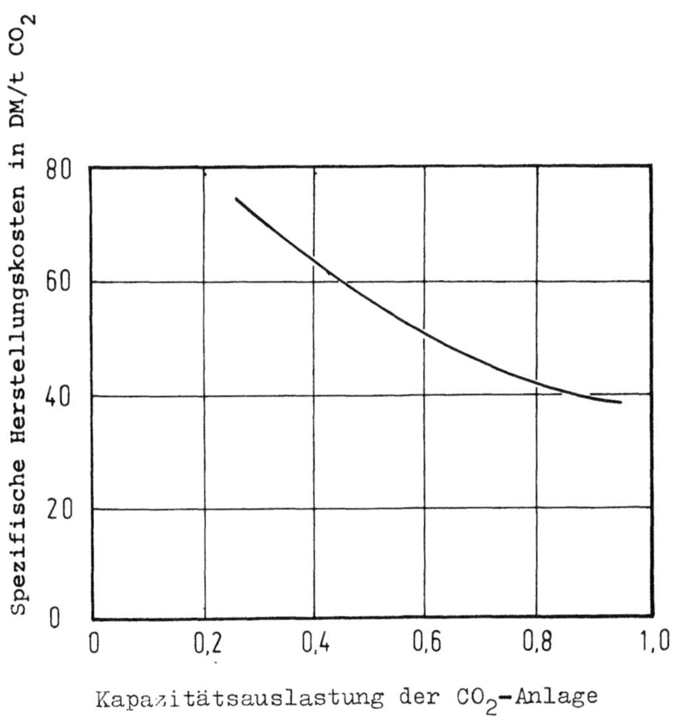

Abb. 64: Spezifische CO_2-Herstellungskosten in Abhängigkeit von der Kapazitätsauslastung (bezogen auf eine 622.000 Jato-Anlage)

Wird - wie w.o. in Kapitel 6.2.1 bereits erwähnt - der Dampf zur O_2-Herstellung für die Hüttenindustrie eingesetzt, so besteht die Möglichkeit der Integration der Drehrohrofenanlage mit dem Abhitzesystem entweder in ein Hüttenwerk oder aber der Standort wird in unmittelbarer Nähe eines Stahlwerkes gewählt. Unter Annahme einer Roheisenproduktion von 2,8 Mio Jato und einer angeschlossenen Stahlproduktion von 3,3 Mio Jato RSt resultieren folgende Verbrauchsmengen von O_2 [32]:

Hochofen	:	2,8 Mio Jato RE =	13.000 m^3 O_2/h i.N.
Stahlwerk	:	3,3 Mio Jato RSt=	23.000 m^3 O2/h i.N.
		insgesamt:	36.000 m^3 O2/h i.N..

In Tabelle 34 sind die Herstellungskosten von Sauerstoff zusammengestellt worden (Daten nach [133]).

Unter Berücksichtigung der vom Verfahrensbetreiber [133] angegebenen Energieverbrauchsmenge von 18.200 kW bei einer stündlichen Sauerstoffherstellung von 40.000 m^3 O_2 i.N., was einem Dampfbedarf von 0,515 kg Dampf/m^3 O_2 i.N. (Dampfzustand 40 bar, 450°C) entspricht, ergeben sich damit - entsprechend der für das Hüttenwerk oben angenommenen Kapazität - O2-Kosten von 0,0756 DM/m^3 O_2 i.N. resp. 0,0732 DM/m^3 O_2 i.N., falls der mit der aus der Drehrohrofenabwärme erzeugte Dampf eingesetzt wird. Hierbei wurde ein Dampfpreis von 20 DM bzw. 15 DM/t Dampf vorausgesetzt. Bei einer zur Verfügung stehenden Prozeßdampfmenge von 155 t Dampf/h (vgl. Kap. 5.3) ergibt sich bei einem spezifischen Dampfbedarf von 0,492 kg Dampf/m^3 O_2 i.N. eine Produktionsmenge von 71.800 m^3 O_2 i.N./h, d.h. die zur Verfügung stehende Dampfmenge würde bei einem Sauerstoffbedarf von 40.000 m^3 O_2/h nur etwa zu 56% genutzt.

Investkosten								
Luftzerlegungsanlage: Lieferumfang: Luftverdichter mit Dampfturbinenantrieb, komplette Coldbox, Meß- und Regelgeräte, Rohrleitungen, Armaturben, elektrische Einrichtungen, Montage, Inbetriebnahme, Bauzeit: Bestellung bis Inbetriebnahme = 26 Monate 133)								
O_2 - Reinheit 99,5 %; Verfügbarkeit der Anlage 7776h/a O_2 - Austrittsdruck 1,1 bar								
Produktionsmenge m^3 O_2 N/a			10000		20000		40000	
Investkosten (Preise von 1977) in Mio DM			19		28		42	
Spezifische Investkosten DM/m^3 O_2 i.N.			0,244		0,18		0,135	
Kostenart	Einheit	DM/E	Menge / m^3O_2i.N.	DM / m^3O_2i.N.	Menge / m^3O_2i.N.	DM / m^3O_2i.N.	Menge / m^3O_2i.N.	DM / m^3O_2i.N.
ENERGIEBEDARF 1	kg D / m^3O_2i.N.	0,02	0,5515	0,011	0,525	0,0105	0,492	0,0098
ENERGIEBEDARF 2	kg D / m^3O_2i.N.	0,015	0,515	0,0083	0,525	0,0079	0,492	0,0074
Personal $1 \cdot 4 \cdot 10^{-4}$	h	20	$4 \cdot 10^{-4}$	0,008	$4/2 \cdot 10^{+4}$	0,004	$4/4 \cdot 10^{4}$	0,002
Kühlwasser	m^3/h	1	0,045	0,045	0,0425	0,0425	0,0388	0,0388
Anlagenerhaltung				0,00732		0,0054		0,00405
Kalkulator, Abschreibung				0,0244		0,018		0,0135
Kalkulatorische Zinsen				0,00976		0,0072		0,0054
Überbetriebliche Kosten				0,00366		0,0027		0,00203
Spezifische Gesamtkosten	1 Dampfpreis 20 DM/tD		0,1091		0,0903		0,076	
Spezifische Gesamtkosten	2 Dampfpreis 15 DM/tD			0,1064		0,088		0,073

Tabelle 34 : Herstellungskosten einer Luftzerlegungsanlage für die Hüttenindustrie unter Einsatz von Abhitzedampf aus dem Drehrohrofenabgas bei Dampfpreisen von 15 bzw. 20 DM/tD.

In Tabelle 34 sind die Produktionskosten in Abhängigkeit von dem eingesetzten Dampf - bzw. Energiepreis und der Produktionsmenge nach Herstellerangaben gerechnet worden, wobei eine Kostendegression mit zunehmender Menge deutlich wird. (Vgl. Abb. 65).
Zur Veranschaulichung der Alternativen sind in Abb. 65 die Herstellungskosten von verschiedenen Energieeinsatzpreisen dargestellt.

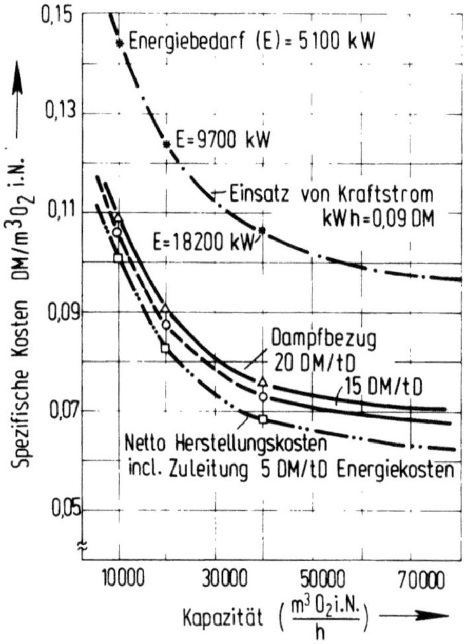

Abb. 65 : Degression der spezifischen Herstellkosten von O_2 in Abhängigkeit von der Kapazitätsauslastung und den Energieeinsatzpreisen

Die Netto-Herstellkosten bei Berücksichtigung von ca. 10 km Zuleitung weisen für O_2 deutlich einen Kostenvorteil der mit dem Abwärmedampf erzeugten O_2-Produktion gegenüber dem Stromeinsatz auf.

Unter Berücksichtigung der Zuleitungskosten für Dampf, CO_2 oder O_2 sind die erreichbaren Gutschriften der einzelnen Abwärmenutzungsalternativen in Tabelle 35 zusammengestellt, wobei alternative erzielbare Preise unter den Marktpreisen liegen.

Aus der Gegenüberstellung wird deutlich, daß eine CO_2-Lieferung - unter Voraussetzung hundertprozentiger Kapazitätsauslastung des Dampfes - die größte Gutschrift für die Eisenschwammerzeugung mit 56,20 DM/t Eisenschwamm aufweist.

Erzeugung von	Lieferzustand	Lieferkapazität	Liefermenge (M/h)	potentieller Großabnehmer	spez. Dampfbedarf	spez. Liefermenge M/tES	spez. Herstellungskosten (incl. Zulieferung) DM/E	DM/tES	Marktpreis 1977	bei erzielbaren Preisen pro/E für Gutschrift	Gutschrift DM/tES
O_2	30 bar	71800 m^3O_2 i.N./h	40000 m^3O_2 i.N./h	Hüttenwerke (Hochofen, Stahlwerk)	0,492 kgD/m^3O_2 i.N.	778,21 m^3O_2 i.N./tES	0,085 DM/m^3O_2 i.N.	66,15	0,094 DMm^3O_2 i.N.	0,09 DM/m^3O_2 i.N. 0,087 "	3,89 1,55
			71800 m^3O_2 i.N./h		0,496 kgD/m^3O_2 i.N.	1396,89 m^3O_2 i.N./tES	0,078 M/m^3O_2 i.N.	108,95		0,09 " 0,087 "	16,69 12,50
CO_2	250 bar 120°C	80 t/h	64 t/h	Erdölförderung	1,94 tD/tCO_2	1,25 tCO_2/tES	40 DM/tCO_2	50,0 60,84	90 DM/tCO_2	75 DM/tCO_2 50 "	43,75 12,50
			80 t/h			1,56 tCO_2/tES	39 DM/tCO_2	60,84		75 " 50 "	56,20 17,7
Wärmekraftkopplung Strom		21,1 MW	-	Eigenbedarf Hüttenwerk oder in Chemie	155 tD/h	410,5 kW/tES	0,052 DM/kWh	21,34	0,09 DM/kWh	0,06 DM/kWh	3,28
Heizdampf	4 bar 160 °C	51 tD/h	-			0,992 tD/tES	1,30 DM/tD	1,28	16 DM/tD	14,0 DM/tD	12,60
Prozeßdampf	35 bar 173 °C	90 tD/h	-			1,751D/tES	2,29 DM/tD	4,00	20 DM/tD	18,0 DM/tD	27,52 43,71
Prozeßdampf	130 bar 530 °C	155 tD/h	155 tD/h	Chemie, Raffinerie	155 tD/h	3,01 tD/tES	4,0 DM/tD	12,0	20 DM/tD	10 DM/tD 12 " 14 " 16 " 18 "	18,06 24,08 30,10 36,12 42,14

Tabelle 35: Die Gutschriften für alternativen Dampfeinsatz in Abhängigkeit von verschiedenen Preisen und unterschiedlichen Kapazitäten (frei Abnehmer)

9. Standortanalyse

9.1 Problemstellung und Abgrenzung

Unter dem Standort eines Unternehmens sind die Relationen,[177) die zwischen ihm als dem Domizil des Unternehmens und den für das Unternehmen relevanten Märkten existieren, zu verstehen. Die richtige Erfassung und Deutung der Relationen stellt die Hauptaufgabe der Standortanalyse dar[134,135)].

In dieser Untersuchung wird das Standortproblem in erster Linie als die Suche eines Unternehmens nach dem optimalen Standort im Sinne der Unternehmenszielsetzung verstanden.

Die Eigenschaften des Standortes werden durch die Standortfaktoren charakterisiert, die die wirtschaftliche Tätigkeit an diesem Ort beeinflussen. Es wird in quantifizierbare und nichtquantifizierbare Standortfaktoren unterschieden, wobei spezielle Standorte für das vorliegende Problem nach sechs nichtquantifizierten Kriterien untersucht wurden: [136)]

1. Abwärmenutzungsmöglichkeit (Dampf und CO_2-Einsatz)
2. Platz-, Grundstücksangebot
3. Wasserstraßenanschluß/Umschlagmöglichkeit für Massengüter
4. Absatzmöglichkeit für das Hauptprodukt Eisenschwamm
5. Öffentliche Hand (Investitionszulagen, Investitionsklima)
6. Auflagenerfüllbarkeit.

In das auszuarbeitende Rechenprogramm wurden die Informationen einer Fallstudie für den Fall 1, 3 und 4 eingebaut. Die übrigen drei Fälle wurden für ausgewählte Standorte in der Bundesrepublik Deutschland untersucht. Soweit keine Informationen vorlagen, wurden aus Gründen der Vereinfachung die Standortanforderungen als erfüllt angesehen. Falls kein Wasseranschluß vorhanden war, wurde die Bahn als Transportmittel eingesetzt. Bei Wasseranschluß wurden beide Alternativen geprüft.

Die Erzeugung von 400.000 Jato Eisenschwamm im Drehrohrofen erfordert die Zulieferung von 600.000 Jato Eisenerz und 400.000 Jato rheinischer Braunkohle, sowie den Abtransport des erzeugten Eisenschwamms. Diese enormen Mengen (180 t/h) und der damit verbundene hohe Transportkostenanteil verlangen eine sorgfältige Wahl des Standortes für die Errichtung der Drehrohrofenanlage. Die nachfolgenden Abschnitte befassen sich mit dieser Problematik der Transportkostenminimierung.

Unter Berücksichtigung der Einsatzstoffe und der Haupt- bzw. der Kuppelprodukte ergibt sich eine komplexe Problemstellung der Transportkostenminimierung,mit dem sich nachfolgenden Abschnitte befassen. Einen Überblick über die Stoffflüsse des Drehrohrofensystems gibt Abb. 66.

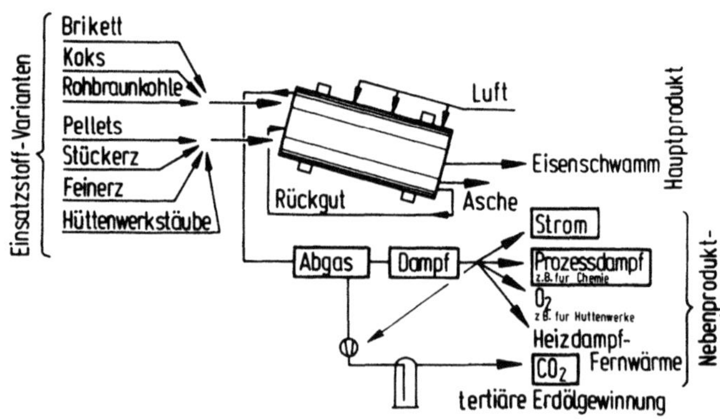

Abb. 66 : Stoff- und Produktflüsse des Drehrohrofensystems

9.2 Das Standortproblem bei der Erzeugung von Eisenschwamm im Drehrohrofen unter Berücksichtigung des Absatzes der Kuppelprodukte

Bei der Erzeugung des Eisenschwamms und bei der vorgegebenen Problematik des Absatzes der Kuppelproduktion ergeben sich zwei Bezugsorte (Erz und Kohle) und zwei Absatzorte (Hauptprodukt Eisenschwamm, Kuppelprodukt Dampf resp. CO_2). Aufgrund der hohen Transportkosten für den Dampf (vgl. Kap.8) wird der gesuchte optimale Standort stets in die unmittelbare Nähe des Absatzortes für Dampf gezogen. Dagegen lassen die relativ niedrigen Transportkosten für CO_2 mit ca. 0,02 DM/t ES × km größere Abstände der CO_2-Abnehmer zum Standort zu. Die hierdurch gegebenen Problemstellungen führen zu einem Standortpolygon, das die geometrische Methode zur Lösung des Standortproblems von Weber [137)] nicht mehr zuläßt, sondern über die sog. Vektorsummenmethode oder über eine mechanische - ebenfalls von Weber vorgeschlagene - Methode mit dem Varignonschen Apparat [138)] einer Lösung zugeführt werden kann. Die jeweiligen Bezugs- bzw. Absatzorte werden über die Transportkosten gewichtet.

Soll das vorgegebene Standortproblem analytisch mit Hilfe infinitesimaler Methoden gelöst werden, so muß zunächst eine stetige und differenzierbare Transportkostenfunktion in Abhängigkeit von zwei Cartesischen Koordinaten explizit aufgestellt werden, wie dies im nächsten Kapitel gezeigt wird (vgl. Kap. 9.2).

Da die Gewichtung der Kuppelprodukte von den spezifischen Gegebenheiten des jeweiligen Standortes abhängig ist, wurden in einer Fallstudie für spezielle Standorte die erzielbare Gutschrift resp. die absetzbaren Dampfmengen untersucht (vgl. Kap.6.2.2). Aus betriebswirtschaftlichen Gründen ist ein Absatz der gesamten Dampfmenge unerläßtlich. Unter Ausnutzung der Gesamtkapazität der Dampferzeugung von ca. 155 tD/h kann das Absatzprodukt "Dampf" mit 1,98 DM/km × t ES gewichtet werden.

Als potentielle Dampfabnehmer wurden die Standorte aller größeren chemischen und petrochemischen Unternehmen in Abb. A3 zusammengetragen und tabellarisch (Tabelle A 7 - A 9)[99,152,153] erfaßt. Desgleichen wurden die Standorte aller Elektrostahl-Hersteller Mitteleuropas und die potentiellen Absatzorte für CO_2 in den Karten (Abb.A2 und A3) wiedergegeben. Die entsprechenden Dampfmengen bzw. Ofenkapazitäten sind über eine Zahlenangabe den Tabellen (A 7 - A 10) zu entnehmen.

Um der Bedeutung einer Abwärmerückgewinnung bzw. einer Kuppelproduktverwertung besser abschätzen zu können, wurden die Antransportkosten der beiden Rohstoffe Erz und Braunkohlebrikett für Schiff und Bahn in den Tabellen A11, 13-15 zusammengestellt. In Tabelle A11 wurden die auf die Tonne Eisenschwamm bezogenen Gesamtkosten jeweils für das billigste Transportmittel Bahn oder Schiff und für spezielle europäische Standorte zu Preisen von 1977 zusammengestellt. Die Standorte gleicher Transportkostenbelastung wurden mit Kurven zu Kostenniveaulinien (den sog. Isodapanen) verbunden (s. Abb. A1).

Nach den so festgestellten kostenminimalen Standorten Rotterdam, Duisburg, Köln, lassen sich die Möglichkeiten einer Abwärmenutzung und die mit einer Gutschrift verbundenen Kostenentlastung erkennen. Differieren nämlich die Gutschriften an verschiedenen Orten, so kann es durchaus möglich sein, daß der erhaltene Bonus für das Hauptprodukt Eisenschwamm an einem bestimmten Punkt, z.B. Basel, größer ist als die Transportkostenerhöhung pro Tonne ES gegenüber den transportkostenminimalen Standorten.

Die im vorigen Kapitel für die gegebene Aufgabenstellung relevanten Standortfaktoren können nach der Festsetzung der Isodapanen und der Transportkostenbelastung für den speziellen Standort zu einer Feinstudie herangezogen werden, wobei diese mehr einer qualitativen Beurteilung dienen und durchaus zu einer sog. "KO-Bedingung" für den einzelnen Standort werden können, wenn z.B. - wie das in Duisburg der Fall ist - kein Industriegrundstück vorhanden ist oder die Auflagen bezüglich des Umweltschutzes für den Anlagenbetrieber nicht erfüllbar sind.

Für den Anlagenbetreiber ist bezüglich der Transportkosten nicht nur von Fall zu Fall zu entscheiden, welches Transportmittel für den Antransport des Erzes bzw. des Reduktionsmittels zu wählen ist, sondern darüberhinaus auch die Frage, welche der drei Braunkohlenmodifikationen Rohbraunkohle, Brikett oder Braunkohlenkoks im Drehrohrofen eingesetzt werden, da der Wassergehalt in Abhängigkeit von der Entfernung zur Braunkohle entscheidend die Transportkosten beeinflußt.

In Tabelle A12 sind die Einsatzkosten von Rohbraunkohle (RBK), Braunkohlenbrikett (TBK) und Braunkohlenkoks in Abhängigkeit vom Einsatzpreis, vom Wärmebedarf, von den Vorlaufkosten und den unterschiedlichen Investkosten zusammengestellt. Anhand einer Transportkostenanalyse [181] für mitteleuropäische Standorte konnten die Regressionskurven für die bezogenen Transportkosten in Abhängigkeit von der Luftlinienentfernung vom Braunkohlelager für Bahn und Schifftransport aufgestellt werden. Mit Hilfe der in der Analyse ermittelten Regressionsgleichungen 54-56 und den Werten aus Tabellen A11-16 ergaben sich die Funktionen (f_1) bis (f_8), Gl. 57-64:

$$y = 0{,}11\, x_L + 6{,}00 \qquad \text{für Bahntransport} \qquad (54)$$

$$y = 0{,}2647\, x_L^{\,0{,}7644} + 6{,}5 \qquad \text{für Schifftransport} \qquad (55)$$

$$y = \text{DM/t ES} \qquad x_L = \text{km Luftlinie} \qquad (56)$$

Die Gleichungen (f_1) bis (f_8) setzen sich aus einem Steigungskoeffizienten a und einer Konstanten b zusammen. Der Steigungskoeffizient wird bestimmt durch das Einsatzverhältnis des Reduktionsmittels. Da der Steigungskoeffizient der Gleichungen 54 und 55 für den Braunkohlebrikett-transport (TBK) errechnet wurde, ist dieser mit dem Einsatzfaktor der jeweiligen Reduktionsmittel zu multiplizieren.

Die Konstante setzt sich aus folgenden Komponenten zusammen:

1. Aus den Vorlauffrachtkosten (6,0 resp. 6,5 DM/t ES)
2. Lagerstättenpreis
3. Investkostenfaktor (s. Tabelle A12, Gleichung 57 - 64).

Die Funktionen (f_1) bis (f_8):

(f_1)	$y = 0{,}275 \cdot x_L + 57{,}23$	DM/t ES · km/RBK	Bahn	(57)
(f_2)	$y = 0{,}120 \cdot x_L + 77{,}62$	DM/t ES · km/TBK	Bahn	(58)
(f_3)	$y \; E \; 0{,}075 \cdot x_L + 105{,}97$	DM/t ES · km/Koks (oV)	Bahn	(59)
(f_4)	$y = 0{,}089 \cdot x_L + 127{,}71$	DM/t ES · km/Koks (mV)	Bahn	(60)
(f_5)	$y = 0{,}662 \cdot x_L^* + 57{,}73$	DM/t ES · km/RBK	Schiff	(61)
(f_6)	$y = 0{,}289 \cdot x_L^* + 78{,}12$	DM/t ES · km/TBK	Schiff	(62)
(f_7)	$y = 0{,}180 \cdot x_L^* + 106{,}47$	DM/t ES · km/Koks (oV)	Schiff	(63)
(f_8)	$y = 0{,}216 \cdot x_L^* + 128{,}21$	DM/t ES · km/Koks (mV)	Schiff	(64)

X_L = Abstandsvariable in Luftlinien = km; y = DM/t ES

V = Vorlaufkosten; $X_L^{+)} = X_L^{0,7644}$

sind in Abb.67 in einem Nomogramm aufgetragen. Die Schnittpunkte der Funktionen, jeweils für Bahn oder Schiff, ergeben die wirtschaftlichen Transportentfernungen der Braunkohlemodifikation vom Braunkohlelager zu verschiedenen Standorten an. Bei Bahntransport ist ein Einsatz von RBK bis zu einer Luftlinienentfernung von 128 km noch wirtschaftlich;

zwischen 128 und 542 km ist der Braunkohlebriketteinsatz am günstigsten. Damit verbietet sich innerhalb der Bundesrepublik Deutschland der Einsatz von Koks als Reduktionsmittel im Drehrohrofen. Beim Schiffstransport verschieben sich die Grenzen zu größeren Entfernungen; RBK läßt sich z.B. wirtschaftlich bis zu einem Aktionsradius von 212 km einsetzen, TBK ab 212 km, Koks erst bei Entfernungen über 850 km.

Parallel zu den Funktionen (f_2) und (f_6) verlaufen die Gutschriftlinien, aus deren Verlauf zu erkennen ist, daß sich der wirtschaftliche Bereich für TBK stark erweitert. Im Falle des Bahntransports verengt sich das RBK-Gebiet von 128 auf 67 km zugunsten der TBK ($A \rightarrow A_1$) und erweitert sich das TBK-Gebiet von 542 auf 750 km ($D \rightarrow D_1$), wodurch die Unrentabilität des Kokses verstärkt wird. In noch stärkerem Maße wird die Bedeutung der Abwärmenutzung bei Betrachtung des Schifftransportes deutlich. Eine Dampfgutschrift von 10 DM/t ES bewirkt, daß der Äquivalenzpunkt von TBK und RBK von 212 km um 120 km auf 92 km verschoben wird ($E \rightarrow E_1$).

Beim Einsatz der Rohbraunkohle ist darüberhinaus zu berücksichtigen, daß die Investkosten wegen der längeren Vorwärmzone um ca. 8,70 DM/t ES größer sind als bei Briketteinsatz. Die Konstruktion und Prozeßsteuerung derartig großer Ofenaggregate (160 m) ist technisch sehr problematisch.

Bei Kokseinsatz sind um ca. 8,70 DM/t ES geringere Investkosten wegen Wegfallens der Vorwärmzone in Ansatz zu bringen.

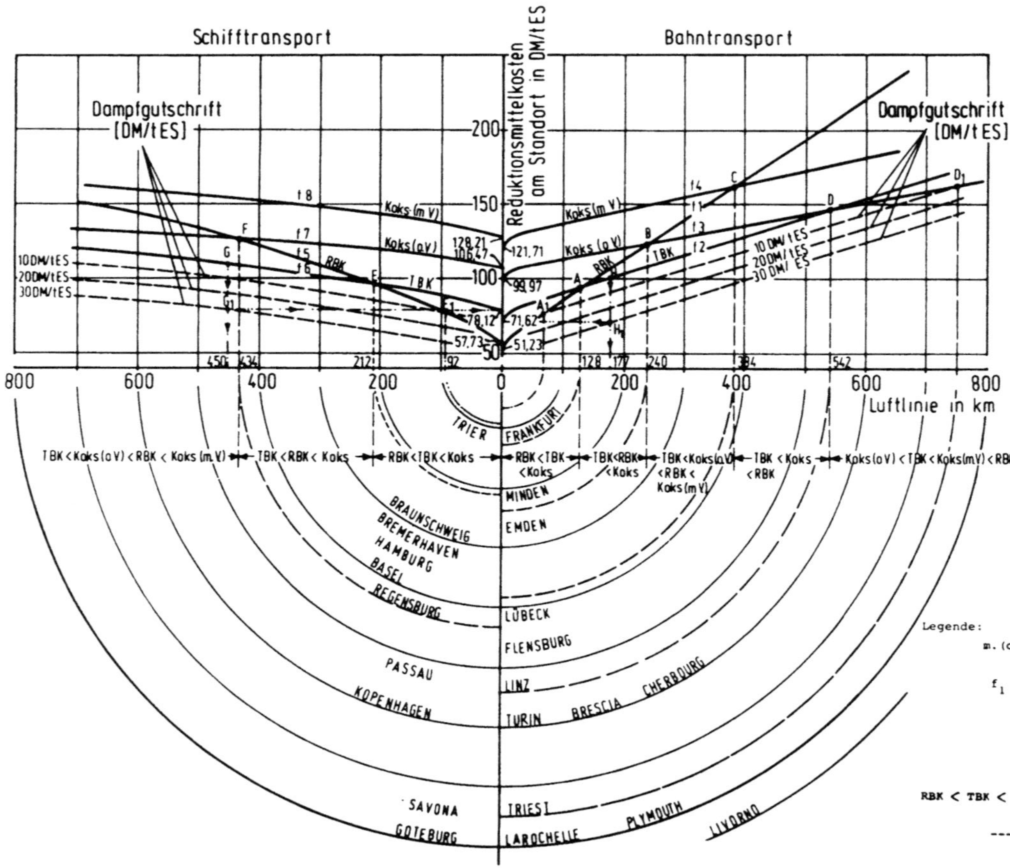

Legende:

m.(o.)V. = mit (ohne) Transportverluste
O = Standort Berrenrath (Grube)
f_1 - f_8 = Transportkostenfunktionen für Schiff-und Bahntransport (Regressionskurven; bez.auf tES)
RBK = Rohbraunkohle
TBK = Trockenbraunkohlebrikett
Koks = Braunkohlenkoks
RBK < TBK < Koks = Reduktionsmittelkosten für RBK/tES am kostengünstigsten
------- = Reduktionsmittelkosten incl. Gutschrift für Abwärmenutzung

Abb. 67 : Nomogramm zur Bestimmung der Energieeinsatzkosten der verschiedenen Braunkohlemodifikationen zum Einsatz im Drehrohrofen

Im folgenden sollen die Voraussetzungen für die gewählte Steiner-Weber-Methode kritisch untersucht werden [155], da diese in stark vereinfachender Weise auf Prämissen zurückgreift, die den Realitäten der heutigen Stahlindustrie nicht mehr ohne weiteres entsprechen.

1. Das Produktions- und Absatzprogramm ist nach Art und Menge vorgegeben. Nur unter dieser Voraussetzung ist die Zielsetzung Webers, den kostenminimalen Standort zufinden, sinnvoll. Damit werden aber die Beziehungen zwischen Standort und Absatz bzw. die Einwirkungen der Absatzseite (Marktform, Preispolitik) auf die Standortwahl vernachlässigt [156]

2. Nur die Transport- und Arbeitskosten werden explizit in die Analyse einbezogen. Andere wichtige Kostenarten, wie z.B. Grundstücks- und Erschließungskosten, sowie Steuern bleiben unberücksichtigt, obwohl sie die Standortwahl u.U. erheblich beeinflussen können.

Da bei der gegebenen Problemstellung die Festlegung auf ein Produkt (Eisenschwamm) und einen bestimmten Prozeß (Drehrohrofenverfahren) erfolgt und bei der Planung einer 400.000-Jato-Anlage ein fester Absatzmarkt - z.B. ein bereits vorhandenes E-Stahlwerk - vorliegt[+], können die Beziehungen zwischen Standort und Absatz in Abhängigkeit von der Marktform und der Preispolitik vernachlässigt werden. Allerdings werden für die Stahlindustrie relevante Standortfaktoren nicht einbezogen wie Erschließungskosten, Grundstückskosten, Steuern, wie sie bei Mieth [157] angegeben sind.

Wie aus den Abbildungen 68 bis 70 zu ersehen ist, weisen die Funktionen der auf den Eisenschwamm bezogenen Transportkosten in Abhängigkeit von der Luftliniendistanz einen größeren Korrelationsfaktor bei dem Transportmittel Schiff auf, als dies bei Auftragung über der tatsächlichen Distanz

---

+) Es werden die in Tab. A10 aufgeführten mitteleuropäischen E-Stahlwerke zugrundegelegt, wobei jedoch mit Rücksicht auf den Rechenprogrammumfang eine Auswahl getroffen werden mußte und mit Nummern gekennzeichnet wurde. Die Daten wurden freundlicherweise vom Betriebsforschungsinstitut zur Verfügung gestellt [158].

Abb. 68 : Bezogene Transportkosten in Abhängigkeit von den wahren Entfernungen für:

a) Braunkohlebrikett (Bahn)

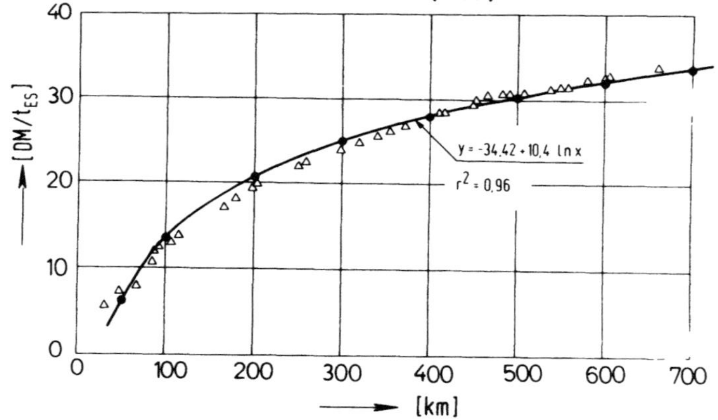

b) Braunkohlebrikett (Schiff)

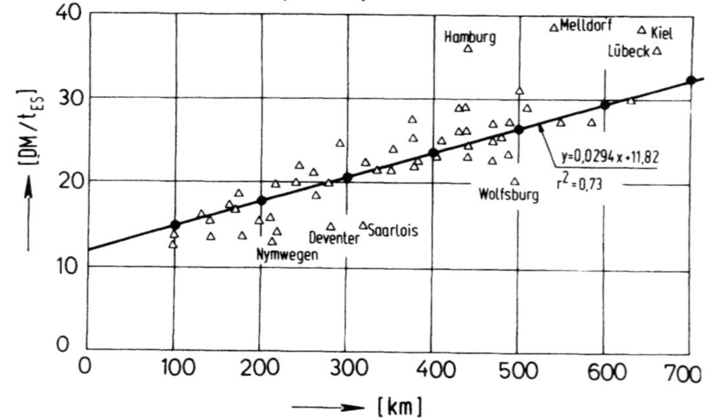

c) Erz (Bahn)

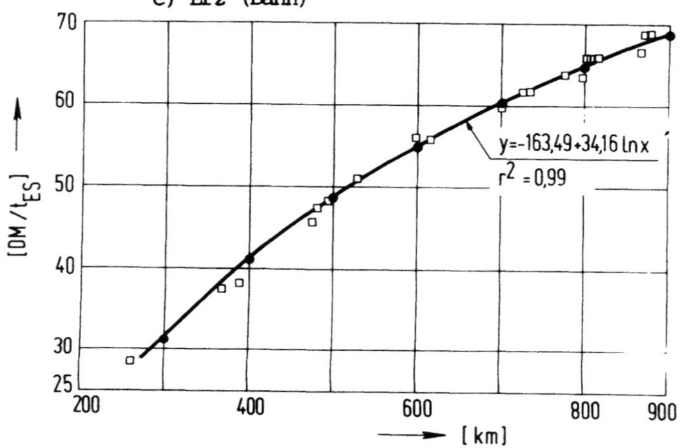

d) Erz (Schiff)

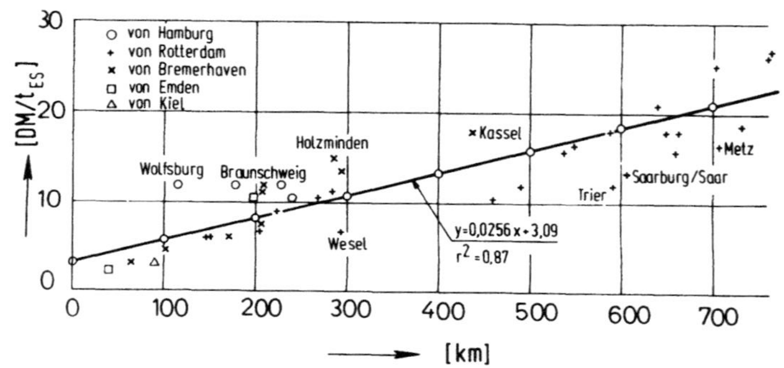

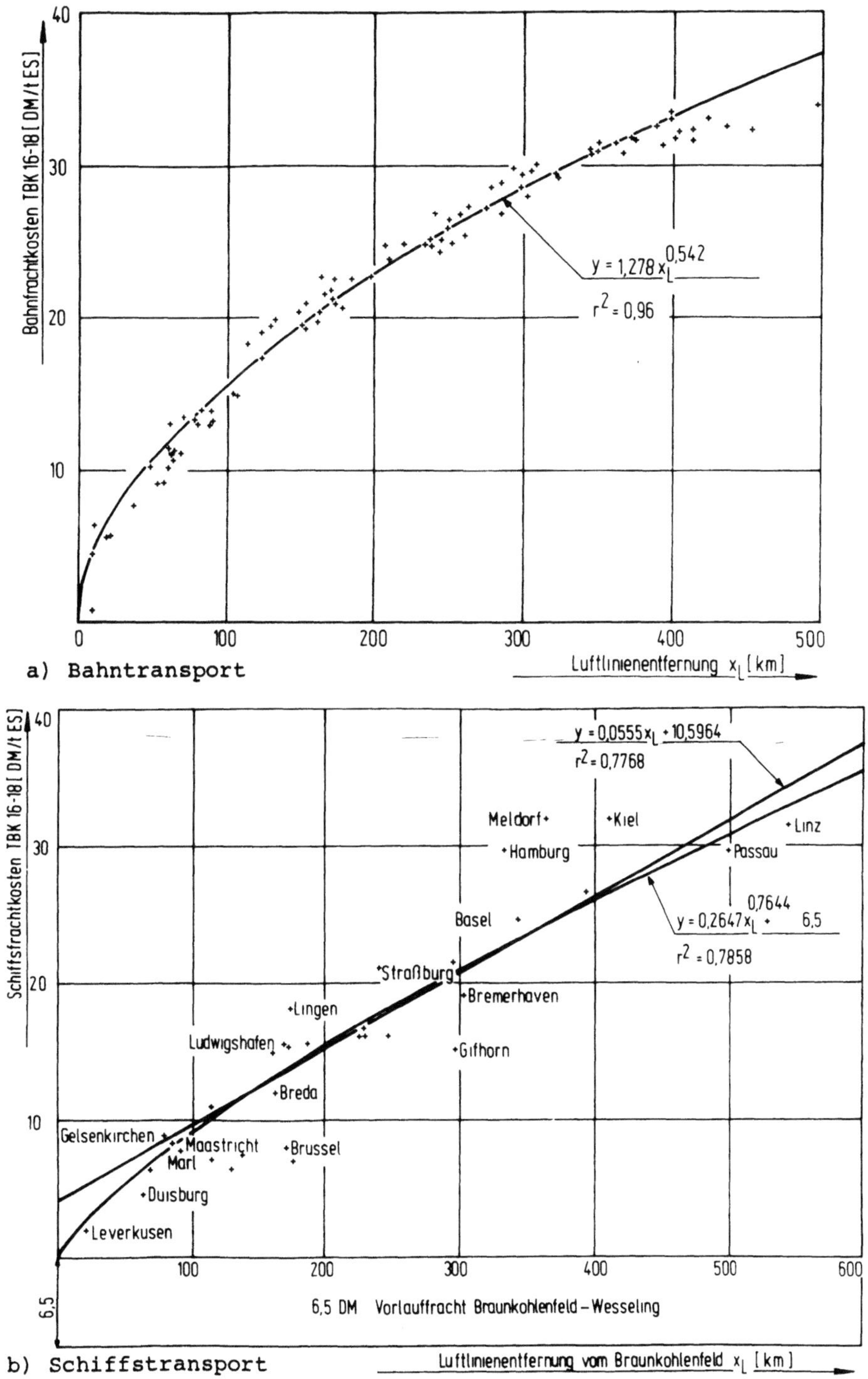

Abb. 69 Regressionsgeraden der bezogenen Transportkosten für Braunkohlebriketts

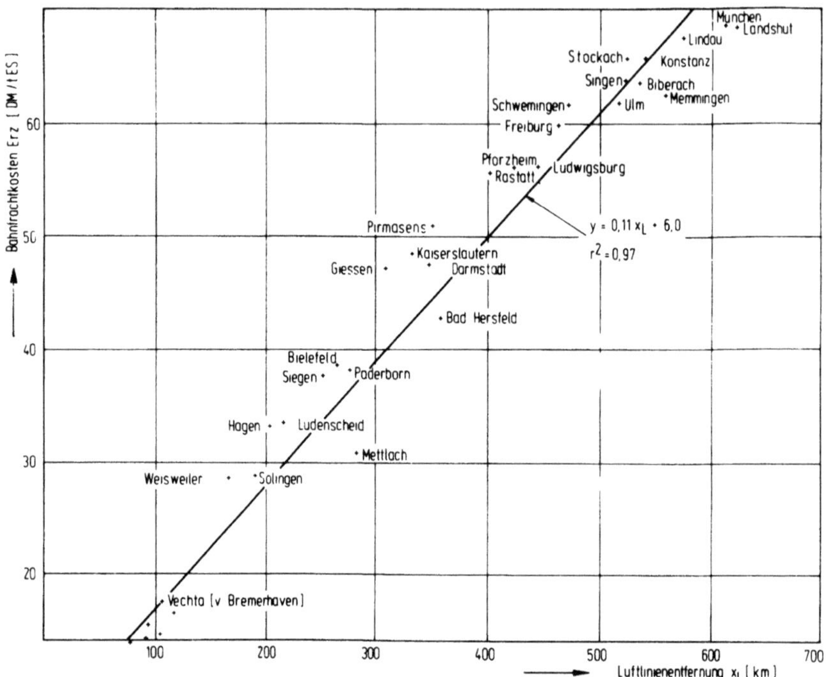

c) Bahntransport

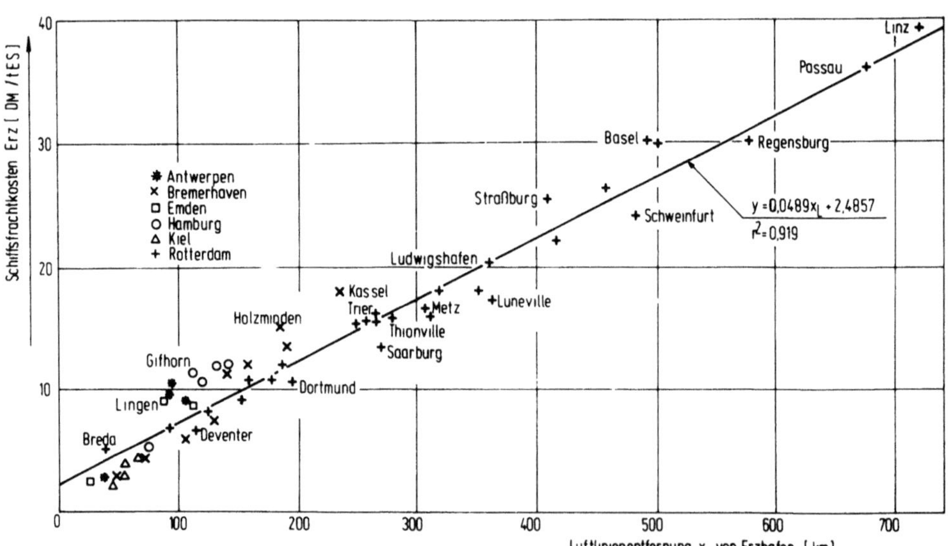

d) Schiffstransport

Abb. 70 Regressionsgeraden der bezogenen Transportkosten für Erz

der Fall ist. Bei der Wahl des Transportmittels Bahn weisen die Funktionen einen relativ hohen Korrelationsfaktor auf.

Die Auftragung über der Luftlinie geschah aus programmtechnischen Gründen, da in einem früher erstellten Programm[172,181] festgestellt wurde, daß die Abweichungen bei Auftragung der Transportkosten über den tatsächlichen Distanzen der Fehler zu groß wurde und dem verwendeten Steiner-Weber-Theorem die Homogenität vorausgesetzt wird. Für eine erste Annäherung kann der Weber-Ansatz eingesetzt werden.

9.3 Mathematisches Modell zur Standortbestimmung

Voraussetzung für die Anwendung von Verfahren zur Standortbestimmung ist, daß sich das Problem mathematisch formulieren läßt. Das Übersetzen in mathematische Formelsprache führt in der Regel zu einer Idealisierung der Gegebenheiten. Für jeden in Betracht kommenden Standort ist eine eindeutig bewertbare Zielgröße zu bestimmen. Der Wert der Zielgröße muß entweder gegeben oder durch eine Rechenvorschrift zu erhalten sein.

Der günstigste Standort ist dann derjenige, bei dem die Zielfunktion ein Optimum, im vorliegenden Fall ein Minimum der Transportkosten annimmt [159]. Die große Zahl der Transportprobleme, abhängig von den jeweiligen Randbedingungen und spezifischen Standortanforderungen, hat zu einer großen Zahl von mathematischen Lösungsmodellen geführt[174,175].
Für den vorliegenden Fall, in dem für ein Objekt viele potentielle Standorte zur Verfügung stehen, hat sich als mathematisch-ökonomische Methode zur Standortoptimierung die Steiner-Weber-Methode durchgesetzt. Sie ist überall dort anwendbar, wo für ein Objekt, für das der laufende Transport

von Rohstoffen, Brennstoffen, Arbeitskräften, Produktionserzeugnissen mit großem Aufwand verbunden ist, ein ökonomisch günstiger Standort gesucht wird [160].
Die Standortwahl ist im wesentlichen von der geographischen Lage der Lieferanten und Abnehmer abhängig.

Soll das Standortproblem analytisch mit Hilfe infinitesimaler Methoden gelöst werden, so muß zunächst eine stetige und differenzierbare Transportkostenfunktion in Abhängigkeit von zwei Cartesischen Koordinaten (Flächenkoordinaten) explizit aufgestellt werden.

Bei der vorliegenden Problemstellung sind die pro Einsatz- bzw. Endprodukte i ($i = 1 \div n$) des gegebenen Direktreduktions- bzw. Kuppelproduktprozesses n_i Bezugs- bzw. Absatzorte S_{ij} ($j = 1 \div n_i$) gegeben, die durch ihre Cartesischen Koordinaten (x_{ij}, y_{ij}) bestimmt werden. Dabei beziehen sich die Indizes i und j jeweils auf die Produktart und den entsprechenden Ort.

Der gesuchte optimale Standort S_{op} wird durch den Index op gekennzeichnet und entsprechend damit die Koordination (X_{op}, Y_{op}) im Diagramm bestimmt (vgl. Abb. 71).

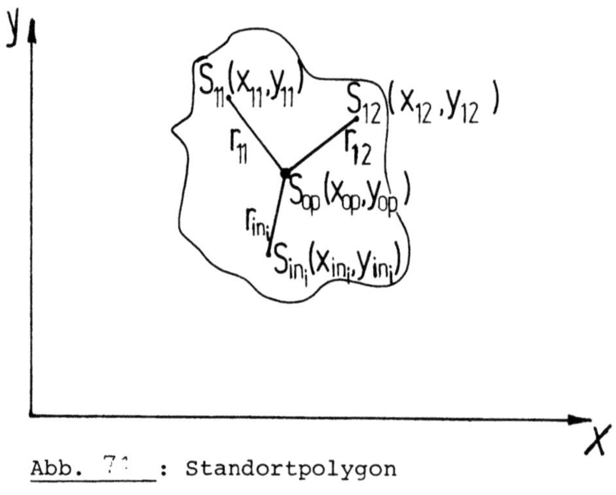

Abb. 71 : Standortpolygon

Die Luftlinienentfernung γ_{ij} zwischen dem optimalen Standort S_{op} und jedem der Bezugs- und Absatzorte S_{ij} läßt sich nach der Formel

$$\gamma_{ij} = (x_{ij} - x_{op}) + (y_{ij} - y_{op})^{1/2} \qquad (65)$$
$$i = 1 - n;\ ;1 \ldots n$$
$$j = 1 - n\ \ ;1 \ldots n;$$

nach der die gestellte Aufgabe als rein geometrisches Problem bei Steiner formuliert wurde, lösen. Auf ihre Anwendung zur Lösung von Standortproblemen wurde u.a. durch A. Weber hingewiesen. Daher spricht man auch vom "Steiner-Weber-Problem" [132]. Hierbei handelt es sich um das klassische homogene Standortmodell von Steiner-Weber, welches u.a. auch bei [161] ausführlich beschrieben wird.

Die spezifischen, auf die Gewichtseinheit des Hauptproduktes Eisenschwamm bezogenen Transportkosten

$$A_{ijk} = A_{ijk}(\tau_{ij}) \qquad (66)$$
$$i = 1 \div n$$
$$j = 1 \div n_i$$
$$k = 1 \div 2$$

sind als bekannte Funktionen des Luftlinienabstandes (s. Abb.74 a-d) zu sehen. Die auf die Gewichtseinheit [162] des Hauptproduktes und die Luftlinienentfernungslinie bezogenen Transportkosten a_{ijk} lassen sich nach der Formel errechnen:

$$a_{ijk} = \frac{A_{ijk}}{r_{ij}} = a_{ijk}(r_{ij})$$
$$i = 1 \div n$$
$$j = 1 \div n_i$$
$$k = 1 \div 2 \qquad (67)$$

Die spezifischen Gewichte der Einsatzstoffe werden als konstant angenommen. Die Anwendung von Standortmodellen mit variablen Produktionsfunktionen wie sie z.B. von Alonso [164] vorgeschlagen werden, würde den Rahmen der vorliegenden Untersuchung sprengen. (Vgl. a. [163])

Der Gesamttransportaufwand F läßt sich aus der Addition der einzelnen Transportaufwendungen A_{ijk} nach der Formel bestimmen:

$$F = \sum_{i=1}^{n} A_{ijk} = \sum_{i=1}^{n} a_{ijk}(r_{ij}) \cdot r_{ij} \,. \qquad (68)$$

Dabei stellen die Indizes j und k bei vorgegebener Produktart ($i = 1 \div n$) eine zulässige Kombination aus einem Bezugs- bzw. Absatzort j und einem Transportmittel k dar. Nach [162] ist F eine Funktion der Position des optimalen Standortes S_{op} (x_{op}, y_{op}), der ausgewählten Kombination der Bezugs- bzw. Absatzorte und der ausgewählten Transportmittel.

Der optimale Standort S_{op} ($_{op}$, y_{op}) läßt sich durch die Minimierung des Gesamttransportaufwandes F bestimmen:

$$F(x,y) = F(r_{ij}, k) \overset{!}{=} \text{Min} \quad . \qquad (69)$$

Nach der Bestimmung der minimalen Funktion ergeben sich die Koordinatengleichungen wie folgt:

$$x_{op} = \frac{\sum_{i=1}^{n} x_{ij} \left[\frac{a_{ijk}(r_{ij})}{r_{ij}} + \frac{\delta a_{ijk}(r_{ij})}{\delta r_{ij}} \right]}{\sum_{i=1}^{n} \left[\frac{a_{ijk}(r_{ij})}{r_{ij}} + \frac{a_{ijk}(r_{ij})}{\delta r_{ij}} \right]} \qquad (70)$$

und

$$y_{op} = \frac{\sum_{i=1}^{n} y_{ij} \left[\frac{a_{ijk}(r_{ij})}{r_{ij}} + \frac{a_{ijk}(r_{ij})}{\delta r_{ij}} \right]}{\sum_{i=1}^{n} \left[\frac{a_{ijk}(r_{ij})}{r_{ij}} + \frac{a_{ijk}(r_{ij})}{\delta r_{ij}} \right]} \quad . \qquad (71)$$

Die Gleichungen (70) und (71) erlauben noch keine explizite Bestimmung der Koordinaten des optimalen Standortes[174,175] S_{op} (x_{op}, y_{op}), weil die Unbekannten x_{op} und y_{op} auch in den Funktionen r_{ij} und a_{ijk} (r_{ij}) der rechten Seiten von(70) und (71) enthalten sind.

Deshalb ist eine iterative Lösung der Gleichungen (70) und (71) erforderlich, wobei man - angefangen mit einem geeigneten Paar $((x_{op})_o, y_{op})_o)$ - von optimalen Koordinaten jeweils verbesserte Näherungslösungen $((x_{op})_{k+i}$, $(y_{op})_{k+i})$ durch Einsetzen der vorherigen Näherungen $((x_{op})_k$, $(y_{op})_k)$ in die rechte Seite der Gleichungen (70) und (71) erhält.

Diese Iteration wird so weit fortgesetzt, bis die absolute Differenz zwischen zwei aufeinanderfolgenden Iterationsergebnissen kleiner als eine vorgegebene "Fehlerschranke" wird; d.h.

$$|(x_{op})_{k+1} - (x_{op})_k| \leq \Delta l = 0{,}05 \text{ km} \qquad (72)$$

und

$$|(y_{op})_{k+1} - (y_{op})_k| \leq \Delta l = 0{,}05 \text{ km} \qquad (73)$$

.

9.4 Anwendung des Steiner-Weber-Verfahrens auf das vorliegende Standortproblem

Wegen des Umfanges der vorliegenden Standortuntersuchung war die Erstellung eines dafür geeigneten Fortran-Rechenprogramms erforderlich.

Graphische Lösungsmethoden, wie die von[163,164] erläutert werden, können hierbei wegen der Vielzahl der zu transportierenden Produkte nicht angewandt werden.

Ein ausführliches Flußdiagramm mit detaillierter Beschreibung der einzelnen Anweisungen und Vereinbarungen ist im Anhang Tab. A 16 aufgeführt. Die in Klammern befindlichen Zahlenangaben des Flußdiagrammes beziehen sich auf die entsprechenden Zeilen (Kasten) des Programmlistings im Anhang A 17. Das Rechenprogramm besteht aus folgenden drei Teilen:

1. Eingabe- und Vereinbarungsteil
2. Rechenteil und
3. Ausgabeteil.

Im ersten Teil (Zeilen 1 - 70) wurden die Randbedingungen des vorliegenden Problems definiert bzw. eingegeben. Diese sind:

1.1 die Absatz- und Bezugsorte mit ihren (x,y)-Koordinaten;
1.2 die spezifischen Transportkostenfunktionen mit ihren Ableitungen und
1.3 die Auswahl einer Absatzalternative "Dampf" oder "CO_2".

Als Bezugs- und Absatzorte werden angegeben:

1.1.1 Bezugsorte für Erz - Rotterdam
- Emden
- Bremerhaven
- Hamburg
- Kiel ,

1.1.2 Bezugsorte für Kohle - Berrenrath,

1.1.3 Absatzorte für Eisenschwamm (40 Orte in der Bundesrepublik Deutschland, den Niederlanden, in Frankreich, Belgien, Luxemburg und Österreich - s. Tabelle A 10),

1.1.4 Absatzorte für CO_2 (8 Orte in der Bundesrepublik Deutschland, s. Tabelle 23, S. 106),

1.1.5 Absatzorte für Dampf (55 Orte in Mitteleuropa, s. Tabelle A 7).

Im Rahmen dieses Abschnittes werden lediglich mathematisch- und programmiertechnische Probleme des angewandten Verfahrens erläutert werden, der Diskussion der Problematik der (technisch-ökonomisch) sinnvollen Auswahl der Bezugs- und Absatzorte ist der Abschnitt 6 gewidmet.

Das Programm ist geeignet, die Gewichtsfaktoren stufenweise für jeden Stoff, die Koordinaten von je einem Erzhafen, einem Eisenschwammabnehmer, einem CO_2-Abnehmer und von der Förderstätte der rheinischen Braunkohle einzulesen. Dies entspricht den Koordinaten der örtlich fixierten Stellen S_i, n_i. Diese Koordinaten werden als Ausgangsbasis für den im vorigen Abschnitt beschriebenen Rechenalgorithmus verwendet und führen nach einer vom Programm jeweils selbst festzulegenden Anzahl von Iterationsschritten über immer günstigere Koordinaten bis zu einem Punkt mit den Koordinaten des Standortes A, dessen Koordinaten vom Standort des vorhergehenden Iterationsschrittes nur um Tausendstel des Koordinatenmaßstabes abweichen. Das Programm sieht dann den geforderten günstigsten Standort als gefunden an und druckt das Ergebnis aus. Danach werden neue Daten eingelesen und der Vorgang wiederholt sich.

Das Programm druckt die jeweils eingelesenen Koordinaten der Stellen S_i (Hafen, Eisenschwammabnehmer etc.), die verwendeten Gewichtungen a_i, die Koordinaten des gesuchten Standortes nach dem ersten und dem letzten Iterationsschritt aus. Ferner werden zur Kontrolle noch die Zahl der Iterationsschritte, die benutzten Transportmittel, die Transportkosten (absolut und in Prozent) ausgedruckt. Die errechneten Daten sind auszugsweise in Tabelle A 17 und A 18 für die optimalen und ein paar ausgewählte Standorte zusammengestellt.

Zur Festlegung der Koordinaten der ausgewählten Orte diente eine Landkarte Mitteleuropas (M = 1 : 1.000.000) [182] in der, ausgehend von der linken unteren Ecke der Karte, kartesische Koordinaten eingeführt wurden. Die Koordinaten der Orte ergaben sich dadurch aus dem Abstand - in cm - vom linken (x-Koordinate) und unteren (y-Koordinate) Kartenrand.

Als Referenzpunkte bei Verwendung einer anderen Karte - im gleichen Maßstabe - seien an dieser Stelle die Koordinaten für Aachen, die mit

$$x = 30{,}7 \qquad y = 35{,}6$$

aus der oben erwähnten Landkarte ermittelt wurden, angegeben.

Für den Transport des Erzes, der Kohle und des Eisenschwamms sind die Transportmittel "Bahn"und "Schiff" vorgesehen. Dampf und CO_2 werden über Pipeline transportiert.

Die spezifischen Transportkostenfunktionen wurden als optimale Regressionsfunktionen der Luftlinienentfernung r dem Programm eingegeben. Die Verwendung der Luftlinienentfernungen war notwendig, weil die für den Standort in Frage kommende Fläche als zweidimensional und frei von geographischen und infrasturkturellen Gegebenheiten angenommen wird. Andererseits besteht insbesondere bei den Bahnlinienentfernungen eine eindeutige Korrelation zwischen Luftlinien- und tatsächlichen Entfernungen, die zu realistischen Standortlösungen führen dürfte. Die vom Rechenprogramm vermittelten optimalen Standorte wurden jedoch nachträglich auf ihre Optimallinie individuell überprüft.

9.5 Gewichtungsfaktor bei der Standortbestimmung

In dem in Abschnitt 9.3 beschriebenen mathematischen Modell zur Optimierung des Standortes wird das Standortproblem als

eine Aufgabe mit unendlich vielen Standorten in einem kontinuierlichen System behandelt. Die Anwendung des Steiner-Weber-Verfahrens zwingt demnach zu einer starken Idealisierung, da die Annahme eines kontinuierlichen Systems, das also den Charakter eines homogenen Mediums aufweist, eine starke Abstraktion von den praktischen Gegebenheiten darstellt.
Eine zweite wesentliche Bedingung - neben der Annahme eines kontinuierlichen Systems - ist das Postulat, daß alle für die Optimierung maßgebenden Transportbeziehungen zwischen den Objekten geradlinig realisiert werden können. Trotz dieser Idealisierung erhält man zunächst einmal Auskunft darüber, in welcher Gegend die günstigsten Standorte überhaupt zu suchen sind. In einem weiteren Schritt können die gewonnenen Ergebnisse mit einem für wenige Standorte geltenden Verfahren, z.B. dem Enumerations-Verfahren [159] verfeinert werden.

Wegen dieser zwangsläufig durch das mathematische Modell aufgezwungenen Vereinfachung, sollten - zur Beibehaltung einer realistischen Abschätzung - die Gewichtsfaktoren a_i der Gleichungen in Abschnitt 9.3 besonders sorgfältig bestimmt werden.

Als Maßeinheit für diese Faktoren wurden im vorliegenden Fall die Transportkosten pro Tonne Eisenschwamm und Kilometer gewählt. Zur Ermittlung der Zahlenwerte dieser Faktoren sind die Tabellen A 13 - A 16 erstellt worden. In diesen Tabellen wurden jeweils - abhängig von der Beförderungsart Schiff [165] oder Bahn [166] - die Transportentfernungen und die zugehörigen Transportkosten für Erz oder Kohle pro Tonne Eisenschwamm aufgelistet. Von Bedeutung ist die Erkenntnis, daß die Prämisse der Verwirklichung geradliniger Verbindung zwischen den Objekten durch Ausgleichung von entsprechenden Regressionsfunktionen an die gegebenen Transportkosten-Abstandbeziehungen berechtigt war. Die Korrelationsfaktoren für die geradlinige Verbindung und die den tatsächlichen Entfernungen, weichen wesentlich voneinander ab (vgl. Abb. 68 bis 70) und sind in Tabelle 36 zusammengestellt.

Transport mittel	Transportgut			
	Erz		Braunkohlebrikett	
	Luftlinien-entfernung	tatsächliche Entfernung	Luftlinien-entfernung	tatsächliche Entfernung
Bahn	$r^2 = 0,97$	$r^2 = 0,99$	$r^2 = 0,96$	$r^2 = 0,96$
Schiff	$r^2 = 0,919$	$r^2 = 0,87$	$r^2 = 786$	$r^2 = 0,73$

Tab.36 : Die Korrelationsfaktoren für die Transportkosten von Braunkohle und Erz

Für den Gütertransport per Schiff waren dabei die noch im Bau befindlichen Kanäle als fertiggestellt vorausgesetzt, um die zukünftige Transportkostenentwicklung auf diesem Gebiet mit einzubeziehen.

Die Tabellen wurden in den Abbildungen 68 bis 70 graphisch ausgewertet. Dort ist besonders deutlich die unstetige Transportkostenentwicklung bei Schiffstransport zu beobachten, die zu einem erheblichen Teil durch die unterschiedlichen Bedingungen (Schleusen, Strömung, schiffbare Tournage) der verschiedenen Flüsse und Kanäle und die bei Wasserstraßen oft erzwungenen Umwegen, sowie auf - wenn auch zu einem geringeren Anteil - die politisch bedingten Preisunterschiede zurückzuführen ist.

Zur Auswertung der Daten aus den angeführten Tabellen wurde desweiteren zum Auffinden eines mathematischen Zusammenhangs jeweils eine Regressionsanalyse durchgeführt, und zwar wurde jeweils eine lineare Regression, eine Exponential-Kurvenanpassung und eine logarithmische Kurvenanpassung berechnet[172]. Die dabei ermittelten Gleichungen, die mit den verwendeten Verfahren das beste Bestimmtheitsmaß erreichten, wurden in die Abbildungen 68 - 70 eingezeichnet. Da jedoch das Steiner-Weber-Verfahren im vorliegenden Iterationsalgorithmus die Verwendung von Gewichtsfaktoren $a_i = f(x)$ nicht zuläßt, mußte eine Vereinfachung getroffen werden, und zwar mußte von einem Startwert a ausgegangen werden.

Die eingegebenen spezifischen Transportkostenfunktionen und deren Ableitungen sind in der folgenden Tabelle zusammengefaßt:

Produkte	Transportmittel	Transportkostenfunktion (DM/km tES)	Ableitung der Transportkostenfunktion
Erz/ES	Bahn	$a = 0{,}0489+2{,}4857/r$	$\frac{da}{dr} = -\ 2{,}4857/r^2$
Erz/ES	Schiff	$a = 0{,}1099+6{,}00/r$	$\frac{da}{dr} = -\ 6{,}00/r^2$
Kohle	Bahn	$a = \frac{6{,}5}{r} +0{,}2647 \cdot r^{-0{,}2356}$	$\frac{da}{dr} = -\frac{6{,}5}{r^2} -0{,}0624 \cdot r^{-1{,}2356}$
Kohle	Schiff	$a = 1{,}278 \cdot r^{-0{,}458}$	$\frac{da}{dt} = -0{,}5853 \cdot r^{-1{,}458}$
CO_2	Pipeline	0,02	0
Dampf	Pipeline m.Aufb.	1,9805	0
Dampf	Pipeline o.Aufb.	0,53	0

Tabelle 37 : Die spezifischen Transportkostenfunktionen des Standortmodells

Als Startwerte a der spezifischen Transportkostenfunktionen wurden die Tangenten der Durchschnittsneigungen der r-abhängigen spezifischen Transportkostenfunktionen verwendet. Natürlich wird nach dem ersten Iterationsschritt, nach der Ermittlung der ersten Luftlinienentfernungen, mit den r-abhängigen Transportkostenfunktionen weitergerechnet.

Die mit erheblichem, programmtechnischen Aufwand und numerisch-mathematischen "Risiken" verbundene r-Abhängigkeit der spez. Transportkostenfunktionen gestattet eine genauere Positionierung des optimalen Standortes und führt bei (realistischen) Luftlinienentfernungen von über 200 km aufgrund der Krümmung der spez. Transportkostenfunktionen über der Luftlinienentfernung in einen wesentlich niedrigeren Gesamttransportaufwand als die Rechnung mit konstanten Durchschnittswerten von a_{ijK}.

Die Ableitung f' nach x lautet:

$$f' = \frac{\delta f}{\delta x} = \frac{(\sum_{i=1}^{n} x_i \; B_i')\cdot(\sum_{i=1}^{n} B_i) - (\sum_{i=1}^{n} B_i')\cdot(\sum_{i=1}^{n} x_i \; B_i)}{(\sum_{i=1}^{n} B_i)^2} =$$

$$= \frac{\sum_{i=1}^{n} (x_i \; B_i' \; B_j \; - \; x_i \; B_i \; B_j')}{(\sum_{i=1}^{n} B_i)^2} =$$

$$= \frac{\sum_{i=1}^{n} x_i \sum_{i=1}^{n} (B_j \; B_i' - B_i \; B_j')}{(\sum_{i=1}^{n} B_i)^2} \quad . \qquad (74)$$

Eine Konvergenzüberprüfung müßte also pro Rechenalternative durchgeführt werden. Unter der (plausiblen) Annahme der Existenz eines Optimumstandortes und nach einer relativ "genauen" ersten Schätzung seiner Koordinaten mit Hilfe der Gleichungen (70) und (71) ist es gelungen, bei allen Alternativen nach 6-24 Iterationen den optimalen Standort zu finden.

Der Vergleich des Gesamttransportaufwands des errechneten Standortes mit denjenigen anderer zufällig auf der Karte gewählten Orte hat die Effizienz des angewandten Algorithmus auf empirischen Wege bestätigt.

Die Rechenergebnisse haben ferner die allgemeine Erfahrung bestätigt, daß jeder Bezugs- bzw. Absatzort eine "Anziehungskraft" auf den optimalen Punkt ausübt, die in etwa direkt proportional der diesem Orte zuzurechnenden spezifischen Transportkostenbelastung ist. Diese Eigenschaft ist insbesondere bei dem Transport von Dampf über Pipeline sehr wichtig, weil nämlich in diesem Falle der optimale Standort bis auf einen Abstand von unter einem Kilometer in den Dampfabsatzort herankommt und somit auch eine technische Nebenbedingung erfüllt, nämlich, daß der Dampftransport aufgrund von Wärmeverlusten nicht über eine Distanz von mehr als 10 km erfolgen soll.

In den nachfolgenden Tabellen sind die Rechenergebnisse gruppiert, nach der Art des Kuppelprodukts und dem Erzlieferant wiedergegeben.

9.6 Auswertung der Standortuntersuchung

Die Anwendung des EDV-Programms auf die ausgewählten Zuliefer- und Abnehmerorte führt zu einer nicht zu bewältigenden Zahl von Standorten, die bezogen auf den optimalsten Standort Köln/Leverkusen unter Berücksichtigung der Abwärmenutzung noch in der Nähe des Optimums lagen. Deswegen mußte eine Limitierung der bezogenen Gesamttransportkosten eingeführt werden, und zwar für die Abwärmenutzung von Dampf mit 36 DM/t ES und bei CO_2-Lieferung von 40 DM/t ES.

Der im Anhang befindliche "Output" (Tabelle A38) gibt direkt Aufschluß über die entstehenden Transportkosten. Im Falle der CO_2-Lieferung ist jedoch aus datentechnischen Gründen jeweils nur das von der DGMK (Deutsche Gesellschaft für Mineralölwissenschaft und Kohlechemie eV) CO_2-Zentrum mit den Koordinaten erfaßt, da die Versorgungsleitung für CO_2 zu verschiedenen Feldern geführt werden muß und die Koordinaten deshalb sich von Fall zu Fall ändern würden. Zu den Gesamttransportkosten wären demnach stets die Pipeline-Kosten hinzuzuaddieren, die allerdings bei 10 km lediglich 0,23 DM/t ES betragen.

Die optimalen Standorte sind den Tabellen 38 u. 39 zu entnehmen. Zur Verdeutlichung der Standortvorteile des Ruhrgebietes aufgrund der geographischen Nähe von Braunkohle, Wasserweg und Absatzgebieten wird zum Vergleich der Standort Ludwigshafen mit in die Tabelle einbezogen. Die übrigen Daten sind den Outputs in Tab.A17+18 im Anhang zu entnehmen.

Untersuchungen an den Standorten Lingen, Ludwigshafen, Marl, Köln, Duisburg, Leverkusen und bei den Institutionen für Wirtschaftsförderung der einzelnen Länder ergaben, daß im Einzelfall wegen der teilweise großzügigen Landesförderung von bis zu 25% der Investkosten bei entsprechender Berücksichtigung [167 - 171, 173] dieser Vorteile eine Ansiedlung der Drehrohrofenanlage außerhalb des Ruhrgebietes wirtschaftliche Vorteile bringen kann. Deutlich wird allerdings aus der vorliegenden Untersuchung schon, daß der süddeutsche Raum, mit Ausnahme der Rheinschiene, wegen der ungünstigen Transportkostensituation für einen Drehrohrofen-Standort ausfällt. Ein Ausweichen auf Gebiete außerhalb des Ruhrgebietes mit eventuell geringem Transportkostennachteil wird wegen des besseren Industriegeländeangebotes und niedrigerer Grundstückspreise und einer Gutschrift von über 30 DM/t ES (CO_2-Lieferung) gegebenenfalls geboten erscheinen.

Dieser Fragenkomplex bleibt allerdings einer Feinstudie vorenthalten, mittels der von Fall zu Fall entschieden werden muß.[+)] Diese Standortanalyse mittels des EDV-Programmes reicht nur zur Informationsbeschaffung im Rahmen einer Grobplanung aus und kann keinen Anspruch auf Vollständigkeit erheben, da

---

+) Ein Fragenkatalog zur Erhebung von Daten zur Standortbewertung findet sich bei Femmer [176].

Nr.	Standort	Erzhafen	Kuppelprod. Absatz	Transportmittel			Absatz	Kosten
				Erz	Brik.	ES		
1	Leverkusen	Bremerhaven	Dampf Bayer-L'kusen	S	B	S		23,96
2	Köln	Bremerhaven	Dampf Köln Knappsack	S	B	S	Königs-winter Lennertz Werke	24,82
3	Krefeld	Emden	Dampf Krefeld	S	S	B	Rheinh. Krupp	27,70
4	Duisburg	Emden	Dampf Duisburg	S	B	S	Duisburg Mannes-mann	27,84
5	G'kirchen	Emden	Dampf G'kirchen	S	B	S	Duisburg Thyssen	28,41
6	Düsseldorf	Bremerhaven	Dampf Düsseldorf	S	B	S	D'dorf Böhler	28,47
7	Marl-H	Emden	Dampf CWH	S	B	S	Bochum F.Krupp	28,67
30	L'hafen	Bremerhaven	Dampf BASF	S	B	S	Bous	51,76

Tabelle 38 : Nach Transportkosten ausgewählte Standorte (Dampfabsatz)

Nr.	Standort	Erzhafen	Kuppelprod. absatz	Transport-mittel			Absatz ES	Transp. kosten
				Erz	Brik.	ES		
1	Lingen	Rotterdam	CO_2 Emsland	S	S	S	Lingen Benteler	29,90
2	Vechta	Hamburg	Vechta	B	B	B	Lingen Benteler	37,92
3	Hamburg	Hamburg	CO_2 Hamburg	S	B	S	Hamburg Werke	39,90
4	Lingen	Rotterdam	CO_2 Lingen	S	S	S	Witten	48,95

Tabelle 39 Transportkostenbelastung bei CO_2-Absatz

innerhalb derartiger praxisnaher Untersuchungen niemals alle eine Standortentscheidung beeinflussenden Faktoren, gerade wegen der geringen Quantifizierbarkeit, erfaßt werden können und darüberhinaus einzelne Standortfaktoren mit der Zeit variieren

Als wichtigstes Ergebnis dieser Untersuchung müssen folgende Tatsachen festgehalten werden:

1. Durch eine weitgehende Erfassung aller Randbedingungen lassen sich über ein Rechenprogramm die optimalen Standorte mit den geringsten Transportkostenbelastungen finden.

2. Die über dem Steiner-Weber-Algorithmus gefundenen Standorte entsprechen den in der Praxis bevorzugten.

3. Das aufgestellte Standortprogramm läßt sich auf andere Industriebereiche übertragen, die vom Massenguttransport abhängig sind.

10. Zusammenfassung

Aus dem Vergleich der alternativen Routen zur Stahlherstellung, der für die Hochofen-LD-Route (481 DM/t RSt) einen Energiekostenanteil von 32%, bei der Midrex-E-Ofen-Route (430 DM/t ESt) 21% und bei der SL/RN-E-Ofen-Route (481 DM/t ESt) 25,1% zu Preisen von 1977 ergab, läßt sich die Prognose herleiten, daß sich wegen der ständig steigenden Brennstoffpreise entsprechend dem jeweiligen Energiekostenanteil die Kostendifferenz zwischen der HO-LD- und der Direktreduktions-Route vergrößern wird. Diese Aussage gilt aber nur unter der Einschränkung und unter Zugrundelegung unterschiedlicher - mit 1,2 Mio Jato für den Hochofen und mit 0,4 Mio Jato für die Direktreduktionsanlage - angesetzter Kapazitäten. Der Kostenvorteil der Direktreduktionsanlage beruht im wesentlichen auf geringeren Energieeinsatzkosten, in niedrigeren Investkosten und im Vorteil einer wirtschaftlichen Versorgung kleiner Märkte, was einen nicht zu unterschätzenden Vorteil im Hinblick auf die derzeitige Situation auf dem Stahlmarkt bedeutet, der eine erhöhte Flexibilität und Elastizität in der Anpassung an plötzliche gesamtwirtschaftliche Veränderungen erfordert.

Mit einem Energieverbrauch von 13 GJ/t ES ist das Midrexverfahren dem SL/RN-Verfahren mit einem Energiebedarf von ca. 21 GJ/t ES - auf die Energiekosten bezogen - überlegen, der für das erstere Verfahren 44 DM/t ES gegenüber 62 DM/t ES beträgt. Die Differenz könnte zugunsten des SL/RN-Verfahrens schwinden, wenn der zu erweiternde Kostenanstieg des Erdgases aufgrund von Verknappungstendenzen zu Beginn der achtziger Jahre eintritt.

Da etwa 50% der in das Drehrohr eingebrachten Energie den Ofen ungenutzt verlassen, besteht in der Abwärmerückgewinnung die Möglichkeit, über eine Gutschrift kostengünstiger Stahl zu produzieren als mit den übrigen Verfahren.

Die Untersuchungen, die in enger Zusammenarbeit mit der Industrie erfolgten, beschäftigten sich mit dem Problem der Veredelung und Vermarktung dieses Nebenproduktes, wobei die allgemeine Bedeutung dieser Abwärmenutzung für eine wirtschaftliche Stahlherstellung aufgezeigt wurde.

Bei einer Eisenschwammproduktion von 400.000 Jato lassen sich über eine Verbrennung des Abgases im Abhitzekessel etwa 1 Mio Tonnen hochgespannten Dampfes erzeugen, was z.B. etwa 9-10% des jährlichen Dampfbedarfes der BASF entspricht. In einer Fallstudie wurden Großunternehmen der Chemie und Petrochemie befragt und der potentielle Absatzmarkt untersucht, wobei der Dampf mit durchschnittlich 17 DM/t bewertet wurde und eine Abgabe von Hochdruckdampf an die chemische Großindustrie sich am wirtschaftlichsten erwies.
Für den speziellen Fall der CO_2-Erzeugung aus dem Rauchgas mittels des erzeugten Dampfes wurde ebenfalls in Zusammenarbeit mit zahlreichen Industrieunternehmen die Wirtschaftlichkeit einer CO_2-Erzeugung überprüft und innerhalb dieser Studie die Möglichkeit des CO_2-Einsatzes für die tertiäre Erdölförderung untersucht, wobei der besonderen Problematik dieses Förderverfahrens Rechnung getragen wurde.

Das aus dem Absatz der Kuppelprodukte Dampf bzw. CO_2 resultierende Problem der Standortabhängigkeit dieser Direktreduktionsanlage erforderte die Erstellung eines Standort-Fortran-Programmes, das der Transportabhängigkeit über die Kombination der Bezugs- und Absatzorte, die Wahl der Transportmittel die optimalen Standorte über eine Europakarte errechnete. Hierbei wurde der Standortvorteil von Industrieansiedlungen im Ruhrgebiet und entlang der Rheinschiene bestätigt. Eine Karte mit den Isodapanen für die Bundesrepublik Deutschland wurde erstellt.

Insgesamt konnte nachgewiesen werden, daß über die Abwärmenutzung nicht nur transportkostenbedingt Standortnachteile überkompensiert werden können, sondern darüberhinaus eine wirtschaftliche Stahlherstellung über eine Gutschrift für bis zu 56 DM/t ES in der Bundesrepublik Deutschland bei gleichzeitiger Steigerung des Erdölförderpotentials um 20% als realistisch zu betrachten ist.

Für einige ausgewählte Standorte wurden folgende spezielle Standortfaktoren als qualitative Beurteilungsfaktoren untersucht:

1. Platzangebot, Grundstücksbeschaffenheit
2. Abwärmenutzungsmöglichkeit
3. Wasserstraßenanschluß, Hafenanlage
4. Auflagenerfüllbarkeit
5. Investitionsklima, Investitionsförderung.

Im Rahmen der Standortuntersuchung wurden bezüglich der Faktoren 1), 4) und 5) mit den kommunalen und Landesbehörden zusammengearbeitet. Eine umfassende Datenzusammenstellung und ein verfeinertes Programm ist für ähnliche Problemstellungen-wie im vorliegenden Fall-leicht möglich, wenn den jeweiligen Gegebenheiten Rechnung getragen wird.

Als günstiger Standort für den Dampfabsatz wurde der Standort Leverkusen, für CO_2-Absatz der Standort Lingen vom Programm errechnet.

11. Literaturverzeichnis

1. Statistisches Jahrbuch 1975/76/77/78 der Eisen- und Stahlindustrie;
   Hrsg.: Wirtschaftsvereinigung Eisen- und Stahlindustrie, Düsseldorf (1975/66/77/78), Verlag Stahleisen m.b.H.

2. Amtsblatt der Europäischen Gemeinschaften
   19. Jhrb., Nr. C 232 (4. Okt. 1976), Ausgabe in deutscher Sprache, Brüssel (1976)

3. Berden, W.:
   Veränderungen der wirtschaftlichen und technischen Produktionsbedingungen in der Eisen- und Stahlindustrie der Bundesrepublik Deutschland und ihre Auswirkungen auf den Energieverbrauch bis 1985
   Dissertation, Köln (1975)

4. American Iron and Steel Institute:
   The Steel Import Problem
   Fallstudie im Auftrage des "Emergency Committee Washington", New York (1969)

5. Studie der Deutschen BP AG:
   Energie 2000, Hamburg (1977)

6. Wilson, L. Carroll:
   Energy: Global Prospects 1985 - 2000
   Report of the Workshop on Alternative Energy Strategies
   Massachusetts Institute of Technology (1977)

7. Trenkler, H.:
   Grenzen der Möglichkeiten besserer Energienutzung aus betriebswirtschaftlicher Sicht in Sonderdruck KFA, König, Chr.: Technologien zur besseren Energieausnutzung in Kernkraftwerken KFA Jülich (1976)

8. Bundesministerium für Forschung und Technologie:
   Neuen Kraftstoffen auf der Spur
   Bonn (1974)

9. Bundesministerium für Forschung und Technologie:
   Einsatzmöglichkeiten neuer Energiesysteme
   Programmstudie, Teil II: Kohleveredelung BMFT, Bonn (1975)

10. Meyer, K.:
Die Bedeutung der Rohstoff- und Energieversorgung für die Weiterentwicklung der Direktreduktion von Eisenerzen am Beispiel des SL/RN-Verfahrens und seiner Varianten
Klepzig Fachberichte 82 (1974) H. 5, S. 166/71

11. Meyer, G., Bongers, U. und R. Wetzel:
Wirtschaftskommission für Europa (ECE)
Economy Survey of Europe in 1971, Genf 1972
Erzmetall (Juni 1973), H. 6, S. 259/312

12. Franke, F.H.:
Grundlagen und Technologie der Kohlevergasung
Vorlesung WS 77/78 RWTH Aachen

13. Körfer, C.:
Die Energiekosten in der Industrie,
Energiewirtschaftliche Tagesfragen 6 (1956/57), S. 140/43

14. Nikolič, R.:
Anteil des Energieaufwandes an den Erzeugnissen der eisenschaffenden Industrie
Dissertation RWTH Aachen (1945)

15. Verband der deutschen Schrottwirtschaft:
Persönliche Mitteilungen, Düsseldorf (1977)

16. Thar, R.:
Persönliche Mitteilungen
Institut für Bergbaukunde der RWRH Aachen (Febr. 1978)

17. Constantinidis, C.:
Technisch-wirtschaftliche Strukturuntersuchungen des deutschen Stahlmarktes
RWTH Aachen, Dissertation 1979

18. Statistisches Bundesamt:
Statistisches Jahrbuch 1978 für die Bundesrepublik Deutschland
Verlag Kohlhammer, Wiesbaden (1978)

19. Overbeck, F.-W.:
Planmäßige Verwertung der anfallenden Energien in Eisenhüttenwerken
Dissertation RWTH Aachen (1965)

20. Liestmann, W.D.:
Herstellung von Eisenschwamm mit rheinischer Braunkohle im Drehröhrofen
Stahl und Eisen 96 (1976) H. 3, S. 97/105

21. Kalla, U.:
Die Reduktion der Erze
Teil II: Die Technologie der Verfahren der Direktreduktion
Naturwissenschaften 60 (1973), S. 421/24

22. Hoesch AG:
Persönliche Mitteilungen
Hoesch AG, Dortmund (Febr. 1977)

23. Knobloch, W.:
Technisch-wirtschaftliche Randbedingungen bei der Eisenschwammerzeugung im Drehrohrofen unter Einsatz rheinischer Braunkohle
Unveröffentlichte Diplomarbeit am Institut für Eisenhüttenkunde der RWTH Aachen (Nov. - Juni 1977/78)

24. Rumberger, M.:
Das weltweite Angebot und die Nachfrage nach Kokskohle bis zum Jahre 1985
Stahl u. Eisen 97 (1977) Nr. 15, S. 765/713

25. Verlag Stahleisen:
Elektrostahlerzeugung, Düsseldorf, 2. Aufl. (1975)

26. Stahl und Eisen:
2. Vierteljahresheft 1978
Statistisches Bundesamt, Düsseldorf (1978)

27. Batelle-Institut:
Studie Direktreduktion, Batelle Institut e.V., Frankfurt (1972)

28. Bonsmann, T.:
Entwicklungsrichtung der Kokskohleversorgung der deutschen Hüttenindustrie, Stahl u. Eisen 97 (1977)Nr.15

29. Distler, J.L, H.P. Gorius, K. Sandhöfer:
Kostenrechnungssystem der Stahlwerke Röchling-Burbach als Hilfsmittel der Betriebssteuerung unter besonderer Berücksichtigung der Richtkostenrechnung, Stahl u. Eisen 97, (1977) Nr. 7, S. 342/49

30. Persönliche Mitteilungen
Verein Deutscher Eisenhüttenleute, Düsseldorf
(Febr. 1978)

31. Rheinische Braunkohle AG:
Persönliche Mitteilungen (Aug. 1977)

32. Seidel, W.:
Persönliche Mitteilungen
Forschungsstelle technisch-wirtschaftlicher Unternehmensstrukturen der Stahlindustrie an der RWTH Aachen (1977)

33. Hamburger Stahlwerke:
Persönliche Mitteilungen
Hamburg (Febr. 1978)

34. Lurgi-Hüttentechnik:
Persönliche Mitteilungen Juli 1977

35. Papst G. und G. Post:
Direktreduktion von Eisenerzen - Die Energiealternative der Stahlindustrie
Gas-Wärme-International Bd. 25 (Juni 1976)
Nr. 6, S. 292/98

36. Ameling, D., Rudolph G., Elsner, E. und H. Knapp:
Einsatz von hochmetalliertem Eisenschwamm im Elektrostahlwerk
Neue Fachberichte (Okt. 1976) S. 839/52

37. Hütte, I.:
Des Ingenieurs Taschenbuch
Theoretische Grundlagen, 28. Aufl. (1955)
S. 509/13

38. Stahl und Eisen/Umschau:
Wärmebilanz des LD-Konverters
Stahl und Eisen 95 (1975) Nr. 22, S. 1098

39. Schnabel, W.:
Unveröffentlichtes Manuskript
Lurgi Hüttentechnik, Frankfurt (Juni 1977)

40. Görgen, R.:
Wärmebilanzen und Abgasmengen eines Großraum-Lichtbogenofens
Stahl und Eisen 81 (1961) Nr. 11, S. 707/11

41. Schenck, H. und Mitarbeiter:
Baukosten von Stahlwerken und betriebliche Verarbeitungskosten der Stahlwerksverfahren
Verlag Stahleisen, Düsseldorf (1970)

42. Friedman, B. und R. Marshall:
Studien in Rotary Drying
Chem. Eng. Progr. 15 (1945) S. 482 ff.

43. Hoffmann, G.W., Fritsche, R. und D. Meyer:
Betriebliche Erfahrungen mit Trockenelektrofiltern zur Entstaubung von Konvertergasen bei Teilverbrennung
Stahl und Eisen 96 (1978) Nr. 2, S. 49/54

44. Grimm, W.:
Der Hochofen als Gasgenerator
Gas-Wärme-International, Bd. 26 (1977), S. 29/36

45 VDI-Wärmeatlas:
VDI-Verlag GmbH, Düsseldorf (1974)

46. VDI-Wasserdampftafel
Springer-Verlag, Berlin (1963)

47. BASF:
Persönliche Mitteilungen
Energieabteilung der BASF, Ludwigshafen (Nov. 1977)

48. Korf-Industriegesellschaft GmbH:
Persönliche Mitteilungen
Baden-Baden (Dez. 1977)

49. Direktreduktion von Eisenerz
Eine bibliographische Studie
Verlag Stahleisen, Düsseldorf (1976)

50. Stahl u. Eisen-Umschau:
Ein Schaubild zur Darstellung des Stoff- und Wärmeaustausches im Hochofen
Stahl und Eisen 88 (1968) S. 241/44

51. Allgemeine Richtlinien für das betriebliche Rechnungswesen der Eisen- und Stahlindustrie
Verlag- und Vertriebsgesellschaft mbH, Düsseldorf, 1975

52. Anhaltszahlen für die Wärmewirtschaft in Eisenhüttenwerken
Verlag Stahleisen, Düsseldorf, 6. Aufl. (1952)
S. 115/167, S. 213/224, S. 46, S. 465

53. Kalla, U., H.-D. Pantke und K. Pittel:
Vergleich der technischen Kennzahlen und der Wirtschaftlichkeit bei der Herstellung und Verarbeitung von Eisenschwamm
Stahl u. Eisen 87 (1967), Nr. 9, S. 534/42

54. Shea, J.W.:
Das Elektrostahlverfahren in einer Stahlindustrie im strukturellen Wandel, Vortrag in Genf (1972)

55. Röhrenwerke Bous:
Persönliche Mitteilungen
Bous/Saar (Febr. 1978)

56. Wirtschaftsvereinigung der Eisen- und Stahlindustrie (Hrsg.):
Statistische Jahrbücher der Eisen- und Stahlindustrie
Düsseldorf (1976 und 1977)

57. Wise, K.T.:
Scrap-Prices and Issues
Iron and Steel Making (May 1975), S. 23-32

58. Rheinische Braunkohle AG:
Studie: Basis der Erzeugung von Eisenschwamm (Köln 1974)

59. Ottmar, H.J.:
Technisch-wirtschaftliche Auswirkungen des Ersatzes von Schrott durch Eisenschwamm im Elektrolichtbogenofen
Dissertation RWTH Aachen (1976)

60. Association des Ingénieurs Electriciens sorti de l'Institute Electrotechnique Montefiore, Comité Belge de l'Electrothermie et de l'Electrochemie (A.I.M., C.B.E.E.), Lüttich (Nov. 1973)

61. Ottmar, H.F., A. Oerter, G. Schmeiduck, D. Ameling:
Ausgewählte Versuchsergebnisse über den Einsatz von Eisenschwamm in einem Hochleistungs-Elektrolichtbogenofen
Vortrag anläßlich der Intern. Studientage über den Elektrolichtbogenofen, Lüttich (Nov. 1973)

62. Ameling, D.:
Schrottaufkommen und Anforderungen an die Schrottbeschaffenheit im Hinblick auf die Erzeugung von Elektrostahl
Vortrag: Congrès International sur le Four Electrique á l'Arc en Aciérie
Génève 1972

63. Kehl, P.:
Erdgaseinsatz zur Direktreduktion von Eisenerz
Sonderdruck aus "gwf" Gas/Erdgas, 115. Jhrg. Heft 12, S. 543/48

64. Baehr, H.D. u. E.F. Schmidt:
Definition und Berechnung von Brennstoffexergien, BWK 16 (1964), S. 589-95

65. Thyssen Edelstahlwerke AG:
Persönliche Mitteilungen, Krefeld (Jan. 1978)

66. Firma Babcock:
Persönliche Mitteilungen, Oberhausen (Juli 1977)

67. Rheinische Braunkohle AG, Forschungslabor:
Persönliche Mitteilungen, Frechen, Sept. 1976

68. Schweisgut, G.:
Stoff- und Energiebilanz einer Rohstahlerzeugungsanlage, bestehend aus Elektro-Niederschachtöfen und Lichtbogen-Stahlöfen
Stahl und Eisen 78 (1958) Nr. 7, S. 407/12

69. Krebs, E. und R. Görgen:
Stoffbilanz und Wirtschaftlichkeitsvergleich der verschiedenen Stahlherstellungs-Verfahren
Stahl und Eisen 73 (1953), Nr. 17, S. 1081/94

70. Koenigs, H.B. und R. Kurtz:
Feinkokserzeugung aus Braunkohle
Energiewirtsch. Tagesfragen 27 (1977), Nr. 8/9 S. 596 und 598/600

71. HTL-Gesellschaft für Wirtschaftsförderung, Planung und Entwicklung des Landes Hessen:
Persönliche Mitteilungen, Wiesbaden (Jan. 1978)

72. Reuter, G., G. Schnabel und H. Serbent:
Eisenschwammerzeugung mit Kohle nach dem SL/RN-Verfahren, Stahl und Eisen 98. Jhrg. (Nr. 23) 1978, S. 1232-37

73. Schwirten, D.:
Gedanken zur Abwärmenutzung bei Drehrohrofenanlagen für die Eisenschwammerzeugung
Vortrag gehalten auf dem Seminar: Direktreduktion von Eisenerz. Instituto Latinoamericano del fiero y del acero - ILAFA - am 4.9.1975, Porto Alegre, Brasilien

74. Rheinische Braunkohle AG
Persönliche Mitteilungen, Köln (Juli 1977)

75. Fachberichte "Hüttenpraxis + Metallweiterverarbeitung":
Gegenwärtiger Stand der Direktreduktionsverfahren, 15. Jg. 1977, S. 299

76. Schenck, H. und H. Küppersbusch:
Baukosten und Leistungsfähigkeit von Hochofenanlagen
Verlag Stahleisen, Düsseldorf (1966)

77. Schnabel, W.:
Zur Wärmeübertragung bei der Direktreduktion im Drehrohrofen
Dissertation RWTH Aachen (1977)

78. Reuter, G.:
Das Transport- und Mischverhalten von Drehrohrofenmöller bei der Erzeugung von Eisenschwamm
Dissertation RWTH Aachen (1975)

79. Zimmermann, H.J.:
Technische Bauprinzipien moderner Hochofenanlagen und ihr Einfluß auf die baulichen Aufwendungen
Dissertation RWTH Aachen, 1974

80. Kurtz, R.:
Chemisch-physikalische Aspekte der Braunkohleverkokung
Braunkohle (1974) H. 6, S. 163/72

81. Paersch, M.:
Rechenprogramm zur Bestimmung des kinetischen Umsatzes
Institut für Eisenhüttenkunde, RWTH Aachen, 1978

82. Lurgi-Hüttenchemie:
Charqueadas-Bericht
Bericht über die Versuchskampagne in Brasilien, Dez. 1974, Frankfurt 1975

83. Rheinische Braunkohle AG:
Analysenwerte von Stichproben aus dem Charqueadas-Versuch, Köln (1976)

84. Gumz, W.:
Untersuchungen über die Minerale im Brennstoff und ihre Auswirkungen im Kesselbetrieb
Springer-Verlag (1958) Berlin

85. Barin, I., Knacke, O.:
Thermochemical properties of inorganic substances, Springer-Verlag Berlin, Heidelberg, New York (1973)

86. Dubbel:
Taschenbuch für den Maschinenbau, 13. Auflage, Band II, 69, Springer-Verlag, Berlin, Heidelberg, New York (1970)

87. Steinmüller:
Persönliche Mitteilungen, Gummersbach (Febr. 1977)

88. Institut für Technische Thermodynamik, RWTH Aachen:
Persönliche Mitteilungen, Aachen, Oktober 1976

89. Schuster, F., Leggewie, G., Skunca. I.:
Gas- Verbrennung - Wärme, Gaswärme-Institut, Essen (1964)

90. Bunte u. Litterscheidt:
Das Gas und Wasserfach 73, 875;
Verlag R. Oldenburg, München, Berlin (1930)

91. Szewgut, I., Styrylska, T.:
Angenäherte Bestimmungen der Exergie von Brennstoffen, 589-595, BWK 16 (1964)

92. Baehr, H.D.:
Thermodynamik, 349, Springer-Verlag, Berlin, Heidelberg, New York (1966)

93. Walters, C.J.:
Process Natural Gas by Permeation Petrol, Refiner, Vol. 38, No. 5, S. 147-150 (1959)

94. Böhm, G.:
Einsatz von technischen Gasen bei metallurgischen Prozessen, Techn. Mitteilungen 69. Jhrg. Heft 12 (1976), S. 614

95. Eisenwerk-Gesellschaft Maximilianhütte

Persönliche Mitteilungen
Sulzbach-Rosenberg, Dez. 1976

96. Schönpflug, E.:
50.000 Nm^3/h O_2, Linde-Bericht aus Technik und Wissenschaft, Heft 39 (1976), S. 55

97. Consemüller, K.:
Zusammenhänge zwischen Auslegung, Leistungsfähigkeit und Investitionskosten von LD- und LDAC-Sauerstoffblaswerken
Dissertation RWTH Aachen, 1969

98. VEBA-Chemie:
Persönliche Mitteilungen, Gelsenkirchen-Buer (Juni 1977)

99. Mittmann, D.:
Die chemische Industrie im nördlichen Mitteleuropa in ihrem Strukturwandel
in: Kölner Forschungen zur Wirtschaft und Sozialgeographie, Wiesbaden (1974)

100. Milojcic, G.L.:
Verfahren zur Steigerung des Ausbeutegrades von Erdöllagerstätten in der Bundesrepublik Deutschland.
Seminarvortrag im Institut für Bergbaukunde I der RWTH Aachen (Juni 1977)

101. Herbeck, E.F., Heintz, R.C. und J.R. Hastings:
Fundamentals of Tertiary Oil Recovery Part 8
Thermal Recovery by Hot Fluid Injection
Petr. Eng. (August 1976)

102. Preussag:
Persönliche Mitteilungen, Hannover (Juni 1977)

103. Geologische Karte:
Erdöl und Erdgaslagerstätten in der Bundesrepublik Deutschland
Verlag Glückauf (1977)

104. Kleinertz, W., Friehoff, H.-J. und J. Vičanek:
Ausbeuteverbesserung in Erdöllagerstätten durch Anwendung von Kohlendioxid
Vortrag auf der 4. Gemeinschaftstagung ÖGEW/DGMK in Salzburg (Oktober 1976)

105. Davy-Powergas:
Technische Information "Benfield-Wäschen" (1976)

106. Firma Nattermann:
Persönliche Mitteilungen, Köln (August 1977)

107. Linde AG:
Persönliche Mitteilungen, Köln-Sürth (Juli 1977)

108. AGEFCO:
Persönliche Mitteilungen, Düsseldorf
(November 1976)

109. Deutsche Gesellschaft für Mineralölwissenschaften und Kohlechemie (DGMK):
Persönliche Mitteilungen, Hamburg
(Juni 1978)

110. Gewerkschaft Erdöl-Raffinerie Deurag-Neurag:
Persönliche Mitteilungen, Hannover
(Juli 1977)

111. Curran, G.P. et al :
Bench Scale Research on CSG Process
Consolidation Coal Library, Pennsylvannia
(1968)

112. Curran, G.P. et al:
Carbon Dioxid Acceptor Process
Chem. Eng. Progress, Vol. 62 Nr. 2 (1966)
S. 80/86

113. Sitte, W.:
Regeneration von heißen Gichtgasen zum Zwecke des Gaswiedereinsatzes bei der Direktreduktion
Diplomarbeit am Institut für Eisenhüttenkunde der RWTH Aachen (1972/73)

114. Davy-Powergas:
Persönliche Mitteilungen der Fa. Davy-Powergas, Köln (Juli 1977)

115. Gutehoffnungshütte AG:
Persönliche Mitteilungen, Sterkrade,Oberhausen
(August 1977)

116. Knoche, K.F.:
Techn. Thermodynamik
Vieweg Verlag, Braunschweig (1972)

117. Batel, W.:
Entstaubungstechnik, 73 Springer-Verlag
Berlin, Heidelberg (1972)

118. Eishold, H.G.:
Der elektrische Staubwiderstand im Elektrofilter,
Archiv Eisenhüttenwesen 3, Nr. 4, 221/224 (1961)

119. Sproull, W.T., Nakada, Y.:
Operation of Cottrell precipitators, effects of moisture and temperature, Ind. Eng. Chem., 47, 1350/1358, (1955)

120. Firma Büttner-Schilde-Haas AG:
Druckschrift "Elektroentstauber"; Krefeld 1976

121. Schmidt, E.:
VDI Wasserdampftafeln Ausgabe A, Springer-Verlag, Berlin (1963)

122. Büttner-Schilde-Haas AG:
Persönliche Mitteilungen, Krefeld (August 1977)

123. Heinrich, R.F., Anderson, J.R.:
Chemical Engineering Practice, Ed. H.W. Cremer, Bd. 3, 464, London, Butterworth

124. Pusch, G.:
Tertiärölgewinnungsverfahren, 13
Erdöl und Kohle-Erdgas-Petrochemie, Bd. 30 (Januar 1977), H. 1

125. Haberstock, L.:
Kostenrechnung I, Einführung mit Fragen, Aufgaben und Lösungen, 3. Aufl. Wiesbaden 1973

126. Haberstock, L.:
Kostenrechnung II, (Grenz-)Plankostenrechnung, Wiesbaden 1974

127. Haberstock, L.:
Grundzüge der Kosten- und Erfolgsrechnung, München 1975

128. Vormbaum, H.:
Grundlagen des betrieblichen Rechnungswesens, Stuttgart 1977

129. Riebel, P.:
Die Kuppelproduktion, Betriebs- und Marktprobleme, Köln 1955

130. Riebel, P.:
Kosten und Preise bei verbundener Produktion, Substitutionskonkurrenz und verbundener Nachfrage, 2. Aufl., Opladen 1972

131. Kilger, W.:
Optimale Produktions- und Absatzplanung, Opladen 1973

132. Fa. Wester GmbH:
Persönliche Mitteilungen, Leverkusen (Januar 1977)

133. Firma Linde AG:
Persönliche Mitteilungen, Höllkriegelsreuth, Februar 1978

134. Hansmann, K.-W.:
Entscheidungsstelle zur Standortplanung der Industrieunternehmen, Düsseldorf, Diss. Hamburg (1972)

135. Ruschenpöhler, H.:
Der Standort industrieller Unternehmen als betriebswirtschaftliches Problem
Duncker & Humboldt, Berlin (1958)

136. Jung, J.:
Ein Beitrag zur Dynamisierung von komplexen Entscheidungsmodellen, dargestellt am Beispiel der Standortwahl von Fabriken der chemischen Industrie, Dissertation Universität Dortmund (1977)

137. Weber, A.:
Über den Standort der Industrien, Teil 1; Reine Theorie des Standortes, Tübingen (1909) 2.Aufl. (1922)

138. Bloech, J.:
Optimale Industriestandorte, Würzburg-Wien (1970)

139. Weichsel, M. und W. Heitmann:
Abwärmenutzung in technischen Prozessen
Technische Mitteilungen, 70. Jhrg. (Mai 1977) H. 5

140. Aachener Volkszeitung:

Ausgabe vom 4.12.1977

141. Löffel, H.:
Wirtschaftlichkeit der Eigenstromerzeugung,
Technische Mitteilungen 301, (1970) H.5
Vulkan-Verlag, Essen

142. Deutsche Texaco AG:
Hauptlaboratorium Wietze
Übersicht über die Möglichkeiten und Grenzen des Einsatzes thermischer Erdölgewinnungsverfahren (1977)

143. Spiegel-Report,

Spiegel Nr. 12, 31. Nhrg. (14. März 1977)

144. Sander, H.:
Zustandsänderung realer Gase und Flüssigkeiten beim Durchströmen von Rohrleitungen
BWK 28, Nr. 12 (Dez. 1976) S. 463/70

145. Brands, H.-J.:
Wasseraufbereitungsanlagen für Industriekessel, 277, Technische Mitteilungen H. 5, Vulkan-Verlag, Essen (1974)

146. Chemische Werke Hüls:
Persönliche Mitteilungen der Energieabteilung, Marl-Hüls

147. Bayer Leverkusen:
Persönliche Mitteilungen der Energieabteilung, Leverkusen (Juni 1977)

148. Kopp, K.:
Automatisierung des Dampfkesselbetriebes in Industrieanlagen, 247, Techn. Mitteilungen H. 5, Vulkan-Verlag, Essen (1974)

149. Deutscher Dampfkesselausschuß:
Betrieb von Dampfkesselanlagen mit Hochdruckdampferzeuger ohne ständige Beaufsichtigung, TRD 604, Blatt 1, Mai 1976

150. Institut für Elektrische Anlagen und Energiewirtschaft, Technologien zur Einsparung von Energie. Teil 2.2.1, Öffentliche Elektrizitätsversorgung, Kap. 1, Energieumwandlung
Unveröffentlichte Studie (April 1976)

151. Matten, J., Oppenberg, R.:
Öl- und/oder gasgefeuerte Wasserrohrkessel, 226, Technische Mitteilungen, Vulkan-Verlag, Essen, 1974

152. Verband der Chemischen Industrie e.V.:
Persönliche Mitteilungen, Frankfurt a.M. (Mai 1977)

153. Vereinigung van de Nederlandse Chemische Industrie:
Persönliche Mitteilungen, s'Gravenhage (Dez. 1977)

154. Besskow, S.D.:
Technisch-Chemische Berechnungen, VEB-Verlag, Berlin (1953), S. 208/210

155. Vasoldt, F.:
Die Webersche Standorttheorie der Industrien im Licht ihrer Kritiken, Berlin (1937)

156. Behrens, K.-Chr.:
Allgemeine Standortbestimmungslehre, Köln, Opladen (1966)

157. Mieth, W.-K.:
Standortvorteil eines Hüttenwerkes, Dissertation RWTH Aachen (1968)

158. Betriebsforschungsinstitut (BFI):
Output des Datenspeichers von Standorten und Kapazitäten mitteleuropäischer Elektrostahlwerke des VdEh - Instituts für Angewandte Forschung, Düsseldorf 1978

159. Jörg, G., Setzer, H.:
Verfahren zur Standortbestimmung von Betriebsmitteln, 921, Stahl und Eisen, 95, Nr. 20 (1975)

160. Grundmann, W. et al:
Mathematische Methoden der Standortoptimierung, Verlag Die Wirtschaft, Berlin (1968)

161. Böhm, F., Hempel, L.:
Mathematische Standortmodelle der Operationsforschung, Berlin (1972)

162. Schäkel, U.:
Die Lösung von Standortproblemen der Eisen- und Stahlindustrie mit Hilfe von Verfahren der Mathematischen Programmierung, Dissertation TU Clausthal (1971)

163. Karaska, G.J., Bramhall, D.F.:
Locational analyses for manufactoring, Cambridge, March (1969)

164. Alonso, W.:
A reformation of classical location theory and it's relation to rent theory
London 1966

165. Frachtanzeiger der Deutschen Binnenschiffahrt F.T.B.:
Binnenschiffahrt-Verlag, Duisburg (1977)

166. Deutscher Eisenbahn-Gütertarif, Teil II. Heft O, Ausnahmetarif 206, Hrsg.: Deutsche Bundesbahn, Frankfurt (1977)

167. Ausgewählte Industriestandorte in den Fördergebieten, Hrsg.: Rheinland-Pfälzische Gesellschaft für Wirtschaftsförderung, Mainz (1977)

168. Raumordnungsbericht 1975 der Landesregierung Rheinland-Pfalz, Hrsg.: Staatskanzlei Rheinland-Pfalz-Oberste Landesplanungsbehörde, Mainz (1976)

169. Dynamisches Industrieland Niedersachsen, Hrsg.: Referat Öffentlichkeitsarbeit des Niedersächsischen Ministeriums für Wirtschaft und Verkehr, Hannover (1977)

170. NRW-Handbuch für Investoren, Hrsg.: Gesellschaft für Wirtschaftsförderung in Nordrhein-Westfalen, Düsseldorf (1976)

171. Junius, H.-P.:
Zur Frage des Standortes neuzeitlicher Eisenhüttenwerke in der BRD unter besonderer Berücksichtigung der Absatzorientierung, 50, Dissertation an der RWTH Aachen, Fakultät für Bergbau und Hüttenwesen (1962)

172. Programmsammlung HP25, Hewlett-Packard

173. Arbeitsgemeinschaft der Industrie- und Handelskammer in Baden-Württemberg:
IHK-Atlas, Daten und Fakten aus den 12 Kammerbezirken Baden-Württembergs, Stuttgart 1978

174. Jandy, G.:
Die mathematischen und kybernetischen Modelle der optimalen Standortbestimmung, 309/318, Mathematik und Kybernetik in der Ökonomie, Internationale Tagung Berlin 1964, Konferenzprotokoll Teil II, Akademie-Verlag, Berlin (1965)

175. Kuhn, H.W.:
Locational problems and mathematical programming, in: Prékopa (Hrsg.), Colloquium on Applications of Mathematics to Economics, 235/242, Budapest 1963, Verlag der Ungarischen Akademie der Wissenschaften, Budapest (1965)

176. Femmer, U.:
Systemtechnische Studie zur Prozeßplanung einer Eisenschwammerzeugungsanlage, Dissertation RWTH Aachen, 1973

177. Henzler, R.:
Die Marktunion. Eine betriebswirtschaftliche Wende Köln, Opladen (1958)

178. Geffen, T.M.:
Oil Production to Expect from Known Technology The Oil and Gas Journal 66 (Mai 1973)

179. Holm, L.W.:
Residual Oil-Can we Recover it Economically Petroleum Engineer 17 (Dez. 1973)

180. Herbeck, E.F. et al:
Fundamentals of Tertrary Oil Recovery 114, Part 5, Petroleum Engineer (Mai 1976)

181. Lingens, P.:
Untersuchung zur möglichen wirtschaftlichen Abwärmenutzung einer Drehrohrofenanlage
Diplomarbeit, Institut für Eisenhüttenkunde, RWTH-Aachen (1977)

182. Siepmann, F.:
Mitteleuropäische Wasserstraßen
(M = 1 : 1.000.000)
Hrsg.: Binnenschiffahrtsverlag, Duisburg-Ruhrort (1976)

183. Mannesmann,
Persönliche MItteilungen,
Düsseldorf (Februar 1978)

12. A N H A N G

Symbolverzeichnis

a	Arbeit (Index)
$a_{i,j,k}$	Spezifischer - auf Entfernung und produktbezogene Transportkostenaufwand (DM/t · km)
A	Einzelaufwand für Transportkosten (DM/t)
$A_{i,j,k}$	Einzeltransportkostenaufwand in Abhängigkeit von Produkt, Absatzmarkt und Transportmittel
AG	Abgas nach Drehrohrofen
AK	Abhitzekessel
b	spezifische Anergie (kJ/m^3)
B	Anergie (kJ); Brennstoff (Index)
$B_{i,j,k}$	Transformationskürzel
ch	chemisch
c_i	Molkonzentration
c_p	spezifische Wärmekapazität (kJ/kg·K)
d	Durchmesser (m)
D	Dampf (Index)
DO	Drehrohrofen
DØ	Programmschleife
D_i	Drehrohrofeninnendurchmesser (m)
e	spezifische Energie (kJ/m^3)
E	Einheit; Energie mit Index (kJ); Erz (Index) Aktivierungsenergie für die Reaktion (J/mol)
E-Ofen	Elektro-Lichtbogen-Ofen
$E_{m,B}(T,p)$	molare Brennstoffenergie bei bestimmter Temperatur und bestimmtem Druck (kJ/mol)
ES	Eisenschwamm
ESt	Elektrostahl

f	Funktion; feucht (Index)
F	Gesamttransportkostenaufwand
h	spezifische Enthalpie (kJ/E)
H	Enthalpie (kJ)
$H_{m,u}$	unterer, molarer Heizwert (Eingang Verbrennungsraum)
$H_{m,o}$	oberer, molarer Heizwert (Eingang Verbrennungsraum)
$H_{m,u}$	unterer, molarer Heizwert (Ausgang Verbrennungsraum)
i	Laufvariable (Index für Produktart)
i.N.	Normzustand
I	Investkosten (DM); Thiele'sche Reaktionskonstante $J = S \cdot G$ in (cm^3 CO i.N./$cm^2 \cdot s$)
ITM	Kontrollvariable
j	Laufvariable (Index für Absatzmarkt)
jato	Tonnen pro Jahr
JE	Jahreserfolg in Mio DM
k	Konstante des Massenwirkungsgesetzes mit Index; Laufvariable des Transportmittels (Index)
kv	Kolbenverdichter (Index)
k_1	effektive Gasgeschwindigkeit mit f (T,p, Gaszusammensetzung, Stoffübergang und chemischer Reaktion) (J/mol)
K	Kohle (Index); Kelvin (Dimension)
KA	Kalkulatorische Abschreibung
K_1, K_2	Konstante der Wandrauhigkeit
l	Länge des Drehrohrofen (ohne Index) (m)
l'	Länge eines Drehrohrofenabschnitts (ohne Index) (m)
L	Luftlinie (Index)

m	molar (Index); mit (ohne Index)
m_M	Masse des Möllers
m_S	Masse des Staubes
m	Massenstrom
min	mindest (Index)
m(o)V	mit (ohne) Verluste
M	Mittel (Index); Menge (ohne Index); Möller (Index);Massendurchsatz (kg)
M_{ES}	Eisenschwammausstoß (t/h)
M_i	Molmasse (kg); mit Index
Min	Minimum
M	auf die Zeiteinheit bezogene Durchsatzleistung in kg/t
n	letzte Komponente (Index)
n_i'	Molmenge; Eingang Verbrennungsraum (mol/m^3 AG.i.N.)
n_i''	Molmenge Ausgang Verbrennungsraum (mol/m^3 AG.i.N.)
N	Newton
N_{el}	elektrische Leistung; Norm (Index)
o	ohne
opt	optimal
p	Druck (bar); Druck (Index)
P	Leistung (kW); Kreisprozeß (Index)
P_{kV}	Leistung des Kolbenverdichters
P_T	Leistung des Turboverdichters
PK	Personalkosten
q_w	Wärmeverlust an der Außenhaut (kJ)
Q	Wärmeleistung (kJ/h)
r	Abstand von kartesischen Nullpunkt (mit Index); Entfernung

r^2	Korrelationsfaktor
rev.	reversibel (Index)
R	Gaskonstante (kJ/kg K)
RBK	Rohbraunkohle
RG	Rauchgas (nach Abhitzekessel)
RL	Rücklaufzeit in Jahren
RSt	Rohstahl (t)
s	spezifische Enthalpie (kg/E)" isentrop (Index)
s_m	spez. molare Enthalpie
spez.	spezifisch
S	Eisenschwamm (Index); Enthalpie (kJ)
SBSt	Sauerstoffblasstahl
SL/RN	Stelco-Lurgi/Republic Steel - National Lead = Drehrohrofenverfahren
SSK	Schnellstartkessel
St	Stahl
t	Durchlaufzeit / Min
t_1	Anfangstemperatur bei Speisewasservorwärmung
t_2	Temperatur des Dampfes nach Speisewasservorwärmung
th	theoretisch (Index)
tot	total (Index)
T	thermodyn. Temperatur (K)
TbK18	Trockenbraunkohle (18% Wasser)
T_M	thermodynamische Mitteltemperatur
u	unterer (Index)
UHP	Ultra-High-Power-Elektroofen
v_z	Zündgeschwindigkeit
V	Verbrennung (Index); Volumen (mit Index)
V_K	Verdampfungskühler
$V_{L,A}$	Volumen der Luft abgasseitig (m^3 i.N.)

w	spezifische Arbeit (kJ/E); Geschwindigkeit (mit Index)
w_{krit}	kritische Geschwindigkeit (m/s)
W	Arbeit (kWh)
$w_{a,T}$	Energie (rückgewonnene aus Entspannungsturbine) (kJ/kg)
$w_{a,V}$	Verdichterarbeit (kJ/kg)
$w_{(m,t)\,rev.}$	molare, reversible Reaktionsarbeit in Abhängigkeit von der Temperatur (kJ/mol)
x	abhängige Variable (mit Index); Dampf/Wasserverhältnis (ohne Index); vollständig reduzierte Schichtdicke in cm
x_L	Luftlinienentfernung (km)
y	unabhängige Variable (mit Index)
y_h	unabhängige Variable in Luftlinien-km
z	Anzahl der Stufen (ohne Index); pro Stufe (Index); Zündung (Index)
Z	Zwischenüberhitzung (Index)
η	Wirkungsgrad
η_K	Kesselwirkungsgrad
$\eta_{S,V}$	übertragene Verdichterwirkungsgrad
λ	Luftverhältnis
ρ	Dichte
ψ_i'	Molanteil (Vol.%); Eingang Verbrennungsraum
ψ_i''	Molanteil Vol.%); Ausgang Verbrennungsraum
$\bar{\xi}_i$	Masseanteil (in Gew.-%) des Feststoffes (mit Index)
ξ_k	exergetischer Kesselwirkungsgrad
ξ_v	exergetischer Wirkungsgrad der Verbrennung
χ	Adiabatenexponent

Tabelle A1 : Preisentwicklung für Roh-, Brenn-, Hilfsstoffe und Strom in der eisenschaffenden Industrie [1,15,16,17,18] (vgl.Abb.7)

Jahr	Koks Kohle I DM/t 1)	Hochofen Koks II DM/t 1)	Heizöl (schwer) DM/t 2)	Eisenenergie DM/t 3) Kiruna Phosph. reich 58,5 % Fe	Itabira Feinerz 61,4 % Fe	Itabira Phosph. arm 67,58 % Fe	Stahlwerk Schrott DM/t 4)	TBK 18 Braunkohlebrikett 5) DM/t	%	Strom 6) DM/t	%
1970	79,30	115,00	35,41	32,89	29,40	45,52	137,00	47,30	100,00	0,0615	100,00
1971	95,90	134,75	110,43	36,89	32,50	51,32	120,00	49,05	103,70	0,0673	109,50
1972	89,20	143,56	88,22	32,71	29,51	41,73	120,00	50,35	107,43	0,0690	112,40
1973	91,20	145,50	96,12	28,39	23,92	39,73	147,50	53,50	113,11	0,0720	117,60
1974	110,09	173,65	198,54	33,74	37,32	49,43	275,00 (250)	57,50	121,56	0,0770	125,20
1975	150,00	246,00	227,50	46,26	36,13	58,02	175,33 (164,30)	65,50	138,43	0,0892	145,00
1976	155,90	258,00	203,50	41,05	43,55	57,61	160,00 (160)	71,50	151,16	0,0933	151,70
1977	158,60	262,00	226,80	33,75	41,50	52,30	151,00 (175)	79,85	168,82	0,1046	169,00

1) Nettolistenpreise des Ruhrreviers ab Zeche, Jahresdurchschnittszahlen errechnet von [17] nach [1]

2) Frei Betrieb des gewerblichen Verbrauchers bei Abnahme von 15 bis 200 t im Monat; inclusive Verbrauchersteuer 25,-- DM/t, errechneter Durchschnitt/a von [17] nach [1]

3) Cif Rotterdam, errechneter Durchschnitt/a von [17] nach [1]

4) Sorte 03, ohne Transport, errechnet für Jahresdurchschnitt von [17] nach [1] ab 1974 Sorte 04, ab. 1.1.1977 Sorte 2 in Klammern angegeben. Sorte 03 resp. 1 resp. II = Altschrott, Sorte 2 = Neuschrott [15]

5) Frei Duisburg Hütte [16]

6) errechnet nach Industrieangaben und dem Preisindex aus [18]

Tabelle **A2** : Energiebedarf der Stahlproduktion in der Bundesrepublik Deutschland, aufgeschlüsselt nach Energieträgern (16, 18, 56)*:

Brenn und Hilfsstoffe	Hu Kcal/kg	1970		1971		1972		1973		1974		1975		1976		1977	
		10^3 t	10^6 Gcal	10^3 t	10^6 Gcal	10^3 t	10^6 Gcal	10^3 t	10^6 Gcal	10^3 t	10^6 Gcal	10^3 t	10^6 Gcal	10^3 t	10^6 Gcal	10^3 t	10^6 Gcal
Steinkohle	7600	1093	8,31	912	6,93	662	5,03	554	4,21	526	4,00	455	3,46	524	3,98	520	3,95
Rohbraunkohlebrikett Abrieb, Schwelkoks	4600	100	0,46	113	0,52	125	0,58	126	0,58	153	0,70	68	0,31	10	0,05	8,4	0,04
Koks	7000	19044	133,31	15366	111,14	15877	111,14	18486	129,40	21068	147,48	15204	106,43	15613	109,29	14680	102,76
Koksgruß- und sonst. minderw. Br.St.	7000	2503	17,52	2347	16,43	2484	17,39	2780	19,46	3198	22,39	2924	20,47	2733	19,13	2576	18,03
fl. Brennstoffe	9500	3672	34,88	3604	34,24	4325	41,09	4350	41,33	3792	36,02	3082	29,28	3124	29,63	2618	24,87
Gesamt:		26412	194,48	22842	169,18	23473	175,23	26296	194,98	28737	210,59	21733	159,95	22004	159,13	20402	149,65
	Hu Kcal/m^3	10^6 m^3		10^6 m^3		10^6 m^3		10^6 m^3		10^6 m^3		10^6 m^3		10^6 m^3		10^6 m^3	
Erdgas	7300	3206	23,40	3127	22,83	3281	23,95	3849	28,10	4313	31,48	3708	27,07	3875	28,29	4042	29,51
Koksofengas	4100	2979	12,21	6199	25,42	2954	12,11	2868	11,76	3034	12,44	2946	12,08	2977	12,21	2720	11,15
Hochofengas	850	2925	2,49	5413	4,60	5500	4,68	6094	5,18	6516	5,54	4740	4,03	4698	3,99	4198	3,57
	Kcal/KWh	10^6 KWh		10^6 KWh		10^6 KWh		10^6 KWh		10^6 KWh		10^6 KWh		10^6 KWh		10^6 KWh	
Strom	860	17331	14,90	16315	14,03	17501	15,05	19749	16,98	20632	17,74	17538	15,13	18256	15,70	18140	15,60
Gesamtenergiebedarf Stahlproduktion			247,48 32,56 45,041		236,06 31,06 40,313		231,02 30,40 43,705		257,00 33,81 49,521		277,79 36,55 53,23		218,26 28,72 40,215		222,32 29,25 42,415		209,48 27,56 39,05

*Alle Angaben in m^3 beziehen sich auf den Normzustand

Tabelle A3 :*) Umrechnungsfaktoren, Einsatzkosten und Gutschriften der einzelnen Energieformen und Einsatzstoffe frei Duisburg [30,32-34,37-41,43-47,58] für das Jahr 1977

Bezeichnung	Einheit	Kosten =+ Gutschrift =- DM/E	Umrechnungsfaktor Kcal/kg Kcal/m³ i.N. Kcal/KWh	Kosten/WE DM/Gcal DM/GJ	Einsatz- bzw. Produktionsgasmengen HO E/t RE	LD E/t RSt	Mi E/t ES	SL/RN E/t ES	E-O E/t ESt	Kosten =+ Gutschriften =- DM/tRE* DM/t RSt** DM/t ES***
Koks	t	+ 242,00	7930	7,29	0,490	-	-	-	-	+ 118,6*
Braunkohle	t	+ 79,35	4700	4,06	-	-	-	1 - 1,1	-	+ 79,8-37,8***
Schweröl	t	+ 220,00	9500	5,53	0,066	-	-	-	-	+ 14,52*
Erdgas	Nm^3	+ 0,239	11960	4,78	-	-	253,0	-	-	+ 60,60***
Heißwind 1)	Nm^3	+ 0,003	556	3,44	1170	-	-	-	-	+ 9,36*
Strom	kWh	+ 0,08	360,5	22,10	145	57	115	56	575	-
Erz	t	+ 66,49	-	-	494	-	757	1515	-	-
Sinter	t	+ 35,54	-	-	1170	-	-	-	-	-
Pellets	t	+ 101,57	-	-	-	-	757	-	-	-
Gichtgas 2)	Nm^3	- 0,008	980	1,95	1370	-	-	-	-	- 14,95*
Konvertergas 3)	Nm^3	- 0,004	580	1,65	-	357	-	-	-	- 1,43**
Drehrohrofenabgas 4)	Nm^3	- 0,0036	608	3,38	-	-	-	4255	-	- 36,59***

*) Erläuterungen 1)-4) siehe Seite 209

1) Heißwind-Kostenbewertung mit 14,95 DM/t RE bewertet nach [30,32,58];
Cp_{Luft} = 2,08 (kJ/kg °K) [45];
Heißwindmenge = 1170 m^3/t RE [44]; T = 1200 °C; Wärmeeinheit = **2327 kJ/m^3**

2) Gichtgasgutschrift hochgerechnet mit 14,95 DM/t RE nach [30,32,58];
Gichtgasmenge = 1870 m^3/t RE [44];
T = 300 °C; Wärmeinhalt = **4102 kJ m^3** [37,44]

3) Konverterabgasmenge = 125000 m^3/h; T = 900 °C; erzeugbare Dampfmenge 50 tD/h mit 200 °C und 8 bar;
Dampfgutschrift für Heizdampf resp. Speisewasservorwärmung = 12 DM/t D [43] abzüglich Dampferzeugungskosten = 3 DM/tD ergibt 9 DM/tD ≙ 0,143 tD/t RSt bei 3/2 - Betrieb und 1,8 Mio Jato RSt [47] ≙ 350 t RSt/h;
Wärmebedarf für Dampf (200 °C, 8 bar) = **2838 kJ/kD** [46], Kesselausnutzungsgrad = 0,35
Wärmeangebot des Konverterabgases = **0,42 GJ/** RSt.

4) Drehrohrofenabgas 4255 m^3/t ES; Dampfmenge, hochgespannter Dampf (530 °C, 130 bar) für Wärme-Kraft-Kopplung = 3 tD/t ES;
Wärmebedarf zur Dampferzeugung = **3416 kJ** /kg Dampf [46];
Kesselwirkungsgrad 0,95; Dampfgutschrift 17 DM/tD [47] abzüglich Dampf- und Zuleitungskosten = 12 DM/tD [47];
Wärmeinhalt der Abgase = **10,5 kJ** /t ES [39].

---

*Alle m^3-Angaben beziehen sich auf den Normzustand

Tabelle A4 : Wärmebilanz eines 100 t-E-Ofens
(60 % ES-Einsatz, 92 % Ausbringen)
[36,52,50,68,69,76]

Wärmeeinnahmen

	GJ/Schmelze	GJ/tESt	%
Stromwärme: 57.500 kWh · 860,5 kcal/kWh	207,12	2,25	86,91
Reaktionswärme	31,19	0,34	13,09
Summe	238,31	2,59	100,00

Wärmeausgaben

	GJ/Schmelze	GJ/tESt	%
Wärmeinhalt der Endstoffe			
flüssiger Stahl: 92.000 kg · 330 kcal/kg =	127,09	1,38	53,31
flüssige Schlacke: 8.000 kg · 540 kcal/kg =	18,08	0,1967	7,59
Wärmeverluste	24,07	0,26	
Wandverluste:			10,02
Kühlwasserverluste:	41,78	0,46	17,61
Abgasverluste:	27,46	0,26	11,47
Summe	238,48	2,56	100,00

Tabelle A5: Teil- und Gesamtenergieeinsatzkosten des Midrex- und SL/RN-Verfahrens:

Midrex-Verfahren

	Energieverbrauch	Energiepreis	Energiekosten
Erdgas	12,68 GJ/tES 8,29 GJ/tESt	4,78 DM/GJ	60,60 DM/tES 39,52 DM/tESt
Kraftstrom	0,377 GJ/tES 0,25 GJ/tESt	22,21 DM/GJ	8,37 DM/tES 5,46 DM/tESt
Summe Eisenschwamm Summe Elektrostahl			68,97 DM/tES 44,98 DM/tESt

SL/RN-Verfahren 25,3o,32,39,49,58,55,53)

	Energieverbrauch	Energiepreis	Energiekosten
TBK 18	21,35 GJ/tES 13,94 GJ/tESt	4,06 DM/GJ	86,65 DM/tES 56,51 DM/tESt
Kraftstrom	0,28 GJ/tES 0,184 GJ/tESt	22,21 DM/GJ	6,23 DM/tES 4,06 DM/tESt
Summe Eisenschwamm Summe Elektrostahl			92,88 DM/tES 60,57 DM/tESt

Tabelle A6: Errechnung der Ofenleistung und Energiekosten des E-Ofens 59-62)

ES-Einsatz in %:	20,00	30,00	40,00	50,00	60,00	70,00	80,00
Energieverbrauch E in kWh/t ESt:	535,70	542,30	555,80	565,40	573,10	584,60	592,30
Schmelzzeit t in h:	2,18	2,02	1,93	1,88	1,87	1,95	2,10
Ofenleistung N in kW/t ESt:	245,73	268,47	287,98	300,74	306,47	299,79	282,05
Energiekosten K in DM/t ESt:	42,86	43,38	44,46	45,23	45,85	46,77	47,88

Tab. A7 : Dampfbedarf in der BR. Deutschland - Fallstudie

Unternehmen	Prozeßwärmebedarf			Zustandsparameter	Bezug	Eigene Stromerzeug.	Energieträger	Möglichkeiten eines Bezuges über das Abwärmenutzungssystem
	Dampfbed. t/h	Rückgewin..	kurz. Spitzen					
Degussa, Wesseling	100		130	100 bar 530 °C	-	x	Heizöl S	Trotz langfristiger vertragl. Bindungen bei Wettbewerbsfähigkeit Umstellung a. Fremdbezug innerhalb von 10 Jahren möglich.
EC Köln-Wörringen	350 380 20	60 %	1100	15 bar 230 °C 5 bar 140 °C 100 bar 530 °C	-	x	Rückstände Heizöl S	Sicherlich kein Bezug mögl., da durch verbesserte Wärmerückgewinnung potentieller Energielief. (Bayer), zunehmender Zwang zur Rückstandsverwertung-Autarkiebestreben.
Wacker Chemie, Köln	30		55	230 °C 13 bar	100 % GEW.	-	-	Prinzipiell interessiert, wenn Angebot konkurrenzfähig u. Lösung v. vertragl. Bindung mögl.: totaler Bezug.
Esso Raff.	250		320	210 °C 11 bar 230 °C 28 bar	20 % GEW	x	Heizöl S	Autarkiebestreben über Verwertung v. Rückständen/verbesserte Wärmerückgewinnung.
Chem. Fabrik Kalk	180		300	430 °C 40 bar 530 °C 15 bar	-	x	Rohbraunk. Trockenbraunkohlenstaub	Wettbewerbsfähigkeit d. Systems fraglich, da in modernen Anlagen Braunkohle direkt verfeuert wird.
Bayer Dorm.	520	15 %	750	140 °C 5 bar 230 °C 15 bar 530 °C 130 bar	-	x	Kohle, Gas, Heizöl S	Bei Wettbewerbsfähigkeit, prinzipiell mögl. wirtschaftl. Lösung wäre eigener Leichtwasserreakt.

Forts. Tab. A7:

Unternehmen	Prozeßwärmebedarf			Zustandsparameter	Bezug	Eigene Stromerzeug.	Energieträger	Möglichkeiten eines Bezuges über das Abwärmenutzungssystem
	Dampfbed. t/h	Rückgewinnung	kurz. Spitzen					
ROW Wesseling	103 (1x) 220 (2x) 330 (2x) 100 (1x)			525 °C 140 bar	-	x	Heizöl Abgas Nebenprodukte	An Abwärme nicht interessiert, da eig. Rückstandsverwertung u. Schwerölbezug ü. Müttergesellsch.
Dynamit Nobel	200				100 % GEW.	-		nicht interessiert
Dt. Shell, Godorf	25 (1x) 50 (1x) 102 (6x16) 70 (2x)			450 °C 42 bar 425 °C 20-30bar 535 °C 136 bar		x	Heizöl Heizöl Abgas Heizöl	Zwang zur Rückstandsverwertung
Hoechst Knapsack	200		250	300 °C 15 bar	100 % RWE	-	-	Bei Wettbewerbsfhäigkeit u. Lösung von Verträgen volle Umstellung möglich
U.K. Wesseling	220 (2x) 330 (2x) 100 (1x)			140bar 525 °C		x	Heizöl Abgas Nebenprodukte	Umstellung prinzipiell mögl., wenn Rückstände anderweitig günstiger einsetzbar u. Prozeßdampf konkurrenzfähig angeboten wird.
C FW	100 (1x) 70 (1x) 40 (1x) Reserve			50 bar 450 °C 45 bar 450 °C	-	x	Öl v. UKW Rückstände Öl, Rohbraunkohle	Zwang zur Rückstandsverwertung; kein Interesse

Forts.Tab.A 7:

Unternehmen	Prozeßwärmebedarf			Zustandsparameter	Bezug	Eigene Stromerzeug.	Energieträger	Möglichkeiten eines Bezuges über das Abwärmenutzungssystem
	Dampfbed.t/h	Rückgewinng.	kurz. Spitzen					
Zentrale Redestillations-Ges., Gelsenk.	20 10			180 °C 10 bar 250 °C 40 bar	100% GEW.	-	Erdöl 80% 20% Dampf Steag	unwirtschaftlich
Veba	40 68 130			450 °C 40 bar 220 °C 12 bar 160 °C 4 bar	Veba-KK	-	Öl Kohle	Wegen Rückstandsverwertung kein Interesse an Dampflieferungen
CWH-Hüls	25 300 400-700			500 °C 120 bar 350 °C 20 bar 160 °C 4 bar	KK Steag	70 %	Abfallkohle, billigst	Dampfpreis unter 12 DM/t, prinzipiell bereit bei Gewährleistung, Platz mit Hafen vorhanden
BASF, Lufwigshafen	1600	15 %	2000	4bar:55% 16bar:25% 1,5bar:10% 100bar:10%	30% EVU	70 %	1,8Mio Brennstoffe, fest:flüssig 1 : 2	Unter Vorbehalt 95 %iger Verfügbarkeit; an Dampf interessiert
Caltex, Raunheim	340		450	480 °C 47 bar	-	-	Heizöl S Rückstände	sehr unwahrscheinlich
Hoechst, Frankfurt	(560) 420	25 %		100bar:30% 15bar:25% 4bar:45%	-	x	versch. Rückstände 25 %	Bei gesicherter Versorgung für Fremdbetrieb offen.

Forts. Tab. A7:

Unternehmen	Prozeßwärmebedarf			Zustands-parameter	Bezug	Eigene Strom-erzeug.	Energie-träger	Möglichkeiten eines Bezuges über das Abwärmenutzungssystem
	Dampf-bed.t/h	Rückge-winnung	kurz. Spitzen					
Beteiligungs-ges. Hoechst	450	5 %	480	100bar:30% 15bar:25% 4bar:45%	-	25 %	Rückstän-de, Erdöl	Bei gesicherter Versorgung für Fremddampfbezug offen.
Dow Chemical, Stade	80-100			15 bar 210 °C		-	Rückstän-de, Erdöl	Bei konkurrenzfähigem Preis Fremdbezug möglich
Oberrhein. Mineralöl-werke, Karlsr.	100-150	30 %				-	Rückstände (30%) Erdöl	Ablehnung
Ciba-Geigy, Basel	90-130			520 °C 110 bar 230 °C 15 bar	-	x	Kohle aus Polen, Ruhr-gebiet; Öl	Zur Dampfabnahme bereit bei Gewährleistung; Preis 18 DM/t
Sandoz	60-80			"			"	"
Hoffmann La Roche	50-70			"			"	"
Röhm Chemie, Worms	40-50			450 °C 40 bar		-	Kohle, Öl	Bereitstellung bei Ge-währleistung

Tabelle A 8 Standorte der Raffinerien in Mitteleuropa und der Dampfbedarf (von Nord nach Süd, s. hierzu Abb. A2)

lfd. Nr.:	Ort, Raum	Firma	Dampfbedarf [t D/h]	Koordinaten x	Koordinaten y	Bemerkungen 1)
1	Heide	Texaco	299	50,70	70,70	
2	Brunsbüttel	Veba Occidental	100	51,90	67,70	
3	Hamburg	BP, Esso Shell, Texaco Acco, Mobil Oil	989	56,20	64,30	
4	Wilhelmshafen	Mobil Oil	368	44,40	64,30	
5	Emden	Frisia AG	115	39,50	62,20	
6	Amsterdam	Mobil Oil	322	24,00	52,60	
7	Rotterdam	BP, Esso Shell Gulf Oil Mobil Oil Chevron /Esso	3542	20,70	48,00	
8	Antwerpen	BP, Esso Petrofina Chevron Albatros	1426	19,80	41,20	
9	Bremen	Mobil Oil	96	49,00	59,30	
10	Lingen	Raffinerie Lingen Wintershall AG	225	39,00	53,30	
11	Hannover	Gewerkschaft Erdoil- Raffinerie Devrag-Nerag	138	54,80	49,40	
12	Gent	Shell-Oil	520	15,40	39,50	
13	Feluy	Chevron	322	18,00	34,80	
14	Ruhrgebiet	BP, Aral Shell	1104	35,90	44,10	
15	Köln	Esso	300	36,10	36,40	
16		Shell	560	36,10	36,40	
17	Mainz	Caltex (Raunheim)	340	44,50	27,00	
18	Mannheim	Erdöl Raff. Mannheim	266	46,20	21,90	
19	Speyer	Elf, BP	180	45,30	19,60	
20	Saarbrücken	Raffinerie Klarenthal	110	36,00	19,70	
21	Karlsruhe	Esso, BMW Mobil Oil	1020	45,70	17,00	
22	Raum Straßburg	SEPL, BP Shell, Autor	368	40,50	12,50	
23	Ingolstadt	Esso, Shell BP, Erdöl-Raff.	506	66,00	14,50	
24		Neustadt	460	66,00	14,50	
25	Burghausen	Marathon-Raff.	130	78,50	7,20	
	Raffinerien insgesamt:		14306 t D/h			

1) K = Küste
I = Inlandsorte

Tabelle A 9 Standorte der Chemie und Petrochemie und der Dampfbedarf (von Nord nach Süd, in Mitteleuropa, s. Abb. A2)

lfd. Nr.:	Ort, Raum	Firma	Dampfbedarf [t D/h]	Koordinaten 1) x	y	Bemer-kungen 2)
26	Stade	Dow Chemical	100	54,20	64,40	K
27	Hamburg	Rheinholf Albert Chemie	173	56,20	64,30	
28	Nordenham	Kronos Titan GmbH	107	46,30	63,80	
29	Wilhelmshafen	Aluzeusse Atlantik	107	44,40	64,30	
30	Delfzijl	AKZO-Komplex	1257	36,50	62,10	
31	Amsterdam	UKF	200	24,00	52,60	
32	Ijminden	UKF	200	22,10	52,40	
33	Rotterdam	Oxirane Gulf-Chemie Esso-" Shell-" Konam AKZO ICI Dow Chemical	3733	20,70	48,00	
34	Dordrecht	Du Pont Shell Chemie u.a.	2533	22,10	48,00	
35	Antwerpen	BASF	367	19,80	41,20	
36	Vlissingen	M&T. Intern. Hoechst	120	14,00	44,50	
37	Zeebrügge	Dow Chemical	400	14,00	44,50	
38	Terneuzen	Dow Chemical u.a.	747	17,10	42,30	K
39	Hengelo	AKZO: Zout Chemie	333	36,00	51,10	I
40	Geel	PCT PCL	1167	23,20	40,30	
41	Willebrock	Bayer Degussa Solvay USI	1040	19,50	39,60	
42	Gent	UCB	133	15,40	39,50	
43	Breda	Hoechst	520	22,50	44,20	
44	Genk	DSM	367	25,30	38,70	
45		DSM	367	25,30	38,70	
46	Geleen	DSM	1127	29,30	37,60	
47	Mons	UCB	367	16,50	33,80	
48	Jemeppe	Solvay	273	20,00	32,20	
49	Lüttich	Sociêtê de Bayon S.H.				
50	Oberhausen	Ruhr Chemie AG	693	34,50	44,90	
51	Marl	Phenol Chemie	1257	37,50	44,50	
52	Hüls	CWH-Hüls	1425	37,20	44,60	
53	Lunen	VEBA	747	44,30	44,30	
54	Bayer	Duisburg	550	35,30	42,90	
55	Krefeld, Urd.	Bayer	620	34,20	41,40	
56	Gelsenkirchen	VEBA	268	37,50	43,50	

1) K = Küste

I = Inlandsorte

1 = Koordinaten für Standortprogramm nach Karte des Binnenschiffahrtsverlag

Fortsetzung der Tabelle A 9:

lfd. Nr.:	Ort, Raum	Firma	Dampfbedarf [t D/h]	Koordinaten x	y	Bemerkungen 1)
57	Düsseldorf	Henkel	273	35,40	40,10	
58	Leverkusen	Bayer	747	36,40	37,60	
59	Köln	Wacker Chemie	30	36,10	36,40	
60		Knapsack	200	36,10	36,40	
61		Erdöl Chemie				
		Worringen	1230	36,10	36,40	
62		CFN	250	36,10	36,40	
63		UK-Wesseling	650	36,10	36,40	
64		ROW	750	36,10	36,40	
		Dyn. Nobel				
65	Wiesbaden	Kalle KG	50	44,80	28,20	
66	Frankfurt	Hoechst	870	47,50	28,60	
67	Mainz	Wegussa	50	44,50	27,00	
68	Worms	Röhn Chemie	50	45,00	23,00	
69	Ludwigshafen	BASF	1600	45,70	22,10	
70		Giulini	213	45,70	22,10	
71	Mannheim	PWA	150	46,20	21,90	
		Knappsack				
72	Heidelberg		53	47,60	20,70	
73	Sorralbe	Solvay	53	37,00	17,10	
74	Carling	Ugilor	273	33,00	19,50	
		CdF				
75	Dieuze	HBL,	367	30,70	18,10	
		CdF				
76	Straßburg	Dow-Chem.	100	40,50	12,50	
77	Ingolstadt	Hoechst	340	66,00	14,50	
	Kehlheim	Süddeutsche				
		Kalk-Stickstoff-				
		Werke				
78		Süddeutsche	133	66,00	14,50	
		Chemie AG				
79	Ottmarsheim	PEC-Rhur	130	39,10	5,80	
		Rhône-Poulène				
80	Basel (Raum)	Ciba-Geigy	130	39,60	2,00	
81		Hoffmann La Roche	70	39,60	2,00	
82		Sandoz u.a.	213	39,60	2,00	
83		Lonza-Werke	50	39,60	2,00	
84		Ciba	50	39,60	2,00	
85	Burghausen	Societa Chemica	266	78,50	7,20	
		Rauema S.p.A.				
		Bayrische N-Werke				
		Hoechst	133	78,50	7,20	
insges.:	Inland:	20401				
	Küste	10791				
Chemie & Petrochemie insgesamt:		31192				

Tabelle A.10 : Standorte und mittlere Abstichgewichte von Elektroöfen als potentielle Abnehmer für Eisenschwamm in der EG, Österreich und der Schweiz (158).
B = Bahntransport; S = Schiffstransport)
(Nur die mit Nummern bezeichneten Elektroöfen wurden in das Programm aufgenommen.)

B E L G I E N

Pro-gramm Nr.	Gesellschaft	Werk/Ort	Ofen Nr.	Mittleres Abstichgewicht	Koordinaten x	Koordinaten y	Transportmittel
01	Cop-Liege-1	Cop-L-1 Seraing	1	17	27,5	34,5	B,S
01	Cop-Liege-1	Cop-L-1 Seraing	2	80	27,5	34,5	B,S
01	Cop-Liege-1	Cop-M Marchienne-A-P	1	50	27,5	34,5	B,S
01	Cop-Liege-2	Cop-L-2 Jemeppe	1	22	27,5	34,5	B,S
02	SA Forges De Clabecq	Forg.Cl.Clabecq	1	20	19,30	36,10	B,S
02	SA Forges De Clabecq	Forg.Cl.Clabecq	2	20	19,30	36,10	B,S
	Forg.Thy-Marcinelle	Thy-M.Marcinelle	1	160			
	Forg.Thy-Marcinelle	Thy-M.Monceau-S-S	1	40			
	Usines Gustave Boel	G.Boel La Louviere	1	59			
03	Fabr.Fer Charleroi	F.F.Charl.Marchienne	1	167	22,8	35,4	B,S
	Allegheny-Longdoz SA	Allegh.-Longo.Genk	1	40			
	Forg.Lam.Je Mappes	Forg.Lam.Je Mappes	1	20			

Fortsetzung von Tabelle A 10

BUNDESREPUBLIK DEUTSCHLAND							
Programm Nr.	Gesellschaft	Werk/Ort	Ofen Nr.	Mittleres Abstichgewicht	Koordinaten x	y	Transportmittel
	Thyssen Henr.-Hütte	TH Hattingen	2	130			
	Thyssen Henr.-Hütte	TH Hattingen	4	45			
	Thyssen Edelst.Werke	TEW Krefeld	11	15			
	Thyssen Edelst.Werke	TEW Krefeld	12	14			
	Thyssen Edelst.Werke	TEW Krefeld	21	32			
	Thyssen Edelst.Werke	TEW Krefeld	22	32			
	Thyssen Edelst.Werke	TEW Krefeld	31	76			
	Thyssen Edelst.Werke	TEW Krefeld	32	76			
	Thyssen Edelst.Werke	TEW Witten	1	59			
	Thyssen Giesserei AG	TG Mülheim/R	2	6			
	Thyssen Giesserei AG	TG Mülheim/R	3	10			
	Thyssen Giesserei AG	TG D-Oberkassel	1	35			
	Thyssen Giesserei AG	TG D-Oberkassel	2	13			
19	Thyssen Giesserei AG	TG D-Oberkassel	3	3	33,2	42,9	B,S
19	Thyssen Giesserei AG	TG D-Oberkassel	4	35	33,2	42,9	B,S
	Thyssen Giesserei AG	TG Gelsenkirchen	1	13			
	Thyssen Giesserei AG	TG Gelsenkirchen	2	23			
	Thyssen Giesserei AG	TG Koblenz-Bendorf	1	12			
	Thyssen Giesserei AG	TG Koblenz-Bendorf	2	3			
	Stahlwerke Bochum	SWB Bochum	8	18			
	Stahlwerke Bochum	SWB Bochum	9	19			
16	St.W.Roechling-Burb.	R+B Voelklingen	1	115	35,3	19,4	B
16	St.W.Roechling-Burb.	R+B Voelklingen	4	30	35,3	19,4	B
16	St.W.Roechling-Burb.	R+B Voelklingen	5	20	35,3	19,4	B
03	Eschweiler Bergw-Ver	EBV Eschweiler	1	41	66,5	26,0	B
03	Eschweiler Bergw-Ver	EBV Eschweiler	2	41	66,5	26,0	B
02	EW.-G.Maxhütte	Maxhütte Rosenberg	2	46	66,5	26,0	B
	Edelst.W.Buderus	Buderus Wetzlar	6	84			
	Edelst.W.Buderus	Buderus Wetzlar	3	29			

Fortsetzung von Tabelle A 10

BUNDESREPUBLIK DEUTSCHLAND							
Programm-Nr.	Gesellschaft	Werk/Ort	Ofen Nr.	Mittleres Abstichgewicht	Koordinaten x	Koordinaten y	Transportmittel
	Mannesmann Hütte NW	Mannesmann Huckingen	1	49			
15	Röhrenw.Bous/Saar	Röhrenw. Bous/Saar	1	60	35,1	19,9	B
07	Kloeckner Werke AG	Kl.GMW Osnabrück	2	10	44,8	50,4	B,S
07	Kloeckner Werke AG	Kl.GMW Osnabrück	3	19	44,8	50,4	B,S
07	Kloeckner Werke AG	Kl.GMW Osnabrück	4	110	44,8	50,4	B,S
07	Kloeckner Werke AG	Kl.GMW Osnabrück	5	110	44,8	50,4	B,S
06	Hoesch Hüttenwerke	Hoesch DO-Westf.-H.	1	70	40	43,2	B
	Gebr.Benteler	Bentel.Schl.Neuhaus	1	22			
	Gebr.Benteler	Bentel.Schl.Neuhaus	2	22			
	Gebr.Benteler	Bentel.Schl.Neuhaus	3	22			
	Gebr.Benteler	Bentel.Schl.Neuhaus	4	22			
21	Gebr.Benteler	Bentel.Lingen	1	85	39	53,3	B,S
08	Badische Stahlwerke	BSW Kehl	1	65	42,1	12,2	B,S
08	Badische Stahlwerke	BSW Kehl	2	65	42,1	12,2	B,S
08	Badische Stahlwerke	BSW Kehl	3	65	42,1	12,2	B,S
09	Hamburger Stahlwerke	HSW Hamburg	1	95	56,2	64,3	B,S
09	Hamburger Stahlwerke	HSW Hamburg	2	95	56,2	64,3	B,S
09	Hamburger Stahlwerke	HSW Hamburg	3	100	56,2	64,3	B,S
	Lech-Stahlwerke	Lech Herbertshofen	1	62			
	Lech-Stahlwerke	Lech Herbertshofen	2	62			
	Lech-Stahlwerke	Lech Herbertshofen	3	62			
11	F.Krupp Hüttenwerke	FKH Bochum	2	64	38,5	44,0	B
11	F.Krupp Hüttenwerke	FKH Bochum	3	25	38,5	44,0	B
11	F.Krupp Hüttenwerke	FKH Bochum	4	12	38,5	44,0	B
11	F.Krupp Hüttenwerke	FKH Bochum	5	3	38,5	44,0	B
11	F.Krupp Hüttenwerke	FKH Bochum	11	79	38,5	44,0	B
10	F.Krupp Hüttenwerke	FKH Rheinhausen	71	125	35,2	42,4	B,S
10	F.Krupp Hüttenwerke	FKH Rheinhausen	72	125	35,2	42,4	B,S

Fortsetzung von Tabelle A 10

Pro-gramm Nr.	Gesellschaft	Werk/Ort	Ofen Nr.	Mittleres Abstichgewicht	Koordinaten x	Koordinaten y	Transportmittel
B U N D E S R E P U B L I K D E U T S C H L A N D							
17	Stahlw.Suedwestfalen	Suedwestf.Geisweid	1	15	43,2	36,4	B
17	Stahlw.Suedwestfalen	Suedwestf.Geisweid	2	38	43,2	36,4	B
17	Stahlw.Suedwestfalen	Suedwestf.Geisweid	3	38	43,2	36,4	B
17	Stahlw.Suedwestfalen	Suedwestf.Geisweid	5	78	43,2	36,4	B
17	Stahlw.Suedwestfalen	Suedwestf.Geisweid	6	100	43,2	36,4	B
	FKH Schmiede + Giess.	FKH Schmiede Essen	1	12			
	Neunkircher Eisenw.	Neunkirchen	1	10			
	Krauss-Maffei AG	Krauss-Maffei München	1	10			
	Krauss-Maffei AG	Krauss-Maffei München	2	10			
	Berg.Stahlindustrie	BSI Remscheid	1	6			
	Berg.Stahlindustrie	BSI Remscheid	2	4			
04	VEW Gebr. Boehler	Boehler D-Oberkassel	4	23	34,7	35,8	B,S
04	VEW Gebr. Boehler	Boehler D-Oberkassel	6	43	34,7	35,8	B,S
18	Duisburger Kupferh.	Kupferh. Duisburg	1	3	35,3	42,9	B,S
18	Duisbruger Kupferh.	Kupferh. Duisburg	2	5	35,3	42,9	B,S
	Moselstahlwerk	Moselstahlwerk Trier	1	35			
	Moselstahlwerk	Moselstahlwerk Trier	2	38			
03	Albert Hoffmann KG	Hoffmann Eschweiler	1	2	66,5	26	B
03	Albert Hoffmann KG	Hoffmann Eschweiler	2	4	66,5	26	B
01	Bosch Gotthardshütte	Boschgotth. Weidenau	1	15	43,2	37,4	B
	Ver.Dt.Metallwerke	VDM Unna	1	30			
05	Guss Stahl Boennhoff	Boennhoff Wetter/R	1	10	40,3	41,9	B
05	Guss Stahl Boennhoff	Boennhoff Wetter/R	2	5	40,3	41,9	B
	Doerrenberg Edelst.	Doerrenberg Ruenderoth	1	6			
12	Lemmerz Werke	Lemmerz Koenigswinter	1	28	38,6	33,9	B
12	Lemmerz Werke	Lemmerz Koenigswinter	2	28	38,6	33,9	B
	Schmidt + Clemens	Schm.+Clem. Kaiserau	1	8			
	Borsig GmbH	Borsig Berlin	2	40			

Fortsetzung von Tabelle A 1)

Pro-gramm Nr.	Gesellschaft	Werk/Ort	Ofen Nr.	Mittleres Abstichgegewicht	Koordinaten x	Koordinaten y	Transportmittel
BUNDESREPUBLIK DEUTSCHLAND							
	Leo Gottwald	Gottwald Hattingen	1	8			
01	Gontermann Peipers	G+P Siegen	1	35	43,2	36,4	B
01	Gontermann Peipers	G+P Siegen	2	25	43,2	36,4	B
01	Gontermann Peipers	G+P Siegen	3	8	43,2	36,4	B
01	Gontermann Peipers	G+P Siegen	5	55	43,2	36,4	B
DÄNEMARK							
	Danske Stalvalseverk	Danske Frederiksverk	1	100			
	Danske Stalvalseverk	Danske Frederiksverk	2	100			

Fortsetzung von Tabelle A 10

F R A N K R E I C H

Programm Nr.	Gesellschaft	Werk/Ort	Ofen Nr.	Mittleres Abstichgewicht	Koordinaten x	Koordinaten y	Transportmittel
	Forges D'Allevard	Allevard Le Cheylas	1	20			
	Forges D'Allevard	Allevard Le Cheylas	2	12			
04	Creusot-Loire	C.-L.Les Dunes-Dunk.	1	45	6,60	4,40	B,S
	Creusot-Loire	C.-L.Marais St-Etien	1	85			
	Creusot-Loire	C.-L.Marais St-Etien	2	16			
	Creusot-Loire	C.-L.Pamiers	1	30			
	Creusot-Loire	C.-L.Pamiers	2	10			
	Creusot-Loire	C.-L.Le Creusot	1	95			
	Creusot-Loire	C.-L.Le Creusot	2	95			
	Creusot-Loire	C.-L.Le Creusot	3	60			
	Creusot-Loire	C.-L.Le Creusot	4	15			
	Creusot-Loire	C.-L.Le Creusot	5	15			
	Creusot-Loire	C.-L.Ondaine	1	35			
	Creusot-Loire	C.-L.Ondaine	2	30			
	Creusot-Loire	C.-L.Ondaine	3	15			
	Creusot-Loire	C.-L.Imphy	1	24			
	Creusot-Loire	C.-L.Imphy	2	16			
02	Cockerill Rehon-H.	Cop R-H Rehon	1	23	28	22,4	B
03	Chat.Commetry-Biache	Chat.Comm.Isbergues	1	80	9,7	35,7	B,S
03	Chat.Commetry-Biache	Chat.Comm.Isbergues	2	80	9,7	35,7	B,S
	Ste.Commentr.AC.Fins	Vanad.All.Commentry	1	18			
	Ste.Commentr.Ac.Fins	Vanad.All.Commentry	2	13			
10	Ste.Hf.De la Chiers	Hf.Chiers Longwy-Bas	1	35	28,3	22,6	B
11	Ste.Hf. De la Chiers	Hf.Chiers V.-Molhain	1	57	21,3	29,1	B,S
11	Ste.Hf. De la Chiers	Hf.Chiers V.-Molhain	2	20	21,3	29,1	B,S
	Fives Cail-Babcock	Fives-Cail Denain	1	40			
	Forg. De Gueugnon	Forg. De Gueugnon	1	16			

Fortsetzung von Tabelle **A 10**

F R A N K R E I C H

Programm-Nr.	Gesellschaft	Werk/Ort	Ofen Nr.	Mittleres Abstichgewicht	Koordinaten x	Koordinaten y	Transportmittel
09	Ste.Ac.Fins De L'Est	F.D.L'Est Hagondange	1	61	30,2	20	B,S
09	Ste.Ac.Fins De L'Est	F.D.L'Est Hagondange	2	61	30,2	20	B,S
13	Usinor Groupe Est	Usinor-E Thionville	1	70	30,6	21,2	B,S
13	Usinor Groupe Est	Usinor-E Thionville	2	33	30,6	21,2	B,S
	Ugine Aciers	UG.Aciers Ugine	1	40			
	Ugine Aciers	UG.Aciers Ugine	2	40			
	Ugine Aciers	UG.Aciers Ugine	3	25			
	Ugine Aciers	UG.Aciers Moutiers	1	22			
	Ugine Aciers	UG.Aciers Moutiers	2	22			
	Ugine Aciers	UG.Aciers L'Ardoise	1	75			
	Ugine Aciers	UG.Aciers L'Ardoise	2	45			
	Ugine Aciers	UG.Aciers L'Ardoise	3	40			
	Ugine Aciers	UG.Aciers Fos-S-Mer	1				
	Vallourec	Vallourec Anzin	1	60			
	AC.US.M.Decazeville	A.U.M.D. Decazeville	1				
	AC.US.M.Decazeville	A.U.M.D. Decazeville	2				
	AC.US.M.Decazeville	A.U.M.D. Decazeville	3				
	AC.US.M.Decazeville	A.U.M.D. Decazeville	4				
01	AC.+Lam.De Paris	Alpa Porcheville	1		1,5	19,0	B
01	AC.+Lam.De Paris	Alpa Porcheville	1	60	1,5	19,0	B
05	SA Iton-Seine	Iton Bonnieres-S-Sei	1	42	1,0	19,1	B
	Aubert+Duval SA	Aub.+Duval Ancizes	1	60			
	Aubert+Duval SA	Aub.+Duval Ancizes	2	30			
	Aubert+Duval SA	Aub.+Duval Ancizes	3	12			
	Aubert+Duval SA	Aub.+Duval Ancizes	4	4			

Fortsetzung von Tabelle A 10:

FRANKREICH

Programm Nr.	Gesellschaft	Werk/Ort	Ofen Nr.	Mittleres Abstichgewicht	Koordinaten x	Koordinaten y	Transportmittel
	AC.De Champagnole	AC.De Champagnole	1	8			
	AC.De Champagnole	AC.De Champagnole	2	4			
	Marrel Freres SA	Marrel Chateauneuf	1	67			
	Marrel Freres SA	Marrel Chateauneuf	2				
08	Ste.Ac.De Montereau	Ac. De Montereau	1	75	8,3	12,1	B
12	Ste.Nouv.Ac.Pompey	S.N.A.P.Pompey	1	80	29,3	45,3	B,S
12	Ste.Nouv.Ac.Pompey	S.N.A.P.Pompey	2	18	29,3	45,3	B,S
	H.K.Porter-France	Porter-Fr.Marpent	1	15			
	Ste.N.Saut-Du-Tarn	Saut-D.Tarn St.Juery	1	15			
	Sudacier	Sudacier Toulon-L-G.	1	65			
	Sudacier	Sudacier Toulon-L-G.	2	65			
	Ste.Lam.Villerupt	Villerupt Micheville	1	35			
06	Ste.Ac.D'Anzin	D'Anzin Anzin	1	60	13,3	32,5	B,S
06	Ste.Ac.D'Anzin	D'Anzin Anzin	2	24	13,3	32,5	B,S
07	Ste.Ac.D'Anzin	D'Anzin St.Saulve	1	60	13,3	32,6	B,S

Fortsetzung von Tabelle **A 10:**

GROSSBRITANNIEN

Programm Nr.	Gesellschaft	Werk/Ort	Ofen Nr.	Mittleres Abstichgewicht	Koordiaten x	Koordiaten y	Transportmittel
	BSC Teesside DIV.	Tees Barrow W.	1				
	BSC Teesside Div.	Tees Workington W.	1	37			
	BSC Teesside Div.	Tees Cleveland	1				
	BSC Teesside Div.	Tees Cleveland	1				
	BSC Teesside Div.	Tees Cleveland	2	115			
	BSC Teesside Div.	Tees Cleveland	2	115			
	BSC Teesside Div.	Tees Cleveland	3	115			
	BSC Teesside Div.	Tees Cleveland	3	115			
	BSC Sheffield Div.	Sheff Rotherham Temp	1	152			
	BSC Sheffield Div.	Sheff Rotherham Temp	2	183			
	BSC Sheffield Div.	Sheff Rotherham Temp	3	183			
	BSC Sheffield Div.	Sheff Rotherham Temp	4	183			
	BSC Sheffield Div.	Sheff Rotherham Temp	5	183			
	BSC Sheffield Div.	Sheff Rotherham Temp	6	183			
	BSC Sheffield Div.	Sheff Rotherham Temp	7	183			
	BSC Sheffield Div.	Sheff Rotherham Aldw	1	183			
	BSC Sheffield Div.	Sheff Rotherham Aldw	2	112			
	BSC Sheffield Div.	Sheff Stocksbridge	1				
	BSC Sheffield Div.	Sheff Stocksbridge	2	95			
	BSC Sheffield Div.	Sheff Stocksbridge	3	115			
	BSC Sheffield Div.	Sheff Stocksbridge	4	150			
	BSC Sheffield Div.	Sheff Stocksbridge	5	150			
	BSC Sheffield Div.	Sheff Tinsley Park	1	140			
	BSC Sheffield Div.	Sheff Tinsley Park	2	140			
	BSC Sheffield Div.	Sheff Tinsley Park	3	110			
	BSC Sheffield Div.	Sheff Panteg W.	1				
	BSC Sheffield Div.	Sheff Panteg W.	2				
	BSC Sheffield Div.	Sheff River Don & AW	1	12			

Fortsetzung von Tabelle **A 10:**

G R O S S B R I T A N N I E N							
Pro-gramm Nr.	Gesellschaft	Werk/Ort	Ofen Nr.	Mittleres Abstichgewicht	Koordinaten x	Koordinaten y	Transportmittel
	BSC Sheffield Div.	Sheff River Don & AW	2	12			
	BSC Sheffield Div.	Sheff River Don & AW	3				
	BSC Sheffield Div.	Sheff River Don & AW	4				
	BSC Sheffield Div.	Sehff River Don & AW	5				
	BSC Sheffield Div.	Sheff River Don & AW	6	81			
	BSC Scottish Div.	Scot Craigneuk Mills	1	25			
	BSC Scottish Div.	Scot Hallside W.	1	125			
	BSC Welsh Div.	Welsh Cookley W.	1				
	BSC Welsh Div.	Welsh Cookley W.	2				
	BSC Welsh Div.	Welsh Cookley W.	3				
	BSC Welsh Div.	Welsh Cookley W.	4				
	BSC Welsh Div.	Welsh Cookley W.	5				
	BSC Welsh Div.	Welsh Cookley W.	6				
	BSC Tubes	Tubes Corby W.	1	40			
	BSC Tubes	Tubes Corby W.	2	40			
	BSC Tubes	Tubes Clydesdale W.	1				
	BSC Tubes	Tubes Clydesdale W.	2				
	GKN Rolled+Bright St.	GKN Castle W.Card.	1				
	GKN Rolled+Bright St.	GKN Castle W.Card.	2				
	Manchester Steel LTD	Manch.St.Manchester	1				
	B.R.C.Engineering	B.R.C.E.Birkenhead	1				
	Brymbo Steel Works	Brymbo St.W.Brymbo	1	68			
	Brymbo Steel Works	Brymbo St.W.Brymbo	2	68			
	Brymbo Steel Works	Brymbo St.W.Brymbo	3	68			
	Brymbo Steel Works	Brymbo St.W.Brymbo	4	68			
	Duport Steel Works	Duport LLanelli	1				
	Duport Steel Works	Duport LLanelli	2				

Fortsetzung von Tabelle A 10:

Pro-gramm Nr.	Gesellschaft	Werk/Ort	Ofen Nr.	Mittleres Abstichge-wicht	Koordiaten x	Koordiaten y	Transport-mittel
G R O S S B R I T A N N I E N							
	Firth Brown LTD	Firth Br. Sheffield	1				
	Johnson+Sephew LTD	Johns.+N. Manchester	1				
	Lloyd-Cooper LTD	Lloyd-Cooper Dudley	1				
	Patent Shaft St.W.	Pat.Shaft Wednesbury	1				
	Patent Shaft St.W.	Pat.Shaft Wednesbury	2				
	Round OAK Steel W.	Round O.Brierley H.	1				
	Round OAK Steel W.	Round O.Brierley H.	2				
	Round OAK Steel W.	Round O.Brierley H.	3	140			
	Sheerness Steel Co	Sheern.St. Sheerness	1	95			
	Sheerness Steel Co	Sheern.St. Sheerness	2				
I T A L I E N							
	Breda Siderurgica	Breda Sid. Milano	2				
	Breda Siderurgica	Breda Sid. Milano	3				
	Dalmine Spa	Dalmine-Bergamo	1				
	Dalmine Spa	Dalmine-Bergamo	2				
	Dalmine Spa	Dalmine-Bergamo	3				
	Dalmine Spa	Dalmine-Bergamo	4				
	Dalmine Spa	Dalmine-Gergamo	4				
	Italsider Spa	Italsider Campi-Gen.	1				

Fortsetzung von Tabelle A 10:

ITALIEN							
Programm Nr.	Gesellschaft	Werk/Ort	Ofen Nr.	Mittleres Abstichgewicht	Koordinaten x	Koordinaten y	Transportmittel
	Acc.Fer.Tr.Cravetto	Cravetto Bruzolo-Tor	2				
	Fer.Acc.Sarde Spa	Sarde Spa Cagliari	1				
	Acc.Lam.Fond.Affini	Affini S.Polo-Bresc.	3	30			
	Acc.Lam.Fond.Affini	Affini S.Polo-Bresc.	4	30			
	Ind.Lam.Ferrost rl	Ferrost Odolo-Bresc.	3				
	Acc.Ferrero Spa	Acc.Ferrero Torino	3				
	Fab.Ital.Tubi	Ital.Tubi Genova	1				
	Fab.Ital.Tubi	Ital.Tubi Genova	2				
	Fab.Ital.Tubi	Ital.Tubi Genova	3				
	Fab.Ital.Tubi	Ital.Tubi Genova	4				
	Acc.Foroni	Foroni Minore-Varese	1				
	Off.Fond.Galtarossa	Galtarossa Milano	3				
	Off.Fond.Galtarossa	Galtarossa Milano	4				
	Ind.Lam.Fer.Odolesi	Ilf Odolesi Odolo-Br.	1				
	Ind.Lam.Fer.Odolesi	Ilf Odolesi Odolo-Br.	2				
	Ind.Lam.Fer.Odolesi	Ilf Odolesi Odolo-Br.	3				
	Ind.Lam.Spec.Viola	Ils Viola Milano	2				
	Ind.Lam.Spec.Viola	Ils Viola Milano	3				
	Ind.Mecc.+Sid.Spa	Mecc.+sid. Napoli	1				
	Acc.Fer.Del Lazio	D.Lazio Pomezia-Roma	1				
	Acc.Fer.Del Lazio	D.Lazio Pomezia-Roma	2				
	Acc.Fer.L.Le Ali	L.Leali Odolo-Bresc.	1	20			
	Acc.Fer.L.Le Ali	L.Leali Odolo-Bresc.	2	20			
	Acc.Fer.L.Lucchini	Lucchini S.-Torinese	1				
	Acc.Fer.L.Lucchini	Lucchini Sarezzo	1				
	Acc.Fer.L.Lucchini	Lucchini Sarezzo	2				
	Fond.Acc.G.Mandelli	G.Mandelli Torino	4				
	Met.Meroni Spa	Meroni Erba-Como	1				
	Acc.Fer.Fond.Modena	Acc.Modena	1				

Fortsetzung von Tabelle A 10:

I T A L I E N							
Pro-gramm Nr.	Gesellschaft	Werk/Ort	Ofen Nr.	Mittleres Abstichge-wicht	Koordinaten x	y	Transport-mittel
	Sid.Montirone	Montirone Nave-Bresc	1				
	Fer.Acc.Napiletane	Napoletane Napoli	1				
	Fer.Acc.Napoletane	Napoletane Napoli	2				
	Fer.Acc.Napoletane	Napoletane Napoli	3				
	Ori Martin Spa	Ori Martin Brescia	1				
	Frat.Orsenigo Spa	Orsenigo Serenza-Com	1				
	Frat.Orsenigo Spa	Orsenigo Serenza-Com	2				
	Fer.Fr.Pasini Aless.	Pasini Odolo-Brescia	1				
	Acc.Pisogne Spa	Acc.Pisogne-Brescia	1				
	Predalva Acc.Fer.	Acc.Pred.Piancam.-B.	1				
	Predalva Acc.Fer.	Acc.Pred.Piancam.-B.	2				
	Prolafer Milani Remo	Milani Remo Vercelli	1				
	Prolafer Milani Remo	Milani Remo Vercelli	2				
	Acc.Fer.Pugliese	Pugliese Bari	1				
	Acc.Fer.Pugliese	Pugliese Bari	3				
	Acc.Fer.Riva Spa	Riva Pertusella-Vare	1	20			
	Acc.Fer.Riva Spa	Riva Pertusella-Vare	2	50			
	Met.Luciano Rumi	L.Rumi Seriate-Berg	1				
	Met. Luciano Rumi	L.Rumi Seriate-Berga	2				
	Met. Luciano Rumi	L.Rumi Seriate-Berga	3				
	Met. Luciano Rumi	L.Rumi Seriate-Berga	4				
	Sta.Az.Fond.Acc.Spe.	Safas Spa Vicenza	1				
	Sta.Az.Fond.Acc.Spe.	Safas Spa Vicenza	2				
	Acc.Fer.Udine Spa	Acc. Udine	3				
	Fer. Sant Anna Spa	Sant Anna Varese	1				
	Fer. Sant Anna Spa	Sant Anna Varese	2				
	Fer. Sant Anna Spa	Sant Anna Varese	3				
	Sid.Monfalcone	Std.Monfalcone-Goriz	1				
	Sid.Monfalcone	Sid.Monfalcone-Goriz	2				

Fortsetzung von Tabelle A 10:

I T A L I E N

Programm Nr.	Gesellschaft	Werk/Ort	Ofen Nr.	Mittleres Abstichgewicht	Koordinaten x	Koordinaten y	Transportmittel
	Italsider Spa	Italsider Campi-Gen.	2				
	Italsider Spa	Italsider Campi-Gen.	3				
	Italsider Spa	Italsider Campi-Gen.	4				
	Italsider Spa	Italsider Lovere	3				
	Italsider Spa	Italsider Lovere	4				
	Italsider Spa	Italsider Lovere	5				
	Italsider Spa	Italsider Lovere	6				
	Sta Nazionale Cogne	Cogne Aosta	1				
	Sta Nazionale Cogne	Cogne Aosta	2	60			
	Sta Nazionale Cogne	Cogne Aosta	3	60			
	Fiat Fer. Spa	Diat Torino	2				
	Fiat Fer. Spa	Fiat Torino	3				
	Fiat Fer. Spa	Fiat Torino	4				
	Fiat Fer. Spa	Fiat Torino	6				
	Fiat Fer. Spa	Fiat Torino	7				
	Fiat Fer. Spa	Fiat Torino	8				
	Fiat Fer. Spa	Fiat Torino	9				
	Fiat Fer. Spa	Fiat Torino	11				
	Fiat Fer. Spa	Fiat Torino	12				
	Acc.Fer.Lomb.Falck	L.Falck S.S. Giovanni	2				
	Acc.Fer.Lomb.Falck	L.Falck S.S. Giovanni	3				
	Acc.Fer.Lomb.Falck	L.Falck S.S. Giovanni	4				
	Acc.Fer.Lomb.Falck	L.Falck S.S. Giovanni	6				
	Acc.Fer.Lomb.Falck	L.Falck S.S. Giovanni	7				
	Acc.Fer.Lomb.Falck	L.Falck S.S. Giovanni	8				
	Acc.Fer.Lomb.Falck	L.Falck S.S. Giovanni	9				
	Acc.Fer.Lomb.Falck	L.Falck S.S. Giovanni	10				

Fortsetzung von Tabelle A 10:

I T A L I E N

Programm Nr.	Gesellschaft	Werk/Ort	Ofen Nr.	Mittleres Abstichgewicht	Koordinaten x	Koordinaten y	Transportmittel
	Gius.+Frat.Redaelli	Redaelli Milano	1				
	Gius.+Frat.Redaelli	Redaelli Milano	2				
	Sta.Ind.El.Terni	Sta.Ind.El. Terni	1				
	Sta.Ind.El.Terni	Sta.Ind.El. Terni	2				
	Sta.Ind.El.Terni	Sta.Ind.El. Terni	3				
	Sta.Ind.El.Terni	Sta.Ind.El. Terni	4				
	Sta.Ind.El.Terni	Sta.Ind.El. Terni	6				
	Sta.Ind.El.Terni	Sta.Ind.El. Terni	7				
	Sta.Ind.El.Terni	Sta.Ind.El. Terni	8	180			
	Acc.Fer.Fenotti+Zan.	Fenotti Nave-Brescia	3				
	Fenotti & Comini Spa	Fen.Com. Nave-Brescia	1				
	Fenotti & Comini Spa	Fen.Com. Nave-Brescia	2				
	Fenotti & Comini Spa	Fen.Com. Nave-Brescia	3				
	Acc.Fer.Alpine	Alpine Torino	1				
	Acc.Fer.Alpine	Alpine Torino	2				
	Acc.Fer.Alpine	Alpine Torino	3				
	Acc.Tubificion Brescia	Acc.Tub.Brescia	1				
	Acc.Tubificion Brescia	Acc.Tub.Brescia	2				
	Acc.Fer.V.Beltrame	V.Beltame Vicenza	1				
	Acc.Fer.V.Beltrame	V.Beltame Vicenza	2				
	O.F.Bertoli+Rodolfo	Bertoli+Rodol.Udine	5				
	Acc.Di Bolzano	Acciaerie Bolzano	1				
	Acc.Di Bolzano	Acciaerie Bolzano	2				
	Acc.Fer.Caleotto	Caleotto Lecco-Como	1				
	Acc.Fer.Caleotto	Caleotto Lecco-Como	2				
	Acc.Fer.Catania Spa	Acc.Fer.Catania	1				
	P.M.Ceretti Spa	Ceretti Villadossola	1				
	P.M.Ceretti Spa	Ceretti Villadossola	2				
	Acc.Fer.Tr.Cravetto	Cravetto Bruzolo-Tor	1				

Fortsetzung von Tabelle **A 10**:

Programm Nr.	Gesellschaft	Werk/Ort	Ofen Nr.	Mittleres Abstichgewicht	Koordiaten x	Koordiaten y	Transportmittel
I T A L I E N							
	Sideros	Sideros Osoppo Udine	1				
	Acc.Valbruna Gresele	Valbruna Vicenza	1				
	Meridionale St.Ant.	Lucana Potenza	2				
	Meridionale St.Ant.	Meridionale Termoli	1				
L U X E M B U R G							
01	Arbed SA	Arbed Esch-Belval	1	35	30,3	22,4	B,S
02	Arbed SA	Arbed Dommeldange	1	12	30,6	24,2	B,S
03	Arbed SA	Arbed Dommeldange	2	12	30,1	25,6	B,S
O E S T E R R E I C H							
01	Voest-Alpine AG	Voest Linz	1	7	86,7	10,5	B,S
01	Voest-Alpine AG	Voest Linz	2	26	86,7	10,5	B,S
01	Voest-Alpine AG	Voest Linz	3	26	86,7	10,5	B,S
	Voest-Alpine AG	Voest Donawitz	1	12			
	Voest-Alpine AG	Voest Donawitz	3	23			
	Voest-Alpine AG	Voest Donawitz	4	32			
	Voest-Alpine AG	Voest Donawitz	5	16			
02	Voest-Alpine AG	Voest Liezen	1	3	86,3	3,7	B
02	Voest-Alpine AG	Voest Liezen	2	6	86,3	3,7	B

Tabelle A 11 Transportkosten für TBK_{16-18}[1]) und ERZ[2]) zur Eisenschwammerzeugung[3]) im Drehrohrofen mit der Bahn bzw. dem Schiff[4]) zu mitteleuropäischen Standorten[5]).

(Legende am Ende der Tabelle; *Seite 244*)

Ort	Land 6)	Transportkosten TBK 16-18: Transportmittel Bahn Schiff 7)	Transportkosten TBK 16-18: tatsächliche Distanz [km] $X_{L,TBK}$	Transportkosten TBK 16-18: Kosten [DM/t TBK] = [DM/t ES]	Erztransportkosten: vom Erz-Hafen	Erztransportkosten: Trans-portm. Bahn Schiff	Erztransportkosten: tatsächliche Distanz [km] $X_{L,Erz}$	Erztransportkosten: Kosten [DM/t Erz]	bezogene Kosten 8) [DM/t ES]	Gesamtkosten [DM/t ES]
Antwerpen	B	S	440	13,50	A	-	-	-	-	13,50
Arnheim	NL	S	218	14,00	R	S	150	4,00	6,00	20,00
Aschaffenburg	D	S	259	21,00	R	S	538	12,00	18,00	39,00
Ausgburg	D	B	539	31,20	R	B	816	43,80	65,70	96,90
Bad Hersfeld	D	B	298	23,90	HHV	B	415	28,00	42,00	65,90
Bamberg	D	B	411	28,40	R	S	878	16,50	24,70	53,10
Basel	S	S	501	31,00	R	S	835	15,50	23,30	54,30
Biberach	D	B	491	30,60	R	B	798	41,20	63,60	94,20
Bielefeld	D	B	201	19,70	BH	B	238	15,70	23,50	57,80
Braunschweig	D	S	470	26,50	HH	S	178	8,00	12,00	38,50
Breda	NL	S	308	18,50	R	S	50	3,50	5,20	23,70
Bremen	D	S	475	25,00	BH	S	65	2,00	3,00	28,00
Bremerhafen	D	S	525	25,50	BH	-	-	-	-	25,50
Brüssel	B	S	480	14,50	A	S	40	2,60	3,00	17,50
Cochem	D	S	130	16,00	R	S	460	10,33	15,50	31,50
Darmstadt	D	B	211	20,30	R	B	480	30,80	47,36	67,36
Datteln	D	B	129	13,10	R	S	268	8,00	12,00	25,10
Deventer	D	S	280	14,60	R	S	190	4,50	6,75	21,35
Dorsten	D	B	109	13,10	R	S	248	7,20	10,80	23,90
Dortmund	D	S	173	14,80	R	S	268	7,00	10,50	25,30
Duisburg	D	S	99	13.90	R	S	220	6,00	9,00	22,90
Eindhoven	NL	S	305	17,50	R	S	110	6,00	9,00	26,50
Emden	D	S	414	23,80	E	S	-	1,00	1,50	25,30
Emmerich	D	S	178	13,50	R	S	148	4,00	6,00	19,50
Eßlingen	D	B	371	27,00	R	S	764	18,00	27,00	54,00
Flensburg	D	B	613	32,10	K	S	95	4,00	6,00	38,10
Frankfurt	D	B	203	19,70	R	S	538	10,50	15,75	35,45
Freiburg	D	B	426	29,20	R	B	698	40,00	60,00	89,20
Gelsenkirchen	D	S	140	15,50	R	S	245	7,00	10,50	26,00

Fortsetzung Tabelle A 11

Ort	Land 6)	Transportkosten TBK 16-18: Transportmittel Bahn Schiff 7)	Transportkosten TBK 16-18: tatsächliche Distanz [km] $X_{L,TBK}$	Transportkosten TBK 16-18: Kosten [DM/t TBK] = [DM/t ES]	Erztransportkosten: vom Erz-Hafen	Erztransportkosten: Transport m. Bahn Schiff	Erztransportkosten: tatsächliche Distanz [km] $X_{L,Erz}$	Erztransportkosten: Kosten [DM/t Erz]	bezogene Kosten 8) [DM/t ES]	Gesamtkosten [DM/t ES]
Giessen	D	B	173	18,10	R	S	477	31,48	47,22	65,32
Gifhorn	D	S	502	26,00	HH	S	168	7,67	11,50	37,50
Godorf	D	B	14	6,50	R	S	329	7,30	10,90	17,40
Göttingen	D	B	312	24,70	HH	B	287	19,89	29,84	54,54
Goslar	D	B	353	24,70	HH	B	223	17,93	26,90	51,60
Groningen	NL	S	430	22,50	E	S	35	2,00	3,00	25,50
Hagen	D	B	87	11,00	R	B	315	22,00	33,00	44,00
Hamburg	D	B	428	29,20	HH	-	-	-	-	29,20
Hamm	D	B	135	15,00	R	S	283	7,50	11,25	26,25
Hannover	D	S	409	25,06	HH	S	240	7,60	10,50	35,56
Heide	D	B	560	31,50	K	B	87	6,00	8,80	40,30
Heilbronn	D	S	355	22,20	K	S	760	15,00	22,50	44,70
Heiligenhafen	D	B	571	32,00	K	S	60	2.00	3,00	35,00
Hildesheim	D	B	319	24,70	HH	S	228	8,00	12,00	36,70
Holzminden	D	S	479	25,30	HH	S	285	10,00	15,00	40,30
Hoxter	D	S	488	23,35	BH	S	295	9,00	13,50	36,85
Ijmuiden	NL	S	338	8,00	JI	S	-	2,00	3,00	11,00
Kaiserslautern	D	B	222	26,90	R	B	493	32,20	48,30	75,20
Karlsruhe	D	S	311	22,73	R	S	641	14,00	21,00	43,73
Karlstadt	D	S	404	23.99	R	S	773	12,50	18,75	42,14
Kassel	D	B	287	23,50	BH	S	418	12,00	18,00	41,50
Kehl-Straßburg	F	S	375	27,57	R	S	704	17,00	25,50	53,07
Kiel	D	B	549	31,50	K	S	-	-	-	31,50
Koblenz	D	B	89	10,76	R	S	413	7,90	11,90	22,66
Konstanz	D	B	538	31,20	R	B	804	43,80	65,70	96,90
Krefeld	D	B	67	9,00	R	S	230	7,70	11,50	20,50
Landshut	D	B	605	32,70	R	B	873	45,80	68,66	101,36
Leer	D	S	382	22,50	E	S	30	1,50	2,25	24,75
Leverkusen	D	B	30	5,70	R	S	290	7,00	10,70	16,40
Lindau	D	B	581	32,00	R	S	364	45,00	76,50	99,50
Lingen	D	B	222	20,90	E	S	124	6,00	9,00	29,90
Linz/Donau	AU	S	990	38,00	R	S	1319	26,00	39,00	77,00
Ludwigsburg	D	B	350	25,80	R	S	603	37,33	56,00	81,80

Fortsetzung Tabelle A 11

Ort	Land 6)	Transportkosten TBK 16-18: Transportmittel Bahn Schiff 7)	Transportkosten TBK 16-18: tatsächliche Distanz [km] $X_{L,TBK}$	Transportkosten TBK 16-18: Kosten [DM/t TBK] = [DM/t ES]	Erztransportkosten: vom Erz-Hafen	Erztransportkosten: Transportm. Bahn Schiff	Erztransportkosten: tatsächliche Distanz [km] $X_{L,Erz}$	Erztransportkosten: Kosten [DM/t Erz]	bezogene Kosten 8) [DM/t ES]	Gesamtkosten [DM/t ES]
Ludwigshafen	D	S	243	20,96	R	S	572	13,50	20,25	41,21
Lübeck	D	B	483	32,00	HL	-	-	2,00	3,00	35,00
Lüdenscheid	D	B	107	13,00	R	S	335	22,50	33,25	46,25
Lünen	D	S	139	13,50	R	S	273	8,50	12,75	26,25
Lüttich	B	S	377	15,00	A	S	110	7,00	12,50	27,50
Lunéville*	F	S	490	22,50	R	S	810	11,50	17,25	39,75
Luxemburg*	L	B	180	18,10	R	B	605	11,00	16,50	34,60
Maastricht	NL	S	315	14,80	A	S	219	6,40	9,60	24,40
Mainz	D	S	174	18,58	R	S	490	10,53	15,80	34,38
Mannheim	D	S	243	20,96	R	S	572	13,50	20,25	41,31
Marl-Hüls	D	S	178	13,27	R	S	220	6,97	10,46	23,73
Meldorf	D	B	543	31,50	BH	S	70	4,00	6,00	37,50
Memmingen	D	B	567	30,70	R	B	782	62,48	64,48	95,18
Mettlach	D	B	217	20,30	R	B	475	20,44	30,66	50,96
Metz	F	S	379	22,00	R	S	708	11,00	16.50	38.50
Minden	D	B	246	21,90	BV	S	206	5,00	7,50	29,40
Mönchengladbach	D	B	66	9,00	R	B	188	12,36	18,50	27,50
München	D	B	600	32,30	R	B	877	45,80	68,66	100,96
Münster	D	S	211	15,60	E	S	199	7,00	10,50	26,10
Nancy	F	S	440	23,00	S	R	764	11,67	17,50	40,50
Nienburg	D	S	275	25,30	BH	S	170	4,00	6,00	31,30
Nijmegen	NL	S	211	12,90	R	S	113	4,50	6,75	19,65
Nürnberg	D	S	630	30,00	R	S	950	20,00	30,00	60,00
Norddeich	D	B	364	26,60	E	S	35	2,00	3,00	29,60
Offenbach	D	S	220	20,00	R	S	549	11,00	16,50	36,50
Oldenburg	D	S	440	24,50	BH	S	52	2,30	3,50	28,00
Osnabrück	D	B	211	20,30	BH	S	207	7,50	11,25	31,55
Paderborn	D	B	199	19,30	R	B	380	25,33	38,00	57,30
Passau	D	S	885	36,00	R	S	1214	24,00	36,00	72,00
Pforzheim	D	B	324	25,00	R	B	597	37,31	55,96	80,96
Pirmasens	D	B	258	22,40	R	B	529	33,91	50,86	73,26
Rastatt*	D	S	325	24,70	R	B	655	15,00	22,50	47,20
Regensburg	D	B	543	31,50	R	S	1079	20,00	30,00	61,50

Fortsetzung Tabelle A 11

Ort	Land 6)	Transportkosten TBK 16 -18			Erztransportkosten				8)	
		Transportmittel Bahn Schiff 7)	tatsächliche Distanz [km] $X_{L,TBK}$	Kosten [DM/t TBK] = [DM/t ES]	vom Erz-Hafen	Transportm. Bahn Schiff	tatsächliche Distanz [km] $X_{L,Erz}$	Kosten [DM/t Erz]	bezogene Kosten [DM/t ES]	Gesamtkosten [DM/t ES]
Rendsburg	D	B	549	31,50	K	S	28	2,00	3,00	34,50
Rheine	D	B	191	19,20	E	S	152	5,30	8,00	27,20
Rheinhausen	D	S	98	12,50	R	S	224	6,00	9,00	21,50
Roermond	NL	S	260	7,50	R	S	64	5,50	8,25	15,75
Rotterdam	NL	S	329	12,50	R	S	155	6,00	9,00	16,50
Saarbrücken	D	S	335	21,50	R	S	662	12,00	18,00	39,50
Saarburg	D	S	278	19,80	R	S	607	9,00	13,50	33,20
Saarlouis	D	S	320	14,80	R	S	649	12,00	18,00	32,80
Salzgitter	D	B	361	26,60	BH	S	208	8,00	12,00	38,60
Schweinfurt	D	B	354	26,20	R	S	830	16,00	24,00	50,20
Siegen	D	B	112	13,40	R	B	367	25,04	37,56	50,96
Singen	D	B	507	30,80	R	B	777	42,51	63,76	94,56
Solingen	D	B	48	7,40	R	B	228	14,93	27,39	29,80
Stockach	D	B	535	31,20	R	B	806	43,77	65,66	96,86
Straßburg	F	S	375	27,57	R	S	704	17,00	25,50	53,07
Stuttgart	D	B	364	26,60	R	S	760	17,50	26,25	52,85
Thionville	F	S	350	21,50	R	S	679	10,50	15,76	37,26
Trier	D	B	176	13,10	R	S	592	10,67	16,00	34,10
Uelzen	D	S	496	27,00	HH	S	85	3,70	5,50	32,50
Ulm	D	B	452	29,90	R	B	732	41,11	61,66	91,56
Vechta	D	B	316	25,00	BH	B	127	9,00	13,50	38,50
Verden	D	S	430	26,00	BH	S	101	3,00	4,50	30,50
Wangen	D	B	558	31,50	R	B	366	44.47	66,70	98,20
Weiden	D	B	549	31,50	R	B	816	43,77	65,66	97,16
Weil	D	B	484	30,6	R	S	830	20,00	30,00	60,60
Weilburg	D	B	165	17,10	R	B	427	28,77	42,56	59,66
Weisweiler	D	B	78	10,20	R	B	260	19,00	28,50	28,70
Wesel	D	S	142	13,50	R	S	294	4,50	6,75	20,25
Wilhelmshafen	D	S	598	27,30	-	S	-	-	-	27,30
Wolfsburg	D	S	382	27,40	R	S	496	8,00	12,00	39,40
Würzburg	D	B	339	25,50	R	S	747	14,67	22,00	47,50

Legende: Tabelle A 11

1) TBK_{16-18} = Trockenbraunkohlenbrikett (Brikolett 55 mm Ø) mit 16 - 18 % Wasser;
Abtransport von der Braunkohlelagerstätte Berrenrath bei Köln;
Schiffumschlaghafen Godorf/Wesseling a. Rhein;
Vorfracht Berrenrath - Godorf 6,50 DM/t TBK.

2) Erz = Itabira-Erz;
Verschiffung von dem jeweils kostengünstigsten Überseehafen (Fe-Gehalt 67 %), der Umschlag am Standort (ca. 1 DM/t) wurde nicht berücksichtigt.

3) Eisenschwamm (ES) = Einsatzverhältnis 1 t TBK : 1,5 t Erz : 1 t ES.

4) Es wurde jeweils das billigste Transportmittel - Bahn oder Schiff - zu dem Standort gewählt (s. Tabellen A 13 - A 14).

5) Bei Orten, die nicht mehr als 15 km vom Wasserweg entfernt liegen, wurde vorausgesetzt, daß ein Standort am Wasser gewählt wird. Bei im Umkreis von ca. 200 km zur Lagerstätte ist oft der Abtransport mit der Bahn billiger als der Schifftransport, da im speziellen Fall der Braunkohle Verträge mit der Köln-Bonner-Eisenbahn bestehen, die für den Transport zum Umschlaghafen incl. Umschlag mit 6,50 DM Vorfracht für die Benutzung der Privatgleise erheben. Dadurch wird der Schifftransport innerhalb des Bereiches von 200 km oft teurer als der direkte Bahnbetrieb. Im allgemeinen sind sonst Standorte am Wasser -bezogen auf die Gesamttransportkosten von 1 t Braunkohle und 1,5 t Erz pro t ES - um 25 - 50 % billiger als Standorte ohne Wasserzugang.Die niedrigsten Kosten entstehen für Küstenstandorte an der niederländischen und belgischen Küste mit direktem Zugang zum Rhein.

6) Länderbezeichnungen:
D = Deutschland
B = Belgien
F = Frankreich
L = Luxemburg
NL = Niederlande
AU = Österreich
S = Schweiz

7) Transportmittel:
B = Bahn
S = Schiff
bei der Berechnung der Transportkosten für ausländische Standorte wurden Preise der deutschen Bundesbahn vorausgesetzt, da i.a. die Tarife für den grenzüberschreitenden Bahnverkehr im vierteljährlichen Turnus zwischen den einzelnen nationalen Gesellschaften ausgehandelt werden. Zumeist sind ausländische Staatsbahnen wesentlich billiger als die DBB bei Massenguttransporten, sodaß die Transportkostenbelastung im konkreten Fall für ausländische Standorte niedriger sein dürften.

Während für den Inlandverkehr sich eine exponentielle Korrelation zwischen Entfernung und Kosten (s. Abb. 68) von r^2 = 0,96 bei Bahntransport ergibt, lassen sich bei Auslandstransport 0,99 erreichen. Die Transportkosten für Erz und Kohle verhalten sich etwa wie 1:1. Im Schiffsverkehr hängen die Transportkosten von der schiffbaren Tonnage ab, von der Möglichkeit der Rückfracht (sog. Ballastfahrten , der Rhein ist Hauptader und deshalb billiger) von dem Wasserstand (Jahreszeit), der Zahl der Schleusen, der Strömungsrichtung, der tariflichen Bindung (ausländische Schiffe fahren billiger als deutsche), dem Umschlaghafen (z.B. ist der Umschlag in Rotterdam billiger als z.B. in Köln), vom Hafengeschirr (Kräne, Quaiausrüstung etc.), vom Grenzverkehr (z.B. kostete im Sommer 1976 eine Tonne Fracht von Emmerich nach Ludwigshafen 352 km 12,00 DM, von Rotterdamm nach Ludwigshafen = 572 km jedoch nur 7,00 DM auf niederländischen Frachtern), von der Zahl der Schubeinheiten. Aufgrund der zahlreichen Einflüsse ergeben sich relativ niedrige Korrelationen zwischen Entfernung und Kosten ($r^2 \leq 0,8$).

8) Die auf die Tonne Eisenschwamm bezogene Erzfrachtkosten ergeben sich aus den Frachtraten pro Tonne durch Multiplikation mit dem Faktor 1,5, der vereinfachend zugrunde gelegt wurde, was einem C_{fix} - Fe - Verhältnis von 0,4 entspricht.

Tabelle A12: Einsatzkosten (incl. Transport) der verschiedenen Braunkohlemodifikationen [31,34,37,39]

	Preis (Lagerstätte)			Wärme-einsatz	Heiz-wert	Einsatz-verh.	Invest-kostenf.[1]	Vorlauffracht für Schiff [2]	Vorlauffracht für Bahn [4]
	DM/t	DM/Gcal	DM/tES	Gcal/tES	Gcal/t	tRedM/tES	DM/tES	DM/tES	DM/tES
Rohbraunkohle	17	8,50	42,50	5,00	2,0	2,50	+ 8,73	6,50	6,00
Brikett TBK 16-18	66	14,04	71,62	5,10	4,7	1,09	-	6,50	6,00
Koks (oV)[3]	160	28,07	108,70	3,85	5,7	0,675	- 8,73	6,50	6,00
Koks (mV)	160	28,07	130,44	3,85	5,7	0,810	- 8,73	6,50	6,00

1) Die größere Vorwärmzone bei Rohbraunkohleeinsatz wegen sehr hohem Wassergehalt bedingt einen 25 % längeren Ofen gegenüber dem Einsatz von Braunkohlenbrikett. Die zusätzlichen Investkosten werden mit 20 Mio DM in Ansatz gebracht, d. h. die Kapitaldienstkosten für Rohbraunkohleeinsatz sind 8,73 DM/t ES höher. Entsprechend senken sich die Investkosten bei Kokseinsatz.

2) Die Vorlauffracht bei Schifftransport in Höhe von 6,50 DM ergibt sich aus Umschlag und Transportkosten zum Hafen.

3) o.V. = ohne Verluste; m.V. = mit Verlust: Diese Verluste werden mit 20 % für einen Transport von 200 km veranschlagt.

4) Konstanter Anteil bei Bahntransport

Tabelle A 13: Entfernungen und Transportkosten für TBK_{16-18} pro t Eisenschwamm per Bahn von Berrenrath nach:

(1 t TBK_{16-18} ≙ 1 t Eisenschwamm; X_L = Luftlinie; X_T = tatsächliche Entfernung)

Ort	Distanz [km] Luftlinie X_L	Distanz [km] tatsächliche Entfernung X_T	Kosten DM/t TBK 16-18
Aschaffenburg	172	250	21,90
Augsburg	37o	539	32,20
Bad Hersfeld	181	298	23,90
Bamberg	279	411	28,40
Biberach	346	491	30,60
Bielefeld	161	201	19,70
Braunschweig	276	371	27,CO
Breisach	294	430	29,20
Bremen	262	333	25,50
Bremerhafen	302	395	27,80
Brilon-Stadt	122	194	19,00
Darmstadt	150	211	20,30
Datteln	92	129	13,10
Dorsten	93	109	13,10
Dortmund	79	106	13,00
Emden	246	329	25,00
Emmerich	114	144	15,80
Essen	64	90	11,30
Eßlingen	265	371	27,00
Flensburg	439	613	32,10
Frankfurt	134	203	19,70
Freiburg	300	426	29,20
Göttingen	207	312	24,70
Gießen	116	178	18,10
Godorf	10	11,5	6,50
Goslar	251	353	26,20
Hagen	65	87	11,00
Hamburg	322	428	29,20
Hamm	105	135	15,00
Hannover	245	305	24,20
Heide	374	560	31,50
Heilbronn	236	319	24,70
Heiligenhafen	455	571	32,00
Hildesheim	238	319	24,70
Höxter	186	258	22,40
Hof	352	538	32,20
Kaiserslautern	154	222	20,90
Karlsruhe	210	294	23,90
Kassel	178	287	23,50
Kehl / Straßburg	240	368	26,60
Kiel	414	549	31,50
Koblenz	62	84	10,70
Konstanz	363	538	31,20

Fortsetzung Tabelle A 13

Ort	Distanz [km] Luftlinie X_L	tatsächliche Entfernung X_T	Kosten DM/t TBK 16-18
Krefeld	59	67	9,00
Landshut	425	605	32,70
Leer	250	304	24,20
Leverkusen	20	30	5,70
Lindau	390	581	32,30
Lingen	173	222	20,90
Ludwigsburg	251	350	25,80
Lüdenscheid	63	107	13,00
Lünen	90	120	13,90
Mannheim	168	233	21,40
Meldorf	362	548	31,50
Memmingen	367	502	30,70
Mettlach/Saar	135	217	20,30
Minden	186	246	21,90
Mönchengladbach	54	66	9,00
München	415	600	32,30
Münster	125	161	17,10
Norddeich	288	364	26,60
Nürnberg	305	450	29,50
Oldenburg	253	313	24,70
Osnabrück	165	211	20,30
Paderborn	151	199	19,30
Passau	500	661	33,80
Pforzheim	239	324	25,00
Pirmasens	174	258	22,40
Rastatt	222	315	24,70
Recklinghausen	83	116	13,90
Regensburg	395	543	31,50
Rendsburg	401	549	31,50
Reutlingen	287	415	28,40
Rheine	153	191	19,20
Saarbrücken	165	264	22,60
Saarburg	131	199	19,30
Salzgitter	241	361	26,60
Schweinfurth	235	354	26,20
Schwenningen	310	456	29,90
Siegen	71	112	13,40
Singen a.H.	346	507	30,80
Solingen	36	48	7,40
Stockach	352	535	31,20
Stuttgart	260	364	26,60
Trier	114	176	18,10
Tuttlingen	297	466	30,50
Uelzen	322	396	27,80
Ulm	324	452	29,90
Wangen	381	558	31,50

Fortsetzung Tabelle **A** 13

Ort	Distanz [km]		Kosten
	Luftlinie X_L	tatsächliche Entfernung X_T	DM/t TBK 16-18
Weil a.Rhein	335	484	30,60
Weilburg	95	165	17,10
Weiden/Oberpfalz	370	549	31,50
Weisweiler	48	78	10,20
Wilhelmshafen	291	364	26,60
Wolfsburg	298	382	27,40
Würzburg	227	339	25,50

Tabelle A 14: Entfernungen und Transportkosten (incl. 6,50 DM Vorlauffracht VF) für TBK_{16-18} pro t Eisenschwamm ($1\ t\ TBK_{16-18}/t\ ES$) per Schiff von Wesseling nach:

Ort	Distanz [km]		Kosten DM/t TBK	
	Luftlinie X_L	Strecke X_T	ohne VF	mit VF
Arnheim	138	218	7,50	14
Antwerpen	176	440	7,00	13,5
Aschaffenburg	172	259	15,38	21,88
Basel	342	501	24,50	31,00
Braunschweig	276	470	20,48	26,98
Breda	161	308	12,00	18,50
Bremen	262	475	18,56	25,06
Bremerhaven	302	525	19,00	25,50
Brüssel	170	480	8,00	14,50
Cochem	71	130	9,47	16,07
Datteln	91	164	10,61	17,11
Deventer	156	280	8,10	14,60
Dortmund	79	173	8,30	14,80
Duisburg	68	99	7,36	13,86
Eindhoven	114	305	11,00	17,50
Emden	246	414	17,30	23,80
Emmerich	114	178	7,00	13,50
Esslingen	265	435	22,60	29,10
Frankfurt	134	216	13,19	19,69
Gelsenkirchen	78	140	8,97	15,47
Gifhorn	295	502	15,00	21,50
Godorf	-	-	-	6,50
Groningen	246	436	16,00	22,50
Hamburg	332	440	29,85	36,35
Hameln	105	198	8,80	15,30
Hannover	245	409	18,56	25,06
Hildesheim	233	439	19,65	26,15
Höxter	186	488	16,85	23,35
Holzminden	194	479	18,80	25,30
Iymuiden	227	338	8,00	14,50
Karlsruhe	210	311	16,23	22,73
Karlstadt/M.	210	404	16,89	23,39
Kassel	178	585	20,85	27,35
Kiel	414	641	31,85	38,35
Koblenz	62	80	4,50	11,00
Kopenhagen	602	1140	28,00	34,50
Leverkusen	20	30	2,00	8,50
Leer	250	332	18,00	22,50
Lingen	173	290	18,10	24,60
Linz	565	990	31,50	38,00
Ludwigshafen	168	243	15,46	21,96

Fortsetzung Tabelle A 14:

Ort	Distanz [km] Luftlinie X_L	Distanz [km] Strecke X_T	Kosten DM/t TBK ohne VF	Kosten DM/t TBK mit VF
Lübeck	398	659	29,35	38,85
Lünen	90	139	7,00	13,50
Lunéville	230	490	16,00	22,50
Lüttich	95	377	8,50	15,00
Maastricht	84	315	8,30	14,80
Marl - Hüls	88	165	7,77	13,27
Meldorf	362	539	32,00	38,50
Metz	185	379	15,50	22,00
Minden	186	353	17,41	23,91
Münster	125	211	9,10	15,60
Nancy	228	440	16,50	23,00
Nienburg	240	375	18,80	25,30
Nürnberg	305	630	23,50	30,00
Nijmegen	128	213	6,40	12,90
Offenbach	142	220	13,50	20,00
Oldenburg	253	440	18,00	24,50
Passau	500	885	29,50	36,00
Regensburg	392	750	26,50	33,00
Rheinhausen	66	96	6,00	12,50
Saarburg	131	278	13,30	19,80
Saarbrücken	168	335	15,00	21,50
Saarlouis	159	320	8,30	14,80
Salzgitter	261	489	20,80	27,30
Schweinfurt	235	509	22,50	29,00
Straßburg/Kehl	240	375	21,07	27,57
Stuttgart	260	431	22,46	28,96
Thionville	160	350	15,00	21,50
Trier	114	263	11,80	18,30
Uelzen	322	496	20,50	27,00
Verden	264	430	19,50	26,00
Wesel	89	142	7,00	13,50
Wiesbaden/Mainz	115	174	12,08	18,58
Wilhelmshafen	291	548	20,80	27,30
Wolfsburg	298	496	13,60	20,10

Tabelle A15: Entfernungen und Transportkosten für Erz pro t Eisenschwamm (1,5 t Erz/t ES) per Bahn von:

Ort	Distanz [km]		Kosten	
	Luftlinie X_L	tatsächliche Strecke X_T	DM/t Erz	DM/t ES
Augsburg	565	816	43,70	65,66
Bad Hersfeld	359	415	28,35	42,52
Biberach	535	798	42,36	63,57
Bielefeld	265	388	25,52	38,28
Darmstadt	347	480	31,57	47,36
Freiburg	461	698	39,97	59,96
Giessen	309	477	31,48	47,22
Hagen	204	315	22,00	33,00
Kaiserslautern	333	493	32,17	48,26
Konstanz	544	804	43,77	65,66
Ludwigsburg	445	603	37,33	56,00
Landshut	623	873	45,33	68,66
Lindau	575	864	45,00	67,50
Lüdenscheid	218	335	22,17	33,25
Memmingen	558	782	49,65	62,48
Mettlach	283	355	20,44	30,66
München	615	877	45,77	68,66
Paderborn	277	380	25,33	38,00
Pforzheim	421	597	37,31	55,96
Pirmasens	351	529	33,91	50,86
Rastatt	402	615	37,11	55,67
Schwenningen	471	726	41,11	61,66
Siegen	253	367	25,04	37,56
Singen a.H.	524	777	42,51	63,76
Solingen	188	260	19,00	28,50
Stockach	536	806	49,77	65,66
Ulm	517	732	41,11	61,66
Wangen	566	866	44,38	66,57
Weiden	559	816	43,77	65,66
Weisweiler	165	260	19,00	28,50
von Bremerhafen nach:				
Vechta	105	128	11,67	17,50
von Kiel nach:				
Heide	46	87	9,00	13,50

Tabelle A 15 Entfernungen und Transportkosten für ERZ pro t Eisenschwamm (1,5 t ERZ/t ES) per Schiff von:

Ort	Distanz [km]		Kosten
	Luftlinie X_L	Strecke X_T	DM/t ES
Antwerpen nach:			
Brüssel	40	45	3,00
Lüttich	96	110	10,50
Maastricht	93	110	9,60
Roermond	108	165	9,00
Bremerhaven nach:			
Bremen	50	65	3,00
Höxter	192	295	13,50
Holzminden	187	285	15,00
Kassel	238	438	18,00
Minden	135	206	7,50
Nienburg	105	170	6,00
Oldenburg	48	55	3,00
Osnabrück	140	207	11,25
Salzgitter	158	208	12,00
Verden	75	101	4,50
Emden nach:			
Groningen	35	40	3,00
Leer	25	30	2,25
Lingen	87	124	9,00
Münster	145	199	16,50
Norddeich	25	35	2,70
Rheine	112	152	8,80
Hamburg nach:			
Braunschweig	134	178	12,00
Gifhorn	114	168	11,50
Hannover	120	240	10,80
Hildesheim	141	228	12,00
Salzgitter	72	85	5,50
Wolfsburg	128	175	12,00
Uelzen	72	85	5,50

Fortsetzung der Tabelle A 15:

Ort	Distanz [km] Luftlinie X_L	Distanz [km] Strecke X_T	Kosten DM/tES
Kiel nach:			
Flensburg	65	95	4,50
Heiligenhafen	54	60	3,00
Lübeck	55	120	4,00
Rendsburg	25	30	2,25
Rotterdam nach:			
Arnheim	93	150	6,00
Aschaffenburg	370	588	18,00
Basel	495	835	30,00
Breda	40	50	5,20
Cochem	250	460	15,50
Datteln	187	268	12,00
Deventer	115	205	6,75
Dortmund	197	268	10,50
Duisburg	155	220	9,00
Eindhoven	85	120	9,00
Emmerich	115	220	6,00
Esslingen	458	764	27,00
Frankfurt	327	538	15,75
Gelsenkirchen	179	245	16,50
Godorf	204	329	16,90
Hamm	222	283	11,25
Karlsruhe	397	640	21,00
Karlstadt/M.	405	733	18,75
Kehl/Straßburg	412	704	25,50
Koblenz	262	411	19,60
Krefeld	147	230	11,50
Leverkusen	180	290	10,70
Linz	725	1319	39,00
Ludwigshafen	362	572	20,25
Lünen	204	278	12,75
Lunéville	365	810	17,25
Lüttich	152	224	9,75
Maastricht	135	219	9,00
Marl - Hüls	160	220	10,46
Metz	312	708	16,50
Nancy	354	769	18,00
Nijmegen	95	113	6,75
Nürnberg	504	959	30,00
Offenbach	391	549	16,50
Passau	680	1214	36,00
Regensburg	580	1079	30,00
Rheinhausen	152	224	9,00
Roermond	127	164	8,25
Saarbrücken	322	662	18,00
Saarburg/Saar	275	607	13,50

Fortsetzung Tabelle A 15

Ort	Distanz [km]		Kosten DM/tES
	Luftlinie X_L	Strecke X_T	
Saarlouis	307	649	18,00
Schweinfurt	485	838	24,00
Stuttgart	450	760	26,25
Thionville	282	679	15,75
Trier	266	592	16,00
Weil/Rhein	495	830	30,00
Wesel	140	294	6,75
Wiesbaden/Mainz	315	490	15,80
Würzburg	420	747	22,00

Tabelle A 16: Flußdiagramm des Rechenprogramms "TRANSK"

(Die in Klammern gesetzten Zahlenangaben beziehen sich auf die sequentielle Nummerierung der Zeilen des Rechenprogramms (siehe hierzu Listung des Programms S. 48 u. 49)

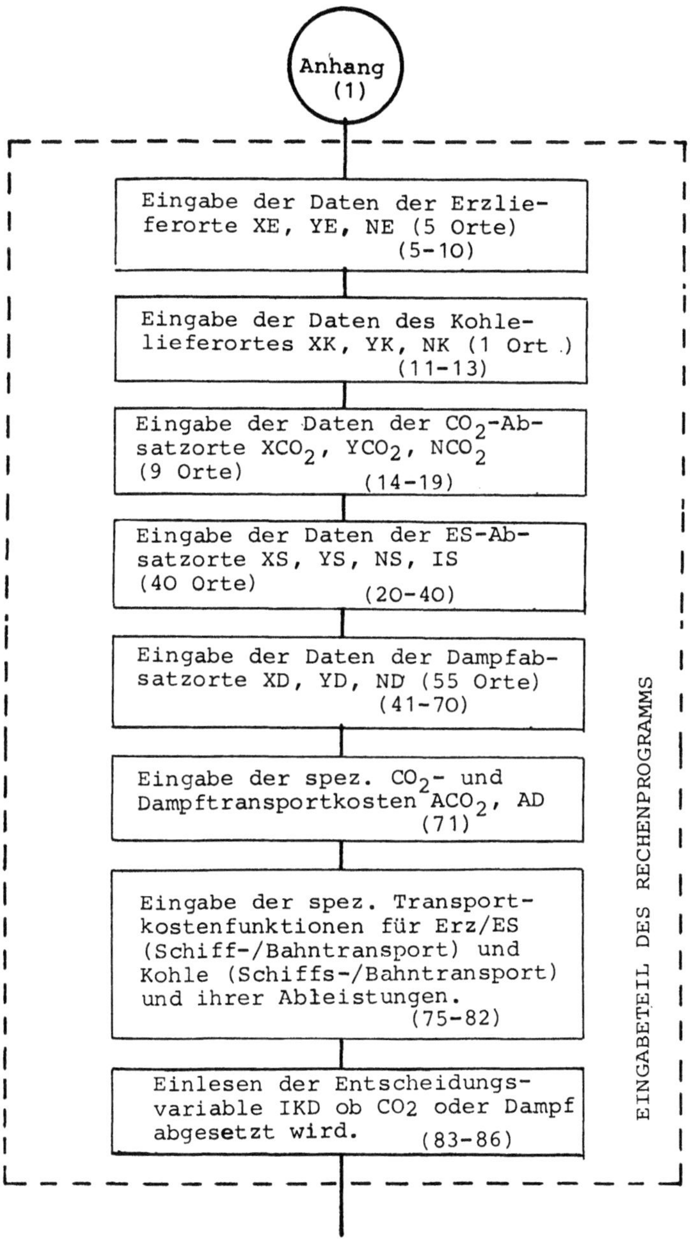

Tabelle A 16:

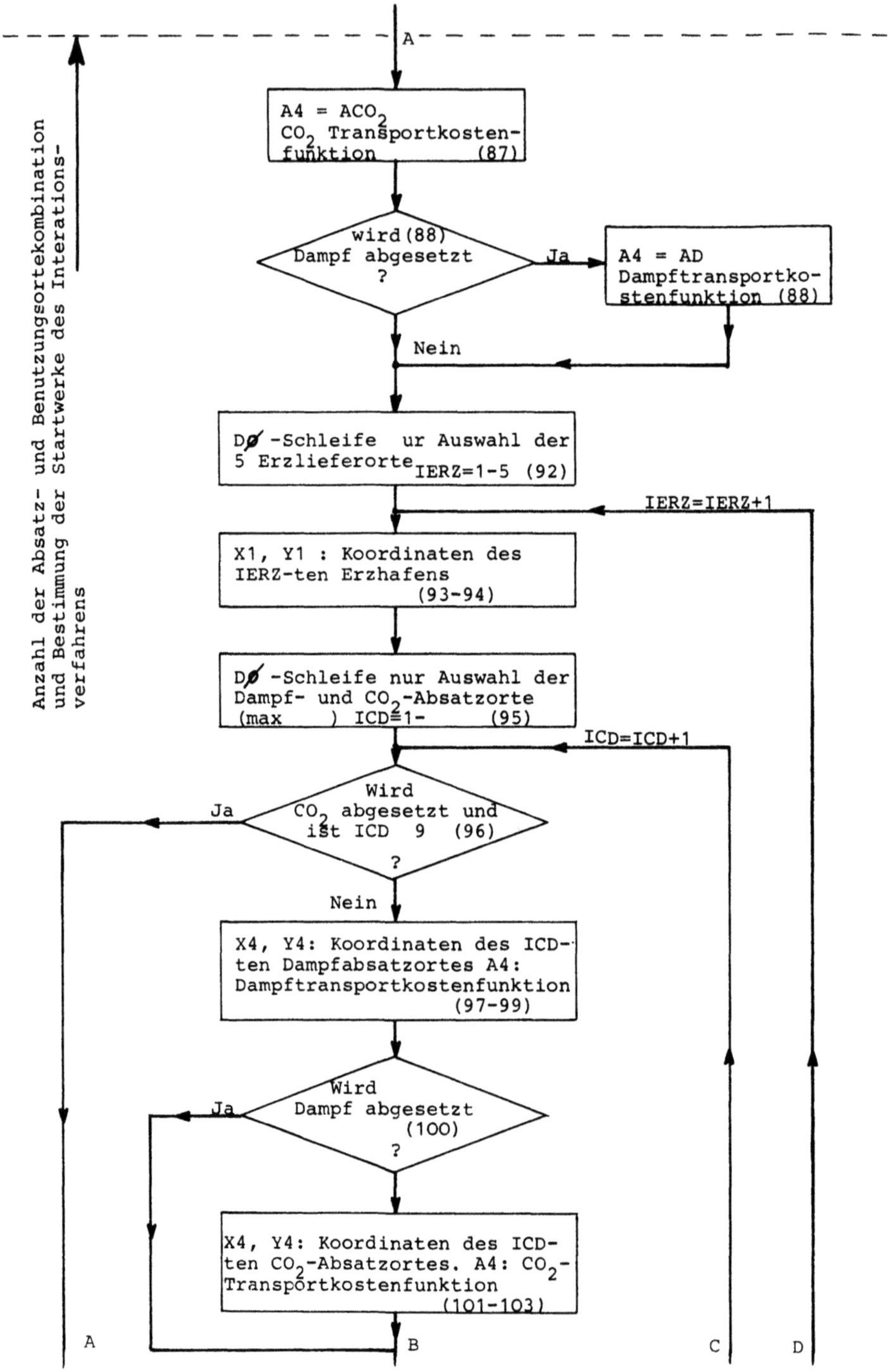
A
A4 = ACO2
CO2 Transportkosten-
funktion (87)
wird (88)
Dampf abgesetzt
?
Ja
A4 = AD
Dampftransportko-
stenfunktion (88)
Nein
DØ -Schleife ur Auswahl der
5 Erzlieferorte IERZ=1-5 (92)
IERZ=IERZ+1
X1, Y1 : Koordinaten des
IERZ-ten Erzhafens
(93-94)
DØ -Schleife nur Auswahl der
Dampf- und CO2-Absatzorte
(max) ICD=1- (95)
ICD=ICD+1
Anzahl der Absatz- und Benutzungsortekombination
und Bestimmung der Startwerke des Interations-
verfahrens
Wird
CO2 abgesetzt und
ist ICD 9 (96)
?
Ja
Nein
X4, Y4: Koordinaten des ICD-
ten Dampfabsatzortes A4:
Dampftransportkostenfunktion
(97-99)
Wird
Dampf abgesetzt
(100)
?
Ja
X4, Y4: Koordinaten des ICD-
ten CO2-Absatzortes. A4: CO2-
Transportkostenfunktion
(101-103)
A
B
C
D

Tabelle A 16:

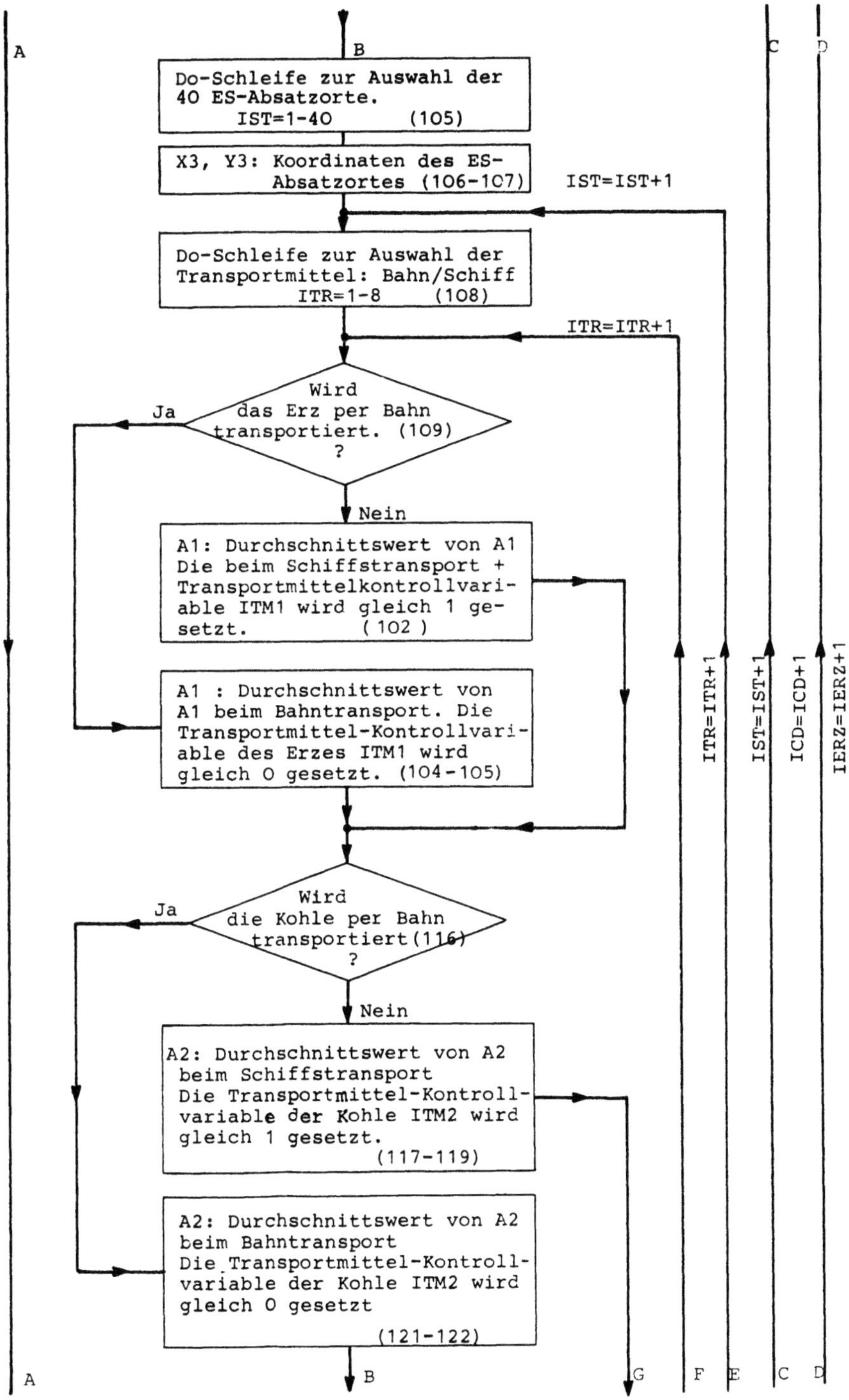
A
B
C
D
Do-Schleife zur Auswahl der 40 ES-Absatzorte. IST=1-40 (105)
X3, Y3: Koordinaten des ES-Absatzortes (106-107)
IST=IST+1
Do-Schleife zur Auswahl der Transportmittel: Bahn/Schiff ITR=1-8 (108)
ITR=ITR+1
Wird das Erz per Bahn transportiert. (109) ?
Ja
Nein
A1: Durchschnittswert von A1 Die beim Schiffstransport + Transportmittelkontrollvariable ITM1 wird gleich 1 gesetzt. (102)
A1 : Durchschnittswert von A1 beim Bahntransport. Die Transportmittel-Kontrollvariable des Erzes ITM1 wird gleich 0 gesetzt. (104-105)
ITR=ITR+1
IST=IST+1
ICD=ICD+1
IERZ=IERZ+1
Wird die Kohle per Bahn transportiert (116) ?
Ja
Nein
A2: Durchschnittswert von A2 beim Schiffstransport Die Transportmittel-Kontrollvariable der Kohle ITM2 wird gleich 1 gesetzt. (117-119)
A2: Durchschnittswert von A2 beim Bahntransport Die Transportmittel-Kontrollvariable der Kohle ITM2 wird gleich 0 gesetzt (121-122)
A
B
G
F
E
C
D

Tabelle A 16:

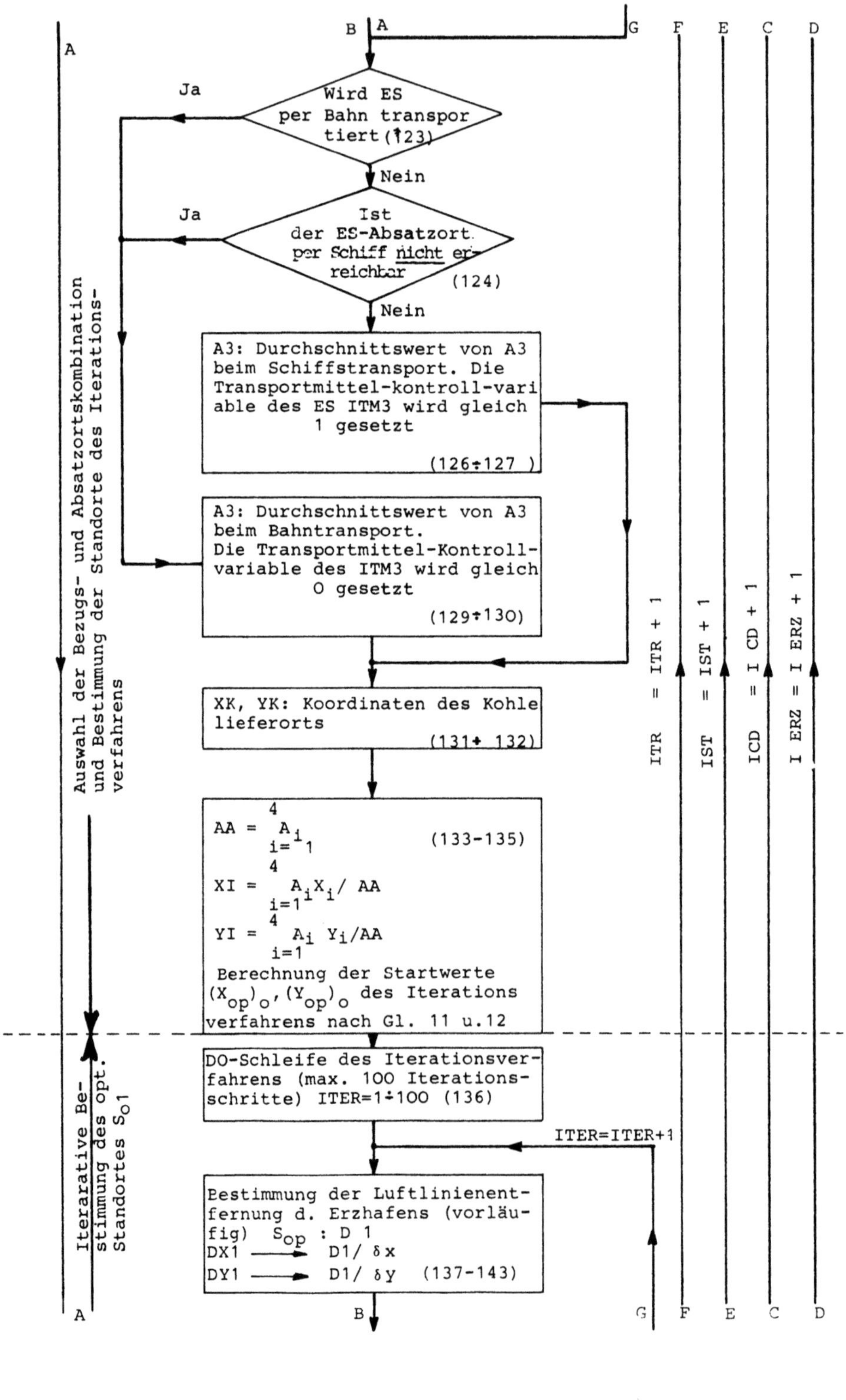
A
B
A
G
F
E
C
D
Ja
Wird ES per Bahn transportiert (123)
Nein
Ja
Ist der ES-Absatzort per Schiff nicht erreichbar (124)
Nein
A3: Durchschnittswert von A3 beim Schiffstransport. Die Transportmittel-kontroll-variable des ES ITM3 wird gleich 1 gesetzt (126÷127)
A3: Durchschnittswert von A3 beim Bahntransport. Die Transportmittel-Kontrollvariable des ITM3 wird gleich O gesetzt (129÷130)
XK, YK: Koordinaten des Kohlelieferorts (131÷132)
AA = Σ_{i=1}^{4} A_i (133-135)
XI = Σ_{i=1}^{4} A_i X_i / AA
YI = Σ_{i=1}^{4} A_i Y_i / AA
Berechnung der Startwerte (X_op)_o, (Y_op)_o des Iterationsverfahrens nach Gl. 11 u.12
DO-Schleife des Iterationsverfahrens (max. 100 Iterationsschritte) ITER=1÷100 (136)
ITER=ITER+1
Bestimmung der Luftlinienentfernung d. Erzhafens (vorläufig) S_op : D 1
DX1 → D1/ δx
DY1 → D1/ δy (137-143)
Auswahl der Bezugs- und Absatzortskombination und Bestimmung der Standorte des Iterationsverfahrens
Iterarative Bestimmung des opt. Standortes S_o1
ITR = ITR + 1
IST = IST + 1
ICD = I CD + 1
I ERZ = I ERZ + 1
A
B
G
F
E
C
D

Tabelle A 16:

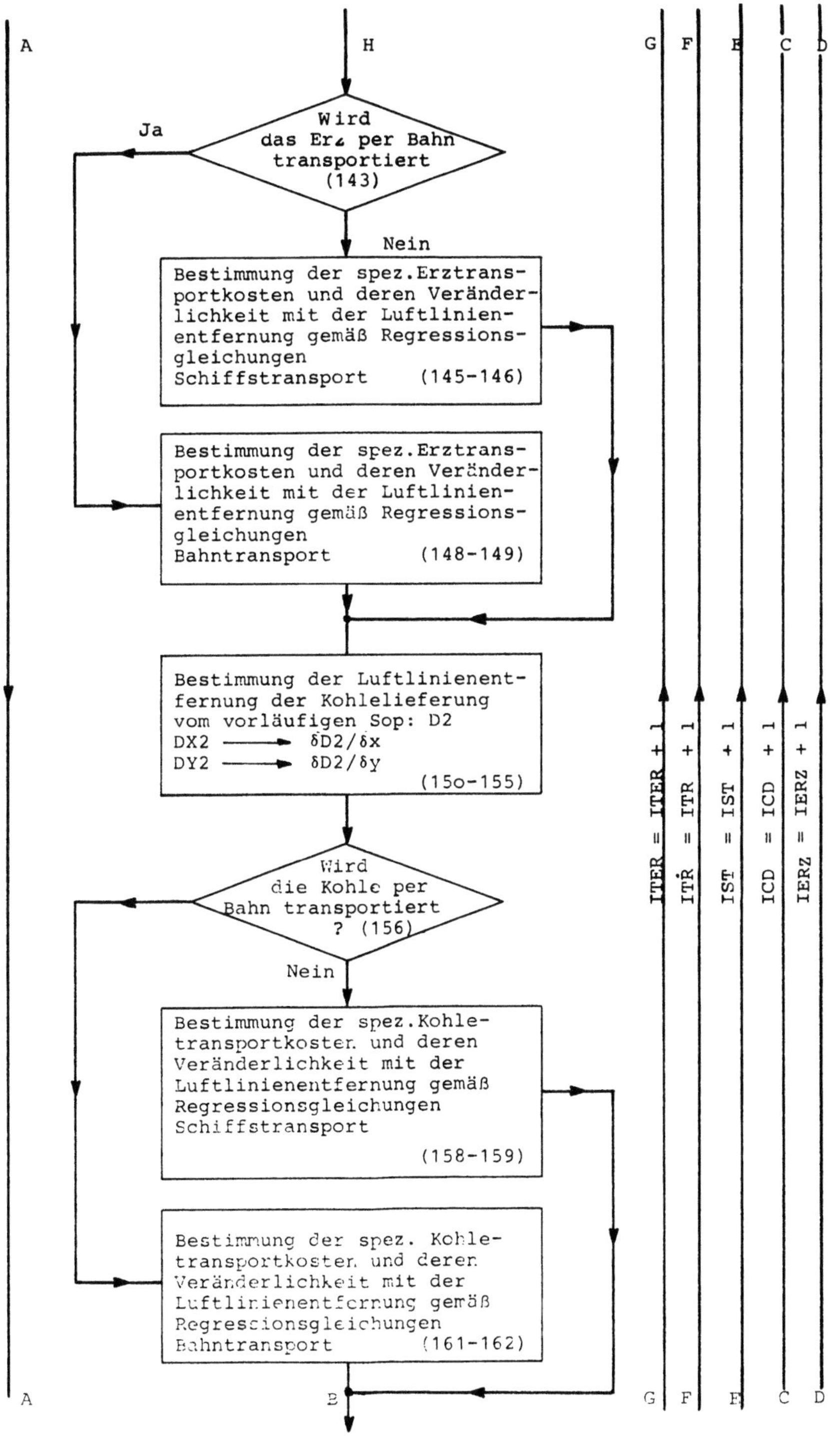
A
H
G
F
E
C
D
Ja
Wird das Erz per Bahn transportiert (143)
Nein
Bestimmung der spez.Erztransportkosten und deren Veränderlichkeit mit der Luftlinienentfernung gemäß Regressionsgleichungen Schiffstransport (145-146)
Bestimmung der spez.Erztransportkosten und deren Veränderlichkeit mit der Luftlinienentfernung gemäß Regressionsgleichungen Bahntransport (148-149)
Bestimmung der Luftlinienentfernung der Kohlelieferung vom vorläufigen Sop: D2
DX2 ⟶ δD2/δx
DY2 ⟶ δD2/δy
(15o-155)
Wird die Kohle per Bahn transportiert ? (156)
Nein
Bestimmung der spez.Kohletransportkosten und deren Veränderlichkeit mit der Luftlinienentfernung gemäß Regressionsgleichungen Schiffstransport (158-159)
Bestimmung der spez. Kohletransportkosten und deren Veränderlichkeit mit der Luftlinienentfernung gemäß Regressionsgleichungen Bahntransport (161-162)
ITER = ITER + 1
ITR = ITR + 1
IST = IST + 1
ICD = ICD + 1
IERZ = IERZ + 1
A
B
G
F
E
C
D

Tabelle A 16:

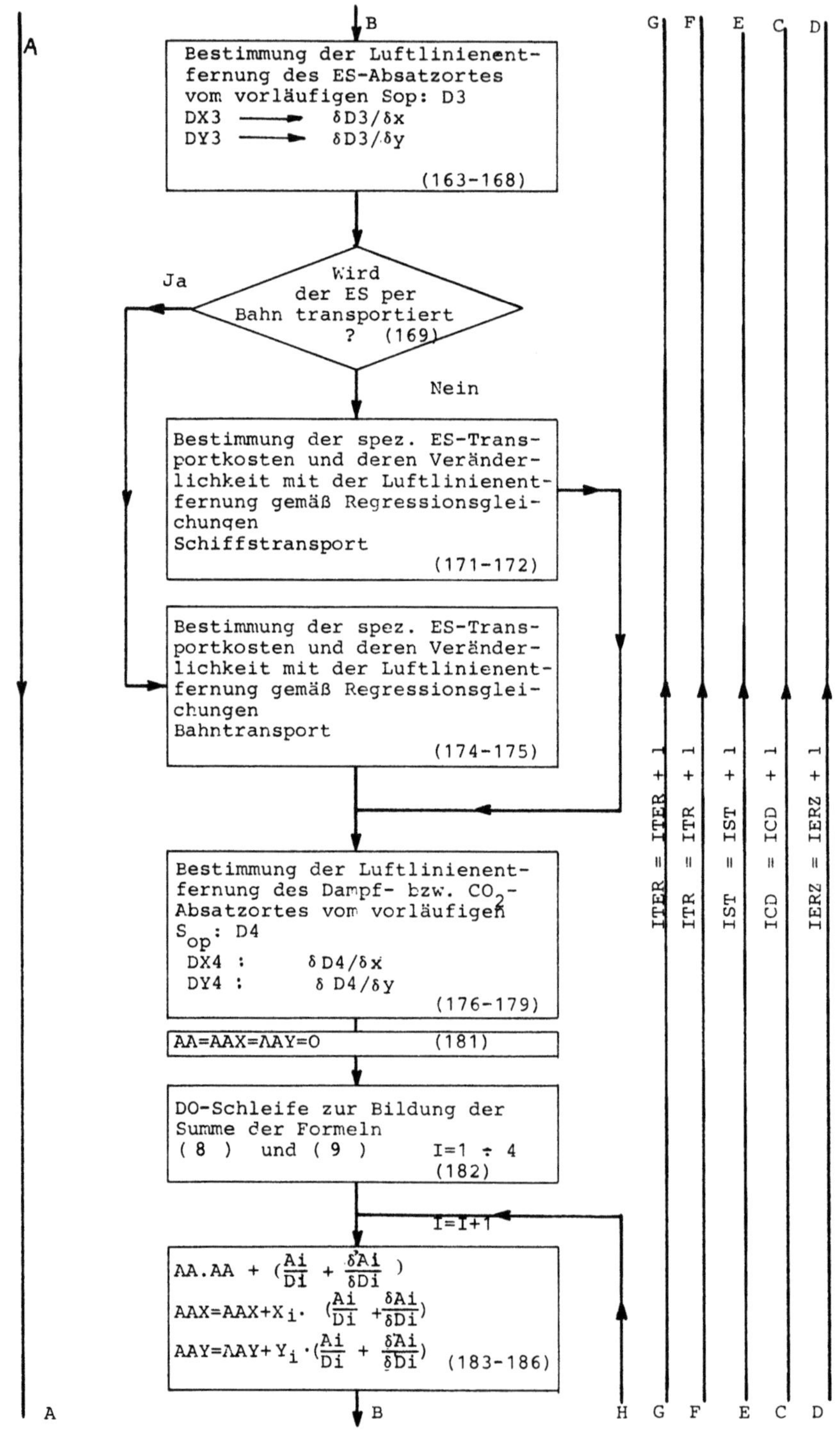
A
B
G
F
E
C
D
Bestimmung der Luftlinienentfernung des ES-Absatzortes vom vorläufigen Sop: D3
DX3 → δD3/δx
DY3 → δD3/δy
(163-168)
Ja
Wird der ES per Bahn transportiert ? (169)
Nein
Bestimmung der spez. ES-Transportkosten und deren Veränderlichkeit mit der Luftlinienentfernung gemäß Regressionsgleichungen
Schiffstransport
(171-172)
Bestimmung der spez. ES-Transportkosten und deren Veränderlichkeit mit der Luftlinienentfernung gemäß Regressionsgleichungen
Bahntransport
(174-175)
ITER = ITER + 1
ITR = ITR + 1
IST = IST + 1
ICD = ICD + 1
IERZ = IERZ + 1
Bestimmung der Luftlinienentfernung des Dampf- bzw. CO_2-Absatzortes vom vorläufigen S_{op}: D4
DX4 : δD4/δx
DY4 : δD4/δy
(176-179)
AA=AAX=AAY=O (181)
DO-Schleife zur Bildung der Summe der Formeln
(8) und (9) I=1 ÷ 4
(182)
I=I+1
$AA.AA + (\frac{Ai}{Di} + \frac{\delta Ai}{\delta Di})$
$AAX=AAX+X_i \cdot (\frac{Ai}{Di} + \frac{\delta Ai}{\delta Di})$
$AAY=AAY+Y_i \cdot (\frac{Ai}{Di} + \frac{\delta Ai}{\delta Di})$
(183-186)
A
B
H
G
F
E
C
D

Tabelle A 16:

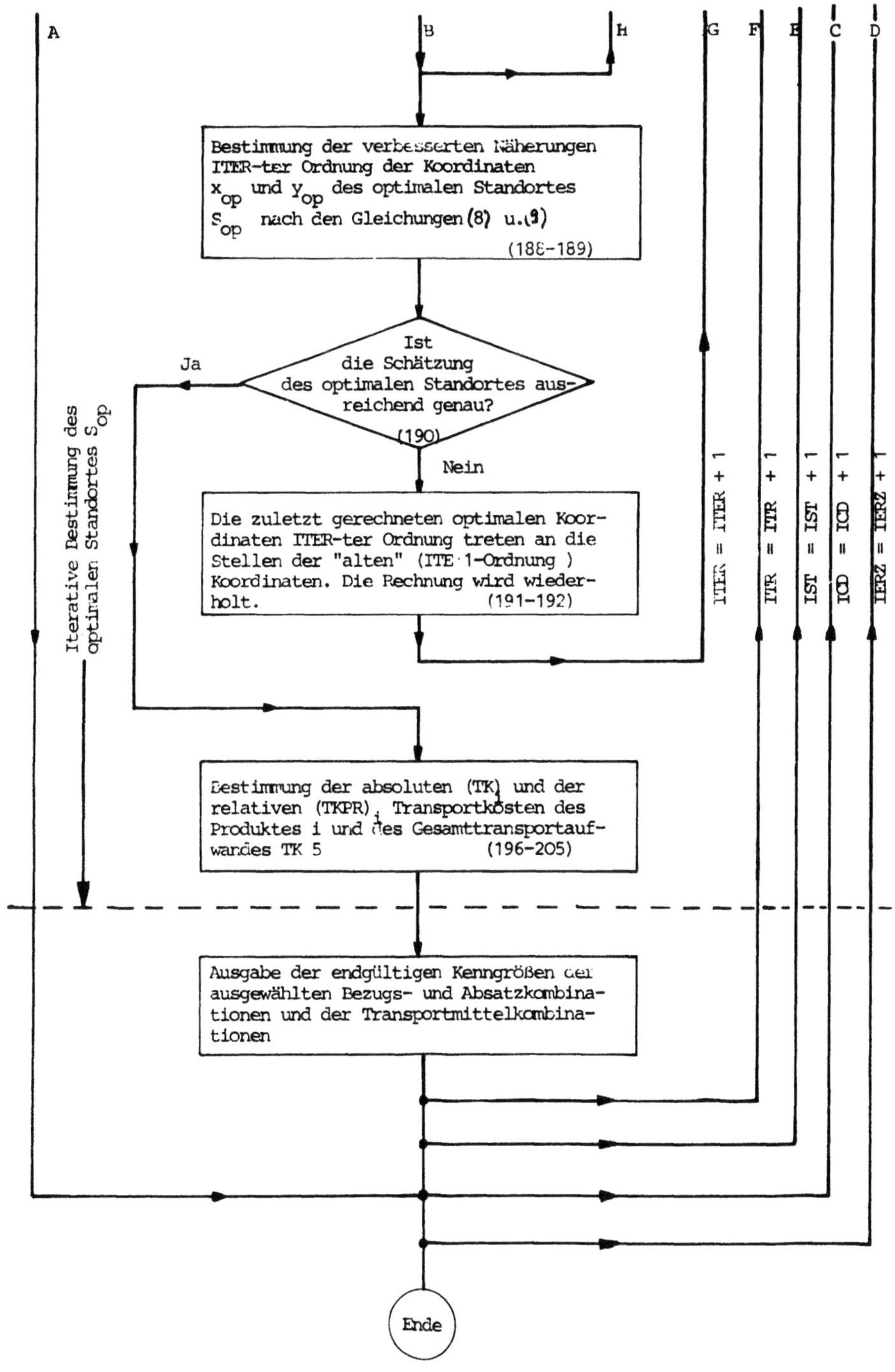
A
B
H
G
F
E
C
D
Bestimmung der verbesserten Näherungen ITER-ter Ordnung der Koordinaten x_{op} und y_{op} des optimalen Standortes S_{op} nach den Gleichungen (8) u. (9)
(188-189)
Ist die Schätzung des optimalen Standortes ausreichend genau?
(190)
Ja
Nein
Die zuletzt gerechneten optimalen Koordinaten ITER-ter Ordnung treten an die Stellen der "alten" (ITE 1-Ordnung) Koordinaten. Die Rechnung wird wiederholt.
(191-192)
Iterative Bestimmung des optimalen Standortes S_{op}
ITER = ITER + 1
ITR = ITR + 1
IST = IST + 1
ICD = ICD + 1
IERZ = IERZ + 1
Bestimmung der absoluten $(TK)_i$ und der relativen $(TKPR)_i$ Transportkosten des Produktes i und des Gesamttransportaufwandes TK 5
(196-205)
Ausgabe der endgültigen Kenngrößen der ausgewählten Bezugs- und Absatzkombinationen und der Transportmittelkombinationen
Ende

Tabelle A 17: Output ausgewählter Standorte für Dampfabsatz

```
------------------------------------------------------------------------------------------------------------------------
DIE KOORDINATEN DES GESUCHTEN STANDORTESSIND MIT XI=  36.4 YI=  37.6 NACH    3 ITERATIONEN GEFUNDEN
DER TRANSPORT VOM ERZ          AB   EMDEN       MIT DEM SCHIFF IN EINEM ABSTAND VON 246.1KM KOSTET  14.52 DM D.H. 60.60 PROZENT DER T-KOSTEN
DER TRANSPORT DER KOHLE        AB   WESELING    MIT DER BAHN   IN EINEM ABSTAND VON  14.9KM KOSTET   5.53 DM D.H. 23.10 PROZENT DER T-KOSTEN
DER TRANSPORT VOM FESCHWAMM NACHDEUTSCH 04 MIT DEM SCHIFF IN EINEM ABSTAND VON  25.3KM KOSTET   3.72 DM D.H. 15.53 PROZENT DER T-KOSTEN
DER TRANSPORT VOM DAMPF NACH     LEVERKUSEN MIT DER PIPELN IN EINEM ABSTAND VON     .1KM KOSTET    .19 DM D.H.   .78 PROZENT DER T-KOSTEN
***************************************************************************************** 23.96 DM INSGESAMT*******************

------------------------------------------------------------------------------------------------------------------------
DIE KOORDINATEN DES GESUCHTEN STANDORTESSIND MIT XI=  36.1 YI=  36.4 NACH    2 ITERATIONEN GEFUNDEN
DER TRANSPORT VOM ERZ          AB   BREMERHAVN MIT DEM SCHIFF IN EINEM ABSTAND VON 296.8KM KOSTET  17.00 DM D.H. 68.51 PROZENT DER T-KOSTEN
DER TRANSPORT DER KOHLE        AB   WESELING    MIT DER BAHN   IN EINEM ABSTAND VON   4.7KM KOSTET   2.96 DM D.H. 11.95 PROZENT DER T-KOSTEN
DER TRANSPORT VOM FESCHWAMM NACHDEUTSCH 12 MIT DEM SCHIFF IN EINEM ABSTAND VON  35.1KM KOSTET   4.20 DM D.H. 16.73 PROZENT DER T-KOSTEN
DER TRANSPORT VOM DAMPF NACH     KOELN      MIT DER PIPELN IN EINEM ABSTAND VON     .3KM KOSTET    .65 DM D.H.  2.61 PROZENT DER T-KOSTEN
***************************************************************************************** 24.62 DM INSGESAMT*******************

------------------------------------------------------------------------------------------------------------------------
DIE KOORDINATEN DES GESUCHTEN STANDORTESSIND MIT XI=  36.4 YI=  37.6 NACH    3 ITERATIONEN GEFUNDEN
DER TRANSPORT VOM ERZ          AB   BREMERHAVN MIT DEM SCHIFF IN EINEM ABSTAND VON 284.8KM KOSTET  16.41 DM D.H. 63.40 PROZENT DER T-KOSTEN
DER TRANSPORT DER KOHLE        AB   WESELING    MIT DER BAHN   IN EINEM ABSTAND VON  14.9KM KOSTET   5.53 DM D.H. 21.37 PROZENT DER T-KOSTEN
DER TRANSPORT VOM FESCHWAMM NACHDEUTSCH 04 MIT DEM SCHIFF IN EINEM ABSTAND VON  25.3KM KOSTET   3.72 DM D.H. 14.38 PROZENT DER T-KOSTEN
DER TRANSPORT VOM DAMPF NACH     LEVERKUSEN MIT DER PIPELN IN EINEM ABSTAND VON     .1KM KOSTET    .22 DM D.H.   .85 PROZENT DER T-KOSTEN
***************************************************************************************** 25.88 DM INSGESAMT*******************

------------------------------------------------------------------------------------------------------------------------
DIE KOORDINATEN DES GESUCHTEN STANDORTESSIND MIT XI=  36.1 YI=  36.4 NACH    2 ITERATIONEN GEFUNDEN
DER TRANSPORT VOM ERZ          AB   EMDEN       MIT DEM SCHIFF IN EINEM ABSTAND VON 258.1KM KOSTET  15.11 DM D.H. 55.47 PROZENT DER T-KOSTEN
DER TRANSPORT DER KOHLE        AB   WESELING    MIT DEM SCHIFF IN EINEM ABSTAND VON   5.0KM KOSTET   7.41 DM D.H. 27.44 PROZENT DER T-KOSTEN
DER TRANSPORT VOM FESCHWAMM NACHDEUTSCH 12 MIT DEM SCHIFF IN EINEM ABSTAND VON  35.4KM KOSTET   4.21 DM D.H. 15.62 PROZENT DER T-KOSTEN
DER TRANSPORT VOM DAMPF NACH     KOELN      MIT DER PIPELN IN EINEM ABSTAND VON     .1KM KOSTET    .26 DM D.H.   .97 PROZENT DER T-KOSTEN
***************************************************************************************** 26.99 DM INSGESAMT*******************

------------------------------------------------------------------------------------------------------------------------
DIE KOORDINATEN DES GESUCHTEN STANDORTESSIND MIT XI=  34.2 YI=  41.4 NACH    3 ITERATIONEN GEFUNDEN
DER TRANSPORT VOM ERZ          AB   EMDEN       MIT DEM SCHIFF IN EINEM ABSTAND VON 211.7KM KOSTET  12.84 DM D.H. 46.35 PROZENT DER T-KOSTEN
DER TRANSPORT DER KOHLE        AB   WESELING    MIT DER BAHN   IN EINEM ABSTAND VON  57.7KM KOSTET  11.51 DM D.H. 41.56 PROZENT DER T-KOSTEN
DER TRANSPORT VOM FESCHWAMM NACHDEUTSCH 10 MIT DEM SCHIFF IN EINEM ABSTAND VON  14.2KM KOSTET   3.18 DM D.H. 11.48 PROZENT DER T-KOSTEN
DER TRANSPORT VOM DAMPF NACH     KREFELD-UE MIT DER PIPELN IN EINEM ABSTAND VON     .1KM KOSTET    .17 DM D.H.   .60 PROZENT DER T-KOSTEN
***************************************************************************************** 27.70 DM INSGESAMT*******************

------------------------------------------------------------------------------------------------------------------------
DIE KOORDINATEN DES GESUCHTEN STANDORTESSIND MIT XI=  35.3 YI=  42.9 NACH    3 ITERATIONEN GEFUNDEN
DER TRANSPORT VOM ERZ          AB   EMDEN       MIT DEM SCHIFF IN EINEM ABSTAND VON 194.9KM KOSTET  12.01 DM D.H. 43.15 PROZENT DER T-KOSTEN
DER TRANSPORT DER KOHLE        AB   WESELING    MIT DER BAHN   IN EINEM ABSTAND VON  69.1KM KOSTET  12.09 DM D.H. 45.57 PROZENT DER T-KOSTEN
DER TRANSPORT VOM FESCHWAMM NACHDEUTSCH 13 MIT DEM SCHIFF IN EINEM ABSTAND VON   7.2KM KOSTET   2.84 DM D.H. 10.16 PROZENT DER T-KOSTEN
DER TRANSPORT VOM DAMPF NACH     DUISBURG   MIT DER PIPELN IN EINEM ABSTAND VON     .2KM KOSTET    .30 DM D.H.  1.09 PROZENT DER T-KOSTEN
***************************************************************************************** 27.84    INSGESAMT*******************

------------------------------------------------------------------------------------------------------------------------
DIE KOORDINATEN DES GESUCHTEN STANDORTESSIND MIT XI=  36.4 YI=  37.6 NACH    3 ITERATIONEN GEFUNDEN
DER TRANSPORT VOM ERZ          AB   HAMBURG     MIT DEM SCHIFF IN EINEM ABSTAND VON 332.8KM KOSTET  16.76 DM D.H. 66.37 PROZENT DER T-KOSTEN
DER TRANSPORT DER KOHLE        AB   WESELING    MIT DER BAHN   IN EINEM ABSTAND VON  14.9KM KOSTET   5.53 DM D.H. 19.55 PROZENT DER T-KOSTEN
DER TRANSPORT VOM FESCHWAMM NACHDEUTSCH 04 MIT DEM SCHIFF IN EINEM ABSTAND VON  25.3KM KOSTET   3.72 DM D.H. 13.17 PROZENT DER T-KOSTEN
DER TRANSPORT VOM DAMPF NACH     LEVERKUSEN MIT DER PIPELN IN EINEM ABSTAND VON     .1KM KOSTET    .26 DM D.H.   .91 PROZENT DER T-KOSTEN
***************************************************************************************** 28.27 DM INSGESAMT*******************
```

```
--------------------------------------------------------------------------------------------------------------------
DIE KOORDINATEN DES GESUCHTEN STANDORTESSIND MIT XI=  37.5 YI=  43.5 NACH    2 ITERATIONEN GEFUNDEN
DER TRANSPORT VOM ERZ          AB   EMDEN       MIT DEM SCHIFF IN EINEM ABSTAND VON 186.3KM KOSTET  11.60 DM D.H. 40.82 PROZENT DER T-KOSTEN
DER TRANSPORT DER KOHLE        AB   WESELING    MIT DER BAHN   IN EINEM ABSTAND VON  74.7KM KOSTET  13.24 DM D.H. 46.61 PROZENT DER T-KOSTEN
DER TRANSPORT VOM FESCHWAMM NACHDEUTSCH 18 MIT DEM SCHIFF IN EINEM ABSTAND VON  16.3KM KOSTET   3.28 DM D.H. 11.56 PROZENT DER T-KOSTEN
DER TRANSPORT VOM DAMPF NACH        GELSENKIRC MIT DER PIPELN IN EINEM ABSTAND VON    .1KM KOSTET    .29 DM D.H.  1.01 PROZENT DER T-KOSTEN
********************************************************************************************** 28.41 DM INSGESAMT********************

--------------------------------------------------------------------------------------------------------------------
DIE KOORDINATEN DES GESUCHTEN STANDORTESSIND MIT XI=  35.4 YI=  40.1 NACH    3 ITERATIONEN GEFUNDEN
DER TRANSPORT VOM ERZ          AB   BREMERHAVN MIT DEM SCHIFF IN EINEM ABSTAND VON 266.3KM KOSTET  15.51 DM D.H. 54.46 PROZENT DER T-KOSTEN
DER TRANSPORT DER KOHLE        AB   WESELING    MIT DER BAHN   IN EINEM ABSTAND VON  41.5KM KOSTET   9.62 DM D.H. 33.79 PROZENT DER T-KOSTEN
DER TRANSPORT VOM FESCHWAMM NACHDEUTSCH 04 MIT DEM SCHIFF IN EINEM ABSTAND VON   7.2KM KOSTET   2.84 DM D.H.  9.97 PROZENT DER T-KOSTEN
DER TRANSPORT VOM DAMPF NACH        DUESSELDORF MIT DER PIPELN IN EINEM ABSTAND VON    .3KM KOSTET    .51 DM D.H.  1.78 PROZENT DER T-KOSTEN
********************************************************************************************** 28.47 DM INSGESAMT********************

--------------------------------------------------------------------------------------------------------------------
DIE KOORDINATEN DES GESUCHTEN STANDORTESSIND MIT XI=  37.5 YI=  44.5 NACH    2 ITERATIONEN GEFUNDEN
DER TRANSPORT VOM ERZ          AB   EMDEN       MIT DEM SCHIFF IN EINEM ABSTAND VON 176.3KM KOSTET  11.11 DM D.H. 38.74 PROZENT DER T-KOSTEN
DER TRANSPORT DER KOHLE        AB   WESELING    MIT DER BAHN   IN EINEM ABSTAND VON  84.6KM KOSTET  14.17 DM D.H. 49.41 PROZENT DER T-KOSTEN
DER TRANSPORT VOM FESCHWAMM NACHDEUTSCH 11 MIT DEM SCHIFF IN EINEM ABSTAND VON  11.4KM KOSTET   3.04 DM D.H. 10.61 PROZENT DER T-KOSTEN
DER TRANSPORT VOM DAMPF NACH        MARL        MIT DER PIPELN IN EINEM ABSTAND VON    .2KM KOSTET    .36 DM D.H.  1.25 PROZENT DER T-KOSTEN
********************************************************************************************** 28.67 DM INSGESAMT********************

--------------------------------------------------------------------------------------------------------------------
DIE KOORDINATEN DES GESUCHTEN STANDORTESSIND MIT XI=  34.5 YI=  44.9 NACH    2 ITERATIONEN GEFUNDEN
DER TRANSPORT VOM ERZ          AB   EMDEN       MIT DEM SCHIFF IN EINEM ABSTAND VON 176.8KM KOSTET  11.13 DM D.H. 37.59 PROZENT DER T-KOSTEN
DER TRANSPORT DER KOHLE        AB   WESELING    MIT DER BAHN   IN EINEM ABSTAND VON  90.3KM KOSTET  14.67 DM D.H. 49.55 PROZENT DER T-KOSTEN
DER TRANSPORT VOM FESCHWAMM NACHDEUTSCH 18 MIT DEM SCHIFF IN EINEM ABSTAND VON  25.1KM KOSTET   3.71 DM D.H. 12.53 PROZENT DER T-KOSTEN
DER TRANSPORT VOM DAMPF NACH        OBERHAUSEN MIT DER PIPELN IN EINEM ABSTAND VON    .1KM KOSTET    .10 DM D.H.   .34 PROZENT DER T-KOSTEN
********************************************************************************************** 29.61 DM INSGESAMT********************

--------------------------------------------------------------------------------------------------------------------
DIE KOORDINATEN DES GESUCHTEN STANDORTESSIND MIT XI=  36.1 YI=  36.4 NACH    2 ITERATIONEN GEFUNDEN
DER TRANSPORT VOM ERZ          AB   ROTTERDAM   MIT DEM SCHIFF IN EINEM ABSTAND VON 393.3KM KOSTET  21.72 DM D.H. 74.75 PROZENT DER T-KOSTEN
DER TRANSPORT DER KOHLE        AB   WESELING    MIT DER BAHN   IN EINEM ABSTAND VON   5.0KM KOSTET   3.05 DM D.H. 10.50 PROZENT DER T-KOSTEN
DER TRANSPORT VOM FESCHWAMM NACHDEUTSCH 12 MIT DEM SCHIFF IN EINEM ABSTAND VON  35.3KM KOSTET   4.21 DM D.H. 14.50 PROZENT DER T-KOSTEN
DER TRANSPORT VOM DAMPF NACH        KOELN       MIT DER PIPELN IN EINEM ABSTAND VON    .0KM KOSTET    .07 DM D.H.   .24 PROZENT DER T-KOSTEN
********************************************************************************************** 29.05 DM INSGESAMT********************

--------------------------------------------------------------------------------------------------------------------
DIE KOORDINATEN DES GESUCHTEN STANDORTESSIN MIT XI=  36.1 YI=  36.4 NACH    2 ITERATIONEN GEFUNDEN
DER TRANSPORT VOM ERZ          AB   ROTTERDAM   MIT DEM SCHIFF IN EINEM ABSTAND VON 393.5KM KOSTET  21.73 DM D.H. 72.98 PROZENT DER T-KOSTEN
DER TRANSPORT DER KOHLE        AB   WESELING    MIT DER BAHN   IN EINEM ABSTAND VON   4.7KM KOSTET   2.97 DM D.H.  9.98 PROZENT DER T-KOSTEN
DER TRANSPORT VOM FESCHWAMM NACHDEUTSCH 04 MIT DEM SCHIFF IN EINEM ABSTAND VON  37.4KM KOSTET   4.31 DM D.H. 14.49 PROZENT DER T-KOSTEN
DER TRANSPORT VOM DAMPF NACH        KOELN       MIT DER PIPELN IN EINEM ABSTAND VON    .4KM KOSTET    .76 DM D.H.  2.55 PROZENT DER T-KOSTEN
********************************************************************************************** 29.77 DM INSGESAMT********************

--------------------------------------------------------------------------------------------------------------------
DIE KOORDINATEN DES GESUCHTEN STANDORTESSIND MIT XI=  36.1 YI=  36.4 NACH    2 ITERATIONEN GEFUNDEN
DER TRANSPORT VOM ERZ          AB   HAMBURG     MIT DEM SCHIFF IN EINEM ABSTAND VON 344.2KM KOSTET  19.32 DM D.H. 69.50 PROZENT DER T-KOSTEN
DER TRANSPORT DER KOHLE        AB   WESELING    MIT DER BAHN   IN EINEM ABSTAND VON   4.3KM KOSTET   2.83 DM D.H. 10.18 PROZENT DER T-KOSTEN
DER TRANSPORT VOM FESCHWAMM NACHDEUTSCH 04 MIT DEM SCHIFF IN EINEM ABSTAND VON  37.5KM KOSTET   4.32 DM D.H. 15.53 PROZENT DER T-KOSTEN
DER TRANSPORT VOM DAMPF NACH        KOELN       MIT DER PIPELN IN EINEM ABSTAND VON    .7KM KOSTET   1.33 DM D.H.  4.79 PROZENT DER T-KOSTEN
********************************************************************************************** 27.80 DM INSGESAMT********************
```

Fortsetzung der Tabelle A 17:

```
----------------------------------------------------------------------------------------------------------------------------
DIE KOORDINATEN DES GESUCHTEN STANDORTESSIND MIT XI= 37.5 YI= 43.5 NACH   2 ITERATIONEN GEFUNDEN
DER TRANSPORT VOM ERZ        AB   BREMERHAVN MIT DEM SCHIFF IN EINEM ABSTAND VON 226.2KM KOSTET  13.55 DM D.H. 44.52 PROZENT DER T-KOSTEN
DER TRANSPORT DER KOHLE      AB   WESELING   MIT DER BAHN   IN EINEM ABSTAND VON  74.7KM KOSTET  13.24 DM D.H. 43.50 PROZENT DER T-KOSTEN
DER TRANSPORT VOM FESCHWAMM NACHDEUTSCH 18 MIT DEM SCHIFF IN EINEM ABSTAND VON  16.3KM KOSTET   3.28 DM D.H. 10.79 PROZENT DER T-KOSTEN
DER TRANSPORT VOM DAMPF NACH      GELSENKIRC MIT DER PIPELN IN EINEM ABSTAND VON    .2KM KOSTET    .36 DM D.H.  1.19 PROZENT DER T-KOSTEN
****************************************************************************************** 30.43 DM INSGESAMT********************

----------------------------------------------------------------------------------------------------------------------------
DIE KOORDINATEN DES GESUCHTEN STANDORTESSIND MIT XI= 35.3 YI= 42.9 NACH   3 ITERATIONEN GEFUNDEN
DER TRANSPORT VOM ERZ        AB   BREMERHAVN MIT DEM SCHIFF IN EINEM ABSTAND VON 242.1KM KOSTET  14.32 DM D.H. 47.07 PROZENT DER T-KOSTEN
DER TRANSPORT DER KOHLE      AB   WESELING   MIT DER BAHN   IN EINEM ABSTAND VON  69.0KM KOSTET  12.68 DM D.H. 41.68 PROZENT DER T-KOSTEN
DER TRANSPORT VOM FESCHWAMM NACHDEUTSCH 18 MIT DEM SCHIFF IN EINEM ABSTAND VON   7.3KM KOSTET   2.84 DM D.H.  9.34 PROZENT DER T-KOSTEN
DER TRANSPORT VOM DAMPF NACH      DUISBURG   MIT DER PIPELN IN EINEM ABSTAND VON    .3KM KOSTET    .58 DM D.H.  1.92 PROZENT DER T-KOSTEN
****************************************************************************************** 30.43 DM INSGESAMT********************

----------------------------------------------------------------------------------------------------------------------------
DIE KOORDINATEN DES GESUCHTEN STANDORTESSIND MIT XI= 36.1 YI= 36.4 NACH   2 ITERATIONEN GEFUNDEN
DER TRANSPORT VOM ERZ        AB   KIEL       MIT DEM SCHIFF IN EINEM ABSTAND VON 414.0KM KOSTET  22.73 DM D.H. 74.22 PROZENT DER T-KOSTEN
DER TRANSPORT DER KOHLE      AB   WESELING   MIT DER BAHN   IN EINEM ABSTAND VON   4.7KM KOSTET   2.97 DM D.H.  9.70 PROZENT DER T-KOSTEN
DER TRANSPORT VOM FESCHWAMM NACHDEUTSCH 12 MIT DEM SCHIFF IN EINEM ABSTAND VON  35.1KM KOSTET   4.20 DM D.H. 13.73 PROZENT DER T-KOSTEN
DER TRANSPORT VOM DAMPF NACH      KOELN      MIT DER PIPELN IN EINEM ABSTAND VON    .4KM KOSTET    .72 DM D.H.  2.36 PROZENT DER T-KOSTEN
****************************************************************************************** 30.62 DM INSGESAMT********************

----------------------------------------------------------------------------------------------------------------------------
DIE KOORDINATEN DES GESUCHTEN STANDORTESSIND MIT XI= 36.1 YI= 36.4 NACH   2 ITERATIONEN GEFUNDEN
DER TRANSPORT VOM ERZ        AB   ROTTERDAM  MIT DEM SCHIFF IN EINEM ABSTAND VON 393.3KM KOSTET  21.72 DM D.H. 70.74 PROZENT DER T-KOSTEN
DER TRANSPORT DER KOHLE      AB   WESELING   MIT DER BAHN   IN EINEM ABSTAND VON   4.9KM KOSTET   3.02 DM D.H.  9.83 PROZENT DER T-KOSTEN
DER TRANSPORT VOM FESCHWAMM NACHDEUTSCH 18 MIT DEM SCHIFF IN EINEM ABSTAND VON  65.2KM KOSTET   5.67 DM D.H. 18.47 PROZENT DER T-KOSTEN
DER TRANSPORT VOM DAMPF NACH      KOELN      MIT DER PIPELN IN EINEM ABSTAND VON    .1KM KOSTET    .29 DM D.H.   .95 PROZENT DER T-KOSTEN
****************************************************************************************** 30.70 DM INSGESAMT********************

----------------------------------------------------------------------------------------------------------------------------
DIE KOORDINATEN DES GESUCHTEN STANDORTESSIND MIT XI= 36.4 YI= 37.6 NACH   3 ITERATIONEN GEFUNDEN
DER TRANSPORT VOM ERZ        AB   KIEL       MIT DEM SCHIFF IN EINEM ABSTAND VON 402.5KM KOSTET  22.17 DM D.H. 69.82 PROZENT DER T-KOSTEN
DER TRANSPORT DER KOHLE      AB   WESELING   MIT DER BAHN   IN EINEM ABSTAND VON  14.9KM KOSTET   5.52 DM D.H. 17.38 PROZENT DER T-KOSTEN
DER TRANSPORT VOM FESCHWAMM NACHDEUTSCH 04 MIT DEM SCHIFF IN EINEM ABSTAND VON  25.3KM KOSTET   3.73 DM D.H. 11.73 PROZENT DER T-KOSTEN
DER TRANSPORT VOM DAMPF NACH      LEVERKUSEN MIT DER PIPELN IN EINEM ABSTAND VON    .2KM KOSTET    .34 DM D.H.  1.06 PROZENT DER T-KOSTEN
****************************************************************************************** 31.75 DM INSGESAMT********************

----------------------------------------------------------------------------------------------------------------------------
DIE KOORDINATEN DES GESUCHTEN STANDORTESSIND MIT XI= 37.5 YI= 43.5 NACH   3 ITERATIONEN GEFUNDEN
DER TRANSPORT VOM ERZ        AB   HAMBURG    MIT DEM SCHIFF IN EINEM ABSTAND VON 280.1KM KOSTET  16.16 DM D.H. 49.16 PROZENT DER T-KOSTEN
DER TRANSPORT DER KOHLE      AB   WESELING   MIT DER BAHN   IN EINEM ABSTAND VON  74.6KM KOSTET  13.23 DM D.H. 40.20 PROZENT DER T-KOSTEN
DER TRANSPORT VOM FESCHWAMM NACHDEUTSCH 20 MIT DEM SCHIFF IN EINEM ABSTAND VON  18.1KM KOSTET   3.37 DM D.H. 10.24 PROZENT DER T-KOSTEN
DER TRANSPORT VOM DAMPF NACH      GELSENKIRC MIT DER PIPELN IN EINEM ABSTAND VON    .1KM KOSTET    .13 DM D.H.   .40 PROZENT DER T-KOSTEN
****************************************************************************************** 32.92 DM INSGESAMT********************
```

```
------------------------------------------------------------------------------------------------------------------------
DIE KOORDINATEN DES GESUCHTEN STANDORTESSIND MIT XI=  36.0 YI=  51.1 NACH     2 ITERATIONEN GEFUNDEN
DER TRANSPORT VOM ERZ         AB    EMDEN       MIT DEM SCHIFF IN EINEM ABSTAND VON 113.1KM KOSTET   6.01 DM D.H. 24.31 PROZENT DER T-KOSTEN
DER TRANSPORT DER KOHLE       AB    WESELING    MIT DEM SCHIFF IN EINEM ABSTAND VON 150.1KM KOSTET  18.71 DM D.H. 56.77 PROZENT DER T-KOSTEN
DER TRANSPORT VOM FESCHWAMM NACHDEUTSCH 11 MIT DEM SCHIFF IN EINEM ABSTAND VON  75.2KM KOSTET   6.16 DM D.H. 18.70 PROZENT DER T-KOSTEN
DER TRANSPORT VOM DAMPF NACH        HENGELO     MIT DER PIPELN IN EINEM ABSTAND VON    .0KM KOSTET    .07 DM D.H.   .21 PROZENT DER T-KOSTEN
********************************************************************************* 32.96 DM INSGESAMT*******************

------------------------------------------------------------------------------------------------------------------------
DIE KOORDINATEN DES GESUCHTEN STANDORTESSIND MIT XI=  47.5 YI=  28.6 NACH    11 ITERATIONEN GEFUNDEN
DER TRANSPORT VOM ERZ         AB    BREMERHAVN MIT DEM SCHIFF IN EINEM ABSTAND VON 353.2KM KOSTET  19.76 DM D.H. 49.38 PROZENT DER T-KOSTEN
DER TRANSPORT DER KOHLE       AB    WESELING    MIT DEM SCHIFF IN EINEM ABSTAND VON 133.3KM KOSTET  17.66 DM D.H. 44.13 PROZENT DER T-KOSTEN
DER TRANSPORT VOM FESCHWAMM NACHFRANKFURT   MIT DEM SCHIFF IN EINEM ABSTAND VON    .2KM KOSTET   2.49 DM D.H.  6.24 PROZENT DER T-KOSTEN
DER TRANSPORT VOM DAMPF NACH        FRANKFURT   MIT DER PIPELN IN EINEM ABSTAND VON    .2KM KOSTET    .10 DM D.H.   .25 PROZENT DER T-KOSTEN
********************************************************************************* 40.01 DM INSGESAMT*******************

------------------------------------------------------------------------------------------------------------------------
DIE KOORDINATEN DES GESUCHTEN STANDORTESSIND MIT XI=  45.5 YI=  22.2 NACH     5 ITERATIONEN GEFUNDEN
DER TRANSPORT VOM ERZ         AB    BREMERHAVN MIT DEM SCHIFF IN EINEM ABSTAND VON 416.9KM KOSTET  22.87 DM D.H. 48.24 PROZENT DER T-KOSTEN
DER TRANSPORT DER KOHLE       AB    WESELING    MIT DER BAHN   IN EINEM ABSTAND VON 165.3KM KOSTET  20.36 DM D.H. 42.94 PROZENT DER T-KOSTEN
DER TRANSPORT VOM FESCHWAMM NACHMANNHEIM    MIT DEM SCHIFF IN EINEM ABSTAND VON   7.7KM KOSTET   2.86 DM D.H.  6.04 PROZENT DER T-KOSTEN
DER TRANSPORT VOM DAMPF NACH        LUDWIGSHVN MIT DER PIPELN IN EINEM ABSTAND VON   2.4KM KOSTET   1.31 DM D.H.  2.77 PROZENT DER T-KOSTEN
********************************************************************************* 47.41 DM INSGESAMT*******************

------------------------------------------------------------------------------------------------------------------------
DIE KOORDINATEN DES GESUCHTEN STANDORTESSIND MIT XI=  47.5 YI=  28.7 NACH     4 ITERATIONEN GEFUNDEN
DER TRANSPORT VOM ERZ         AB    BREMERHAVN MIT DEM SCHIFF IN EINEM ABSTAND VON 352.4KM KOSTET  19.72 DM D.H. 39.93 PROZENT DER T-KOSTEN
DER TRANSPORT DER KOHLE       AB    WESELING    MIT DEM SCHIFF IN EINEM ABSTAND VON 132.4KM KOSTET  17.60 DM D.H. 35.65 PROZENT DER T-KOSTEN
DER TRANSPORT VOM FESCHWAMM NACHDUISBURG    MIT DEM SCHIFF IN EINEM ABSTAND VON 187.2KM KOSTET  11.64 DM D.H. 23.58 PROZENT DER T-KOSTEN
DER TRANSPORT VOM DAMPF NACH        FRANKFURT   MIT DER PIPELN IN EINEM ABSTAND VON    .8KM KOSTET    .42 DM D.H.   .84 PROZENT DER T-KOSTEN
********************************************************************************* 49.37 DM INSGESAMT*******************

------------------------------------------------------------------------------------------------------------------------
DIE KOORDINATEN DES GESUCHTEN STANDORTESSIND MIT XI=  45.7 YI=  22.1 NACH     4 ITERATIONEN GEFUNDEN
DER TRANSPORT VOM ERZ         AB    BREMERHAVN MIT DEM SCHIFF IN EINEM ABSTAND VON 417.8KM KOSTET  22.92 DM D.H. 44.28 PROZENT DER T-KOSTEN
DER TRANSPORT DER KOHLE       AB    WESELING    MIT DER BAHN   IN EINEM ABSTAND VON 167.0KM KOSTET  20.47 DM D.H. 39.56 PROZENT DER T-KOSTEN
DER TRANSPORT VOM FESCHWAMM NACHSAARLOUIS   MIT DEM SCHIFF IN EINEM ABSTAND VON 114.1KM KOSTET   8.07 DM D.H. 15.58 PROZENT DER T-KOSTEN
DER TRANSPORT VOM DAMPF NACH        LUDWIGSHVN MIT DER PIPELN IN EINEM ABSTAND VON    .5KM KOSTET    .30 DM D.H.   .58 PROZENT DER T-KOSTEN
********************************************************************************* 51.76 DM INSGESAMT*******************

------------------------------------------------------------------------------------------------------------------------
DIE KOORDINATEN DES GESUCHTEN STANDORTESSIND MIT XI=  45.7 YI=  22.1 NACH     5 ITERATIONEN GEFUNDEN
DER TRANSPORT VOM ERZ         AB    BREMERHAVN MIT DEM SCHIFF IN EINEM ABSTAND VON 418.0KM KOSTET  22.93 DM D.H. 40.43 PROZENT DER T-KOSTEN
DER TRANSPORT DER KOHLE       AB    WESELING    MIT DEM SCHIFF IN EINEM ABSTAND VON 167.2KM KOSTET  19.77 DM D.H. 34.86 PROZENT DER T-KOSTEN
DER TRANSPORT VOM FESCHWAMM NACHDUISBURG    MIT DEM SCHIFF IN EINEM ABSTAND VON 232.2KM KOSTET  13.84 DM D.H. 24.41 PROZENT DER T-KOSTEN
DER TRANSPORT VOM DAMPF NACH        LUDWIGSHVN MIT DER PIPELN IN EINEM ABSTAND VON    .3KM KOSTET    .17 DM D.H.   .30 PROZENT DER T-KOSTEN
********************************************************************************* 56.71 DM INSGESAMT*******************

------------------------------------------------------------------------------------------------------------------------
DIE KOORDINATEN DES GESUCHTEN STANDORTESSIND MIT XI=  45.7 YI=  22.1 NACH     5 ITERATIONEN GEFUNDEN
DER TRANSPORT VOM ERZ         AB    BREMERHAVN MIT DEM SCHIFF IN EINEM ABSTAND VON 417.9KM KOSTET  22.92 DM D.H. 39.89 PROZENT DER T-KOSTEN
DER TRANSPORT DER KOHLE       AB    WESELING    MIT DER BAHN   IN EINEM ABSTAND VON 157.1KM KOSTET  20.48 DM D.H. 35.65 PROZENT DER T-KOSTEN
DER TRANSPORT VOM FESCHWAMM NACHDUISBURG    MIT DEM SCHIFF IN EINEM ABSTAND VON 232.1KM KOSTET  13.84 DM D.H. 24.08 PROZENT DER T-KOSTEN
DER TRANSPORT VOM DAMPF NACH        LUDWIGSHVN MIT DER PIPELN IN EINEM ABSTAND VON    .4KM KOSTET    .22 DM D.H.   .39 PROZENT DER T-KOSTEN
********************************************************************************* 57.47 DM INSGESAMT*******************
```

Tabelle A 18: Output ausgewählter Standorte für CO_2-Absatz

```
------------------------------------------------------------------------------------------------------------------------
DIE KOORDINATEN DES GESUCHTEN STANDORTESSIND MIT XI= 39.0 YI= 53.3 NACH   5 ITERATIONEN GEFUNDEN
DER TRANSPORT VOM ERZ       AB  EMDEN      MIT DEM SCHIFF IN EINEM ABSTAND VON  88.1KM KOSTET   6.79 DM D.H. 22.73 PROZENT DER T-KOSTEN
DER TRANSPORT DER KOHLE     AB  WESELING   MIT DEM SCHIFF IN EINEM ABSTAND VON 173.8KM KOSTET  20.16 DM D.H. 67.44 PROZENT DER T-KOSTEN
DER TRANSPORT VOM FESCHWAMM NACHLINGEN     MIT DEM SCHIFF IN EINEM ABSTAND VON    .0KM KOSTET   2.49 DM D.H.  8.32 PROZENT DER T-KOSTEN
DER TRANSPORT VOM CO2   NACH    LINGEN     MIT DER PIPELN IN EINEM ABSTAND VON   2.3KM KOSTET    .45 DM D.H.  1.51 PROZENT DER T-KOSTEN
****************************************************************************************** 29.90 DM INSGESAMT*******************

------------------------------------------------------------------------------------------------------------------------
DIE KOORDINATEN DES GESUCHTEN STANDORTESSIND MIT XI= 39.0 YI= 53.3 NACH   5 ITERATIONEN GEFUNDEN
DER TRANSPORT VOM ERZ       AB  BREMERHAVN MIT DEM SCHIFF IN EINEM ABSTAND VON 134.9KM KOSTET   9.06 DM D.H. 28.14 PROZENT DER T-KOSTEN
DER TRANSPORT DER KOHLE     AB  WESELING   MIT DEM SCHIFF IN EINEM ABSTAND VON 173.7KM KOSTET  20.16 DM D.H. 62.44 PROZENT DER T-KOSTEN
DER TRANSPORT VOM FESCHWAMM NACHLINGEN     MIT DEM SCHIFF IN EINEM ABSTAND VON    .4KM KOSTET   2.51 DM D.H.  7.77 PROZENT DER T-KOSTEN
DER TRANSPORT VOM CO2   NACH    LINGEN     MIT DER PIPELN IN EINEM ABSTAND VON   2.7KM KOSTET    .53 DM D.H.  1.65 PROZENT DER T-KOSTEN
****************************************************************************************** 32.28 DM INSGESAMT*******************

------------------------------------------------------------------------------------------------------------------------
DIE KOORDINATEN DES GESUCHTEN STANDORTESSIND MIT XI= 39.0 YI= 53.3 NACH   5 ITERATIONEN GEFUNDEN
DER TRANSPORT VOM ERZ       AB  KIEL       MIT DEM SCHIFF IN EINEM ABSTAND VON 261.0KM KOSTET  15.25 DM D.H. 39.75 PROZENT DER T-KOSTEN
DER TRANSPORT DER KOHLE     AB  WESELING   MIT DEM SCHIFF IN EINEM ABSTAND VON 173.8KM KOSTET  20.16 DM D.H. 52.55 PROZENT DER T-KOSTEN
DER TRANSPORT VOM FESCHWAMM NACHLINGEN     MIT DEM SCHIFF IN EINEM ABSTAND VON    .1KM KOSTET   2.49 DM D.H.  6.49 PROZENT DER T-KOSTEN
DER TRANSPORT VOM CO2   NACH    LINGEN     MIT DER PIPELN IN EINEM ABSTAND VON   2.3KM KOSTET    .46 DM D.H.  1.21 PROZENT DER T-KOSTEN
****************************************************************************************** 38.37 DM INSGESAMT*******************

------------------------------------------------------------------------------------------------------------------------
DIE KOORDINATEN DES GESUCHTEN STANDORTESSIND MIT XI= 56.2 YI= 64.2 NACH   4 ITERATIONEN GEFUNDEN
DER TRANSPORT VOM ERZ       AB  HAMBURG    MIT DEM SCHIFF IN EINEM ABSTAND VON    .8KM KOSTET   2.52 DM D.H.  6.33 PROZENT DER T-KOSTEN
DER TRANSPORT DER KOHLE     AB  WESELING   MIT DER BAHN   IN EINEM ABSTAND VON 343.5KM KOSTET  30.27 DM D.H. 75.64 PROZENT DER T-KOSTEN
DER TRANSPORT VOM FESCHWAMM NACHDEUTSCH 09 MIT DEM SCHIFF IN EINEM ABSTAND VON  91.5KM KOSTET   6.96 DM D.H. 17.43 PROZENT DER T-KOSTEN
DER TRANSPORT VOM CO2   NACH    HAMBURG    MIT DER PIPELN IN EINEM ABSTAND VON    .8KM KOSTET    .16 DM D.H.   .40 PROZENT DER T-KOSTEN
****************************************************************************************** 39.91 DM INSGESAMT*******************

------------------------------------------------------------------------------------------------------------------------
DIE KOORDINATEN DES GESUCHTEN STANDORTESSIND MIT XI= 56.2 YI= 64.2 NACH   4 ITERATIONEN GEFUNDEN
DER TRANSPORT VOM ERZ       AB  HAMBURG    MIT DEM SCHIFF IN EINEM ABSTAND VON    .8KM KOSTET   2.52 DM D.H.  6.45 PROZENT DER T-KOSTEN
DER TRANSPORT DER KOHLE     AB  WESELING   MIT DEM SCHIFF IN EINEM ABSTAND VON 343.5KM KOSTET  29.50 DM D.H. 75.37 PROZENT DER T-KOSTEN
DER TRANSPORT VOM FESCHWAMM NACHDEUTSCH 09 MIT DEM SCHIFF IN EINEM ABSTAND VON  91.5KM KOSTET   6.96 DM D.H. 17.78 PROZENT DER T-KOSTEN
DER TRANSPORT VOM CO2   NACH    HAMBURG    MIT DER PIPELN IN EINEM ABSTAND VON    .8KM KOSTET    .16 DM D.H.   .40 PROZENT DER T-KOSTEN
****************************************************************************************** 39.14 DM INSGESAMT*******************

------------------------------------------------------------------------------------------------------------------------
DIE KOORDINATEN DES GESUCHTEN STANDORTESSIND MIT XI= 45.6 YI= 56.0 NACH   2 ITERATIONEN GEFUNDEN
DER TRANSPORT VOM ERZ       AB  HAMBURG    MIT DER BAHN   IN EINEM ABSTAND VON 135.6KM KOSTET   9.11 DM D.H. 23.13 PROZENT DER T-KOSTEN
DER TRANSPORT DER KOHLE     AB  WESELING   MIT DER BAHN   IN EINEM ABSTAND VON 218.4KM KOSTET  22.77 DM D.H. 57.76 PROZENT DER T-KOSTEN
DER TRANSPORT VOM FESCHWAMM NACHDEUTSCH 09 MIT DER BAHN   IN EINEM ABSTAND VON 100.6KM KOSTET   7.41 DM D.H. 18.79 PROZENT DER T-KOSTEN
DER TRANSPORT VOM CO2   NACH    VECHTA     MIT DER PIPELN IN EINEM ABSTAND VON    .6KM KOSTET    .12 DM D.H.   .30 PROZENT DER T-KOSTEN
****************************************************************************************** 39.41 DM INSGESAMT*******************
```

```
------------------------------------------------------------------------------------------------------------------
DIE KOORDINATEN DES GESUCHTEN STANDORTESSIND MIT XI=  45.5 YI=  56.0 NACH    4 ITERATIONEN GEFUNDEN
DER TRANSPORT VOM ERZ        AB   HAMBURG     MIT DER BAHN   IN EINEM ABSTAND VON 135.8KM KOSTET    9.13 DM D.H. 23.55 PROZENT DER T-KOSTEN
DER TRANSPORT DER KOHLE      AB   WESELING    MIT DER BAHN   IN EINEM ABSTAND VON 218.3KM KOSTET   23.66 DM D.H. 61.10 PROZENT DER T-KOSTEN
DER TRANSPORT VOM FESCHWAMM NACHLINGEN      MIT DER BAHN   IN EINEM ABSTAND VON  70.4KM KOSTET    5.93 DM D.H. 15.30 PROZENT DER T-KOSTEN
DER TRANSPORT VOM CO2   NACH      VECHTA      MIT DER PIPELN IN EINEM ABSTAND VON    .1KM KOSTET     .02 DM D.H.    .05 PROZENT DER T-KOSTEN
********************************************************************************* 36.76 DM INSGESAMT*******************

------------------------------------------------------------------------------------------------------------------
DIE KOORDINATEN DES GESUCHTEN STANDORTESSIND MIT XI=  45.5 YI=  56.0 NACH    3 ITERATIONEN GEFUNDEN
DER TRANSPORT VOM ERZ        AB   HAMBURG     MIT DER BAHN   IN EINEM ABSTAND VON 135.8KM KOSTET    9.13 DM D.H. 24.07 PROZENT DER T-KOSTEN
DER TRANSPORT DER KOHLE      AB   WESELING    MIT DER BAHN   IN EINEM ABSTAND VON 218.1KM KOSTET   22.75 DM D.H. 60.00 PROZENT DER T-KOSTEN
DER TRANSPORT VOM FESCHWAMM NACHLINGEN      MIT DER BAHN   IN EINEM ABSTAND VON  70.5KM KOSTET    5.93 DM D.H. 15.64 PROZENT DER T-KOSTEN
DER TRANSPORT VOM CO2   NACH      VECHTA      MIT DER PIPELN IN EINEM ABSTAND VON    .5KM KOSTET     .11 DM D.H.    .28 PROZENT DER T-KOSTEN
********************************************************************************* 37.92 DM INSGESAMT*******************

------------------------------------------------------------------------------------------------------------------
DIE KOORDINATEN DES GESUCHTEN STANDORTESSIND MIT XI=  39.2 YI=  53.4 NACH    4 ITERATIONEN GEFUNDEN
DER TRANSPORT VOM ERZ        AB   HAMBURG     MIT DEM SCHIFF IN EINEM ABSTAND VON 202.3KM KOSTET   12.38 DM D.H. 31.12 PROZENT DER T-KOSTEN
DER TRANSPORT DER KOHLE      AB   WESELING    MIT DEM SCHIFF IN EINEM ABSTAND VON 174.7KM KOSTET   20.22 DM D.H. 50.82 PROZENT DER T-KOSTEN
DER TRANSPORT VOM FESCHWAMM NACHDEUTSCH 11 MIT DEM SCHIFF IN EINEM ABSTAND VON  93.8KM KOSTET    7.07 DM D.H. 17.76 PROZENT DER T-KOSTEN
DER TRANSPORT VOM CO2   NACH      LINGEN      MIT DER PIPELN IN EINEM ABSTAND VON    .5KM KOSTET     .11 DM D.H.    .27 PROZENT DER T-KOSTEN
********************************************************************************* 39.78 DM INSGESAMT*******************

------------------------------------------------------------------------------------------------------------------
DIE KOORDINATEN DES GESUCHTEN STANDORTESSIND MIT XI=  39.2 YI=  53.4 NACH    4 ITERATIONEN GEFUNDEN
DER TRANSPORT VOM ERZ        AB   HAMBURG     MIT DEM SCHIFF IN EINEM ABSTAND VON 202.3KM KOSTET   12.36 DM D.H. 31.17 PROZENT DER T-KOSTEN
DER TRANSPORT DER KOHLE      AB   WESELING    MIT DEM SCHIFF IN EINEM ABSTAND VON 174.7KM KOSTET   20.22 DM D.H. 50.90 PROZENT DER T-KOSTEN
DER TRANSPORT VOM FESCHWAMM NACHDEUTSCH 20 MIT DEM SCHIFF IN EINEM ABSTAND VON  92.6KM KOSTET    7.01 DM D.H. 17.66 PROZENT DER T-KOSTEN
DER TRANSPORT VOM CO2   NACH      LINGEN      MIT DER PIPELN IN EINEM ABSTAND VON    .5KM KOSTET     .11 DM D.H.    .27 PROZENT DER T-KOSTEN
********************************************************************************* 39.72 DM INSGESAMT*******************

------------------------------------------------------------------------------------------------------------------
DIE KOORDINATEN DES GESUCHTEN STANDORTESSIND MIT XI=  39.2 YI=  53.4 NACH    4 ITERATIONEN GEFUNDEN
DER TRANSPORT VOM ERZ        AB   HAMBURG     MIT DEM SCHIFF IN EINEM ABSTAND VON 202.8KM KOSTET   12.40 DM D.H. 31.26 PROZENT DER T-KOSTEN
DER TRANSPORT DER KOHLE      AB   WESELING    MIT DER BAHN   IN EINEM ABSTAND VON 174.7KM KOSTET   20.98 DM D.H. 52.88 PROZENT DER T-KOSTEN
DER TRANSPORT VOM FESCHWAMM NACHLINGEN      MIT DER BAHN   IN EINEM ABSTAND VON   1.8KM KOSTET    6.20 DM D.H. 15.62 PROZENT DER T-KOSTEN
DER TRANSPORT VOM CO2   NACH      LINGEN      MIT DER PIPELN IN EINEM ABSTAND VON    .5KM KOSTET     .10 DM D.H.    .24 PROZENT DER T-KOSTEN
********************************************************************************* 39.68 DM INSGESAMT*******************

------------------------------------------------------------------------------------------------------------------
DIE KOORDINATEN DES GESUCHTEN STANDORTESSIND MIT XI=  39.2 YI=  53.3 NACH    3 ITERATIONEN GEFUNDEN
DER TRANSPORT VOM ERZ        AB   HAMBURG     MIT DEM SCHIFF IN EINEM ABSTAND VON 202.9KM KOSTET   12.41 DM D.H. 31.86 PROZENT DER T-KOSTEN
DER TRANSPORT DER KOHLE      AB   WESELING    MIT DEM SCHIFF IN EINEM ABSTAND VON 174.4KM KOSTET   20.20 DM D.H. 51.85 PROZENT DER T-KOSTEN
DER TRANSPORT VOM FESCHWAMM NACHLINGEN      MIT DER BAHN   IN EINEM ABSTAND VON   1.8KM KOSTET    6.20 DM D.H. 15.91 PROZENT DER T-KOSTEN
DER TRANSPORT VOM CO2   NACH      LINGEN      MIT DER PIPELN IN EINEM ABSTAND VON    .7KM KOSTET     .15 DM D.H.    .38 PROZENT DER T-KOSTEN
********************************************************************************* 38.95 DM INSGESAMT*******************
```

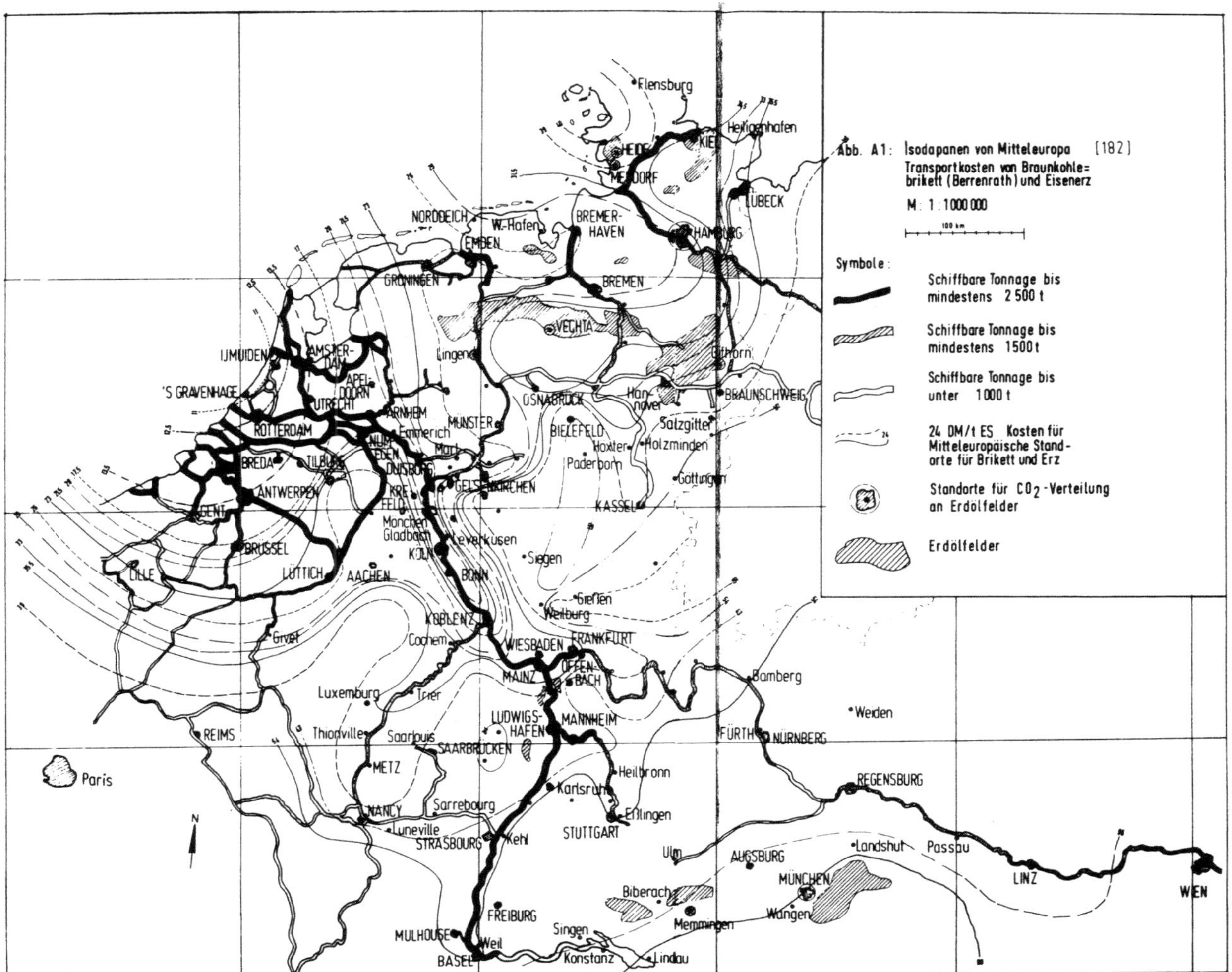

Abb. A1: Isodapanen von Mitteleuropa [182]
Transportkosten von Braunkohlebrikett (Berrenrath) und Eisenerz

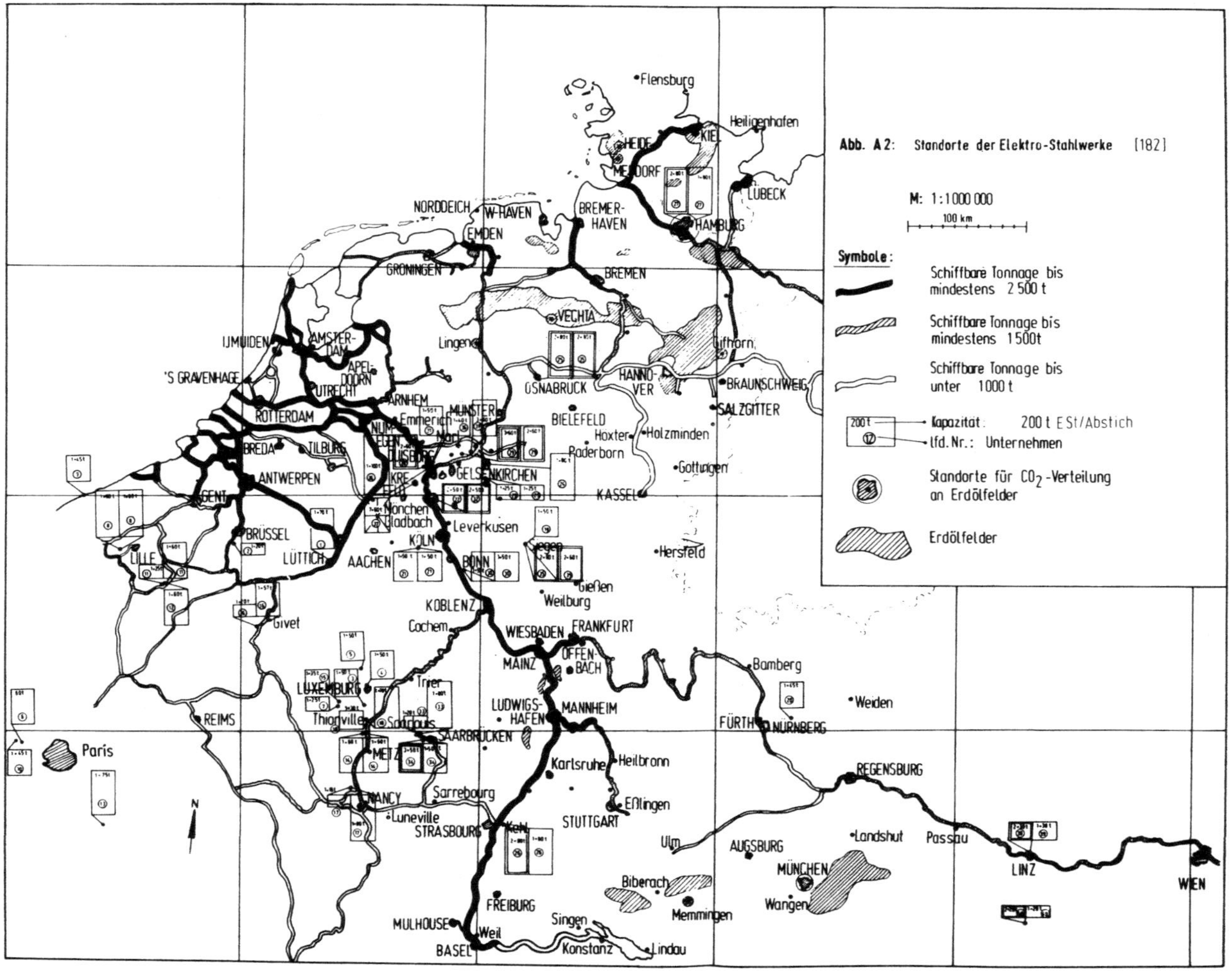

Abb. A2: Standorte der Elektro-Stahlwerke [182]

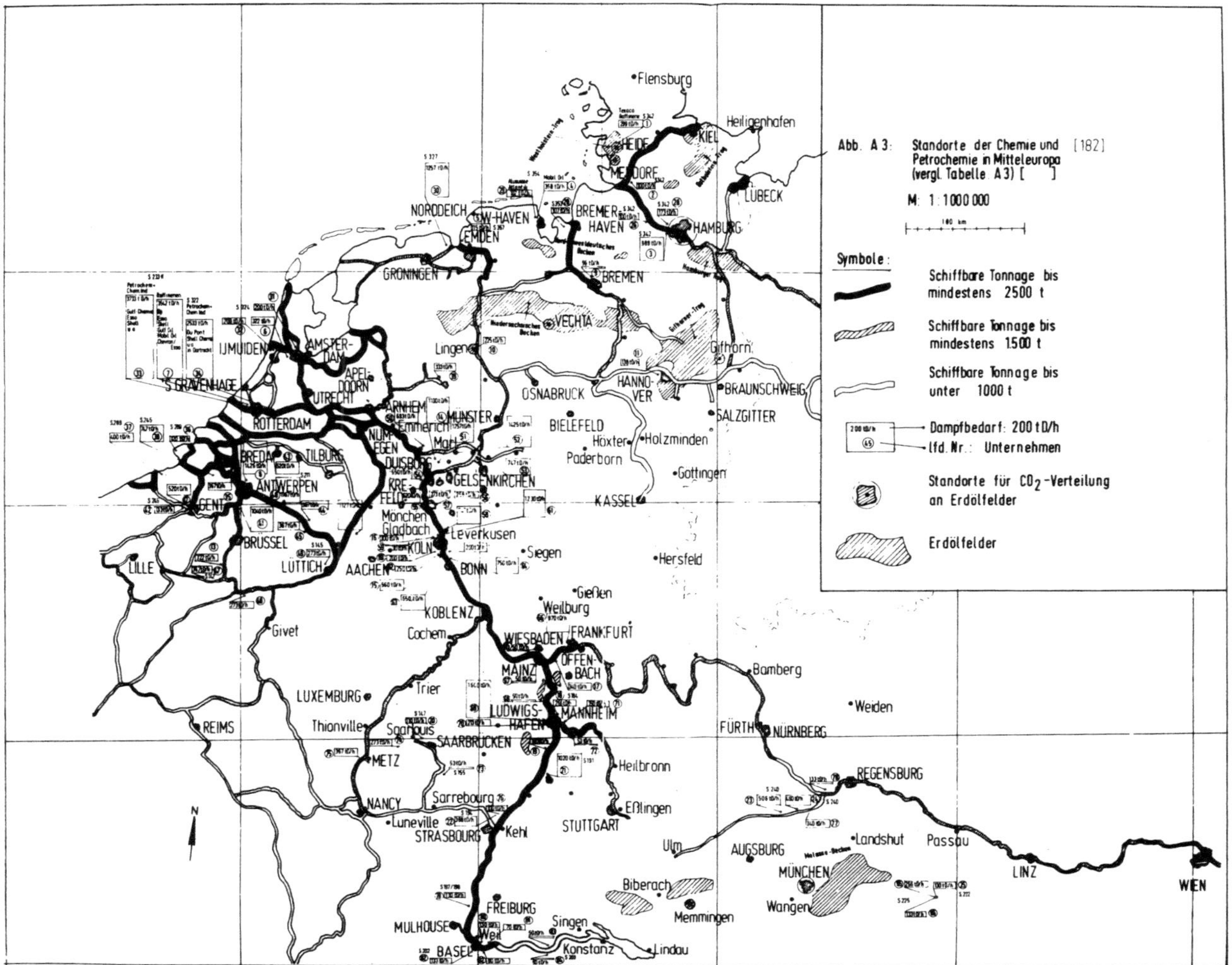

Abb. A 3: Standorte der Chemie und Petrochemie in Mitteleuropa (vergl. Tabelle A 3) [ ] [182]

FORSCHUNGSBERICHTE
des Landes Nordrhein-Westfalen

Herausgegeben
vom Minister für Wissenschaft und Forschung

Die „Forschungsberichte des Landes Nordrhein-Westfalen" sind in zwölf Fachgruppen gegliedert:

Geisteswissenschaften
Wirtschafts- und Sozialwissenschaften
Mathematik / Informatik
Physik / Chemie / Biologie
Medizin
Umwelt / Verkehr
Bau / Steine / Erden
Bergbau / Energie
Elektrotechnik / Optik
Maschinenbau / Verfahrenstechnik
Hüttenwesen / Werkstoffkunde
Textilforschung

WESTDEUTSCHER VERLAG
5090 Leverkusen 3 · Postfach 300620

GPSR Compliance

The European Union's (EU) General Product Safety Regulation (GPSR) is a set of rules that requires consumer products to be safe and our obligations to ensure this.

If you have any concerns about our products, you can contact us on ProductSafety@springernature.com

In case Publisher is established outside the EU, the EU authorized representative is:

Springer Nature Customer Service Center GmbH
Europaplatz 3
69115 Heidelberg, Germany

Batch number: 10584556

Printed by Printforce, the Netherlands